全国技工院校计算机类专业教材（中／高级技能层级）

Flash 动画设计与制作

（第三版）

主　编　王淑惠　高丽娟
副主编　辛　培
主　审　王秀娟

中国劳动社会保障出版社

简介

本书主要内容包括图形绘制，逐帧动画、补间动画、引导层动画、遮罩动画和电子贺卡制作，网站应用，MTV、游戏和动画短片制作等。

本书由王淑惠、高丽娟任主编，辛培任副主编，魏慧彩、霍丽花、耿立波、张琛琛、李诺曼参加编写，王秀娟任主审。

图书在版编目（CIP）数据

Flash动画设计与制作 / 王淑惠，高丽娟主编. --3版. -- 北京：中国劳动社会保障出版社，2023

全国技工院校计算机类专业教材. 中 / 高级技能层级

ISBN 978-7-5167-5992-9

Ⅰ. ①F… Ⅱ. ①王…②高… Ⅲ. ①动画制作软件－技工学校－教材 Ⅳ. ①TP391.414

中国国家版本馆CIP数据核字（2023）第193530号

中国劳动社会保障出版社出版发行

（北京市惠新东街1号　邮政编码：100029）

*

北京宏伟双华印刷有限公司印刷装订　　新华书店经销

787毫米×1092毫米　16开本　18印张　354千字

2023年10月第3版　　2024年1月第2次印刷

定价：46.00元

营销中心电话：400-606-6496

出版社网址：http://www.class.com.cn

http://jg.class.com.cn

前　言

为了更好地满足全国技工院校计算机类专业的教学要求，适应计算机行业的发展现状，全面提升教学质量，我们组织全国有关学校的一线教师和行业、企业专家，在充分调研企业用人需求和学校教学情况、吸收借鉴各地技工院校教学改革的成功经验的基础上，根据人力资源社会保障部颁布的《全国技工院校专业目录》及相关教学文件，对全国技工院校计算机类专业教材进行了修订和新编。

本次修订（新编）的教材涉及计算机类专业通用基础模块及办公软件、多媒体应用软件、辅助设计软件、计算机应用维修、网络应用、程序设计、操作指导等多个专业模块。

本次修订（新编）工作的重点主要有以下几个方面。

突出技工教育特色

坚持以能力为本位，突出技工教育特色。根据计算机类专业毕业生就业岗位的实际需要和行业发展趋势，合理确定学生应具备的能力和知识结构，对教材内容及其深度、难度进行了调整。同时，进一步突出实际应用能力的培养，以满足社会对技能型人才的需求。

针对计算机软、硬件更新迅速的特点，在教学内容选取上，既注重体现新软件、新知识，又兼顾技工院校教学实际条件。在教学内容组织上，不仅局限于某一计算机软件版本或硬件产品的具体功能，而是更注重学生应用能力的拓展，使学生能够触类旁通，提升综合能力，为后续专业课程的学习和未来工作中解决实际问题打下良好的基础。

创新教材内容形式

在编写模式上，根据技工院校学生认知规律，以完成具体工作任务为主线组织教材内容，将理论知识的讲解与工作任务载体有机结合，激发学生的学习兴趣，提高学生的实践能力。

在表现形式上，通过丰富的操作步骤图片和软件截图详尽地指导学生了解软件功能并完成工作任务，使教材内容更加直观、形象。结合计算机类专业教材的特点，多数教材采用四色印刷，图文并茂，增强了教材内容的表现效果，提高了教材的可读性。

本次修订（新编）工作还针对大部分教材创新开发了配套的实训题集，在教材所学内容基础上提供了丰富的实训练习题目和素材，供学生巩固练习使用，既节省了教材篇幅，又能帮助学生进一步提高所学知识与技能的实际应用能力。

提供丰富教学资源

在教学服务方面，为方便教师教学和学生学习，配套提供了制作素材、电子课件、教案示例等教学资源，可通过技工教育网（http://jg.class.com.cn）下载使用。除此之外，在部分教材中还借助二维码技术，针对教材中的重点、难点内容，开发制作了操作演示微视频，可使用移动设备扫描书中二维码在线观看。

致谢

本次教材修订（新编）工作得到了河北、山西、黑龙江、江苏、山东、河南、湖北、湖南、广东、重庆等省（直辖市）人力资源社会保障厅（局）及有关学校的大力支持，在此我们表示诚挚的谢意。

编者
2023 年 4 月

目　录

CONTENTS

项目一
图形绘制

动画通过连续播放一系列画面，从而让人在视觉上产生画面连续变化的效果。本课程旨在介绍如何使用 Flash 制作动画。

图形绘制是创作动画的基础，也是学习 Flash 动画制作必备的基本功。与位图处理软件 Photoshop 不同，动画制作软件 Flash 是一款矢量图形编辑和动画制作软件，在图形绘制方面更易上手，学生学习起来也更容易。

本项目通过绘制彩色气球、新年灯笼、桃子熟了图像和美丽的家园等简单图形培养学生的图形绘制能力，为后期设计精美的原创动画奠定基础。同时，本项目中绘制的图形在后续项目中可直接被用于制作动画部分。例如，绘制彩色气球后，将在项目六的制作儿童节贺卡任务中使用这些彩色气球图形并让它们“飞”起来；绘制新年灯笼后，将在项目六的制作春节贺卡任务中让灯笼图形闪动起来；绘制桃子熟了图像后，将在项目三的制作七十二变动画任务中使用带金箍棒的桃子图形去模拟孙悟空七十二变这一情境；绘制美丽的家园后，将在项目三的制作荷兰风情动画任务中使用其中的郁金香图形制作花生长的动画。

任务 1　绘制彩色气球

1. 能说出 Flash 工作界面中各组成部分的作用。
2. 能导入位图。
3. 能熟练使用椭圆工具、选择工具、渐变变形工具和铅笔工具。
4. 能进行文档的测试和保存。

本任务是一个简单的基本图形绘制实例，主要利用椭圆工具、选择工具和铅笔工具等来绘制彩色气球，效果如图 1–1–1 所示。要完成本任务，除了掌握基本绘图工具的用法外，还要了解颜色搭配、构图和比例等方面的知识，使绘制出来的图形赏心悦目。

图 1–1–1　彩色气球效果图

一、Flash 简介

Adobe Flash CS3（以下简称 Flash）是美国 Adobe 公司出品的一款矢量图形编辑和动画制作软件，它的前身是 Macromedia Flash。Flash 从 Illustrator 和 Photoshop 中借用了一些有创新性的工具，可以非常轻松地将元件导入 Flash 中，然后在 Flash 中进行编辑。同时，Flash 借用了 Illustrator 中的钢笔工具，可以对点和线进行曲线控制操作。用 Flash 制作的图形和动画具有文件小、交互性强、可无损放大、可带音效和兼容性好等特点，深受人们喜爱。

Flash 主要用于网页设计、游戏和多媒体制作等领域，用它可以制作不同形式的动画，是动画制作中不可或缺的一员。

Flash 二维动画的制作是通过输入和编辑关键帧，计算和生成中间帧，定义和显示运动路径及交互式变化画面，产生一些特技效果，实现画面与声音的同步。因此，动画的制作要涉及场景、时间轴和时间轴面板、帧、图层、元件等元素，相关知识将在后续的项目中陆续介绍。

二、Flash 工作界面

启动 Flash 后，出现图 1-1-2 所示的 Flash 启动界面。

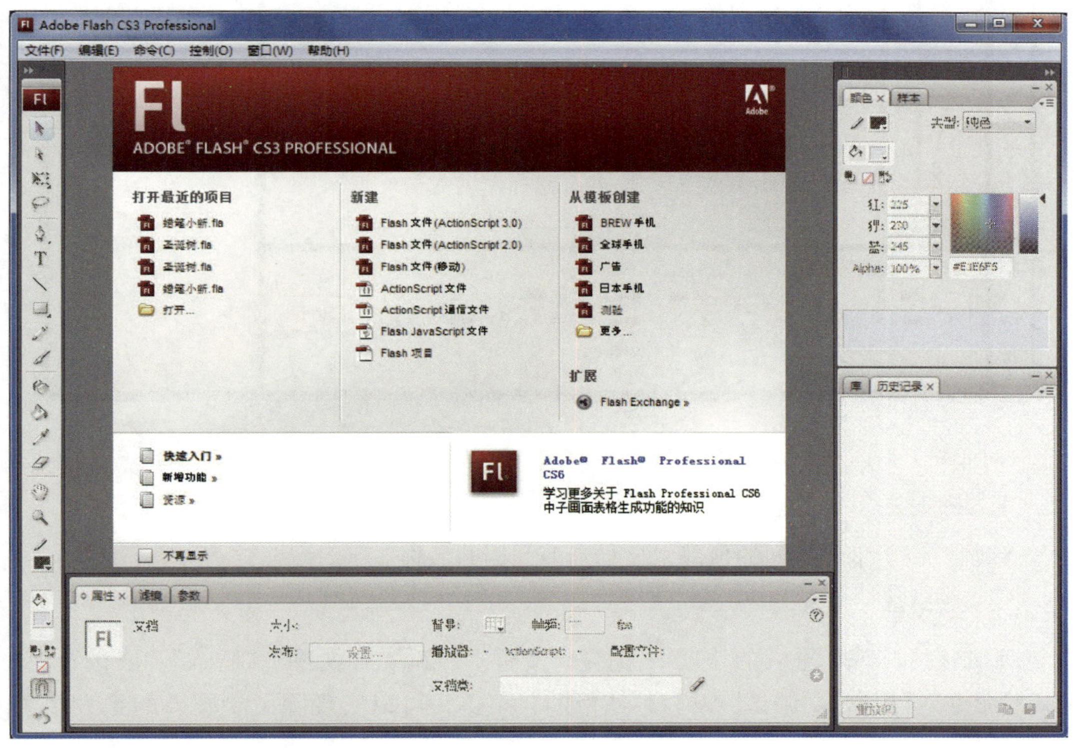

图 1-1-2　Flash 启动界面

在启动界面中，可以新建文件，也可以打开最近使用的文件或已有文件，还可以选择从模板创建新文件。

选择“新建”中的“Flash 文件（ActionScript 3.0）”，Flash 会自动创建名为“未命名 -1.fla”的 Flash 文档，同时进入图 1-1-3 所示的 Flash 工作界面。工作界面中各组成部分的作用如下。

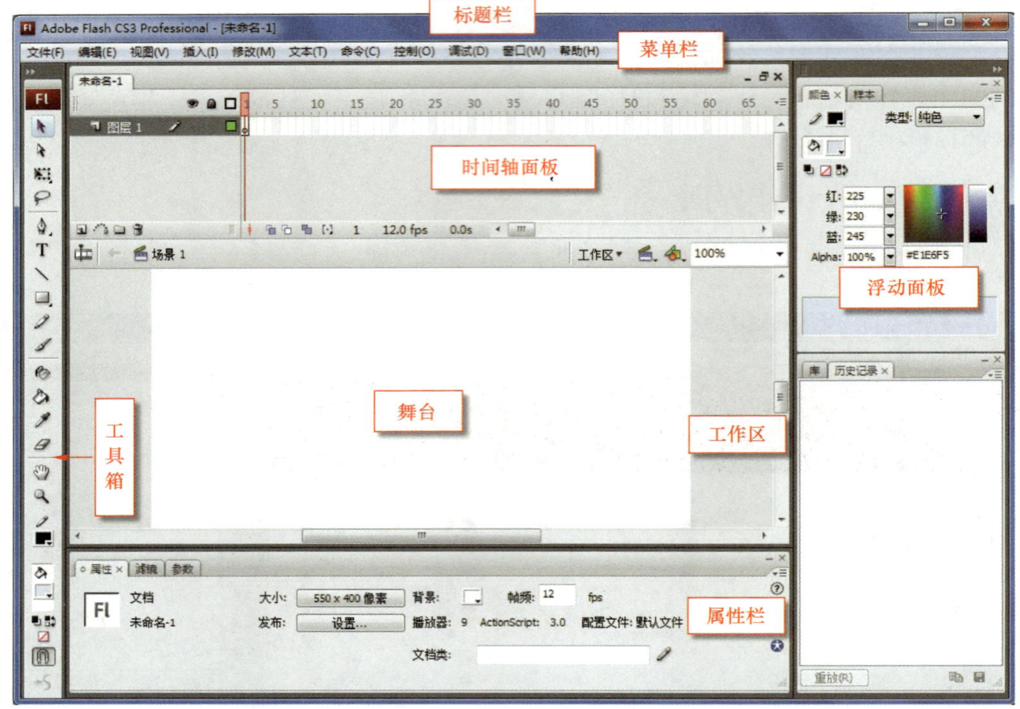

图 1-1-3 Flash 工作界面

1. 标题栏

标题栏位于工作界面的顶部，显示当前文档的名称。

2. 菜单栏

菜单栏位于标题栏的下方，包含“文件”“编辑”“视图”“插入”“修改”“文本”“命令”“控制”“调试”“窗口”“帮助”菜单，可以实现除了绘图外的绝大多数操作。

3. 工具箱

工具箱位于工作界面的左侧，主要用于绘制和修改图形，以及完成填充颜色等与图形相关的操作。

4. 时间轴面板

时间轴面板位于菜单栏的下方，用于完成控制、组织图层和帧的相关操作。

5. 舞台

舞台是位于工作界面中央的白色区域，它是显示、编辑和绘制动画的区域。

6. 工作区

舞台周围的浅灰色区域是工作区，它是放置备用元素的区域，该区域的内容不会出现在发布后的动画中。

7. 属性栏

属性栏位于舞台的下方，用于设置和修改文档及各种被选择对象的属性。选择不同的对象，就会出现不同的属性面板。

8. 浮动面板

浮动面板位于工作界面的右侧，用于查看、组织和更改文档中的元素。

三、文档的测试、保存与发布

1. 测试

动画制作完成后，可以在场景中直接按“Enter”键预览动画的播放效果。

执行“控制”→“测试影片”命令或按“Ctrl+Enter”组合键将会出现播放窗口。在播放窗口中可以预览整个动画画面。

2. 保存与发布

执行“文件”→“保存”命令，生成“*.fla”格式的文件，此格式的文件即为 Flash 源文件。

执行“文件”→“发布设置”命令，弹出“发布设置”对话框，在对话框中按图 1-1-4 所示进行设置，就可以在源文件的相同路径下生成“*.swf”格式的文件。

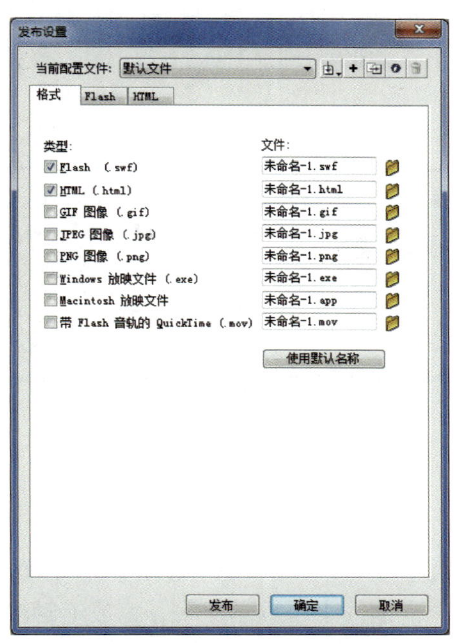

图 1-1-4 “发布设置”对话框

小贴士

“*.swf”格式文件是 Adobe 公司开发的 Flash 专用格式文件，支持矢量动画。矢量动画在缩放后其清晰度不会受到影响，且矢量动画体积小，有利于网络传播。一般来说，“*.swf”格式文件是 Flash 的播放文件。

除使用“发布”命令可生成“*.swf”格式文件外，通过以下两种方式也可生成该格式文件。

（1）执行“文件”→“导出”→“导出影片”命令。

（2）将文件保存后，在测试影片的同时，Flash 会在源文件的相同路径下生成“*.swf”格式的文件。

四、常用工具介绍

1. 椭圆工具

椭圆工具用于绘制椭圆形和圆形。长按工具箱中的“矩形工具”按钮，从弹出的面板中选择“椭圆工具”，如图 1-1-5 所示。

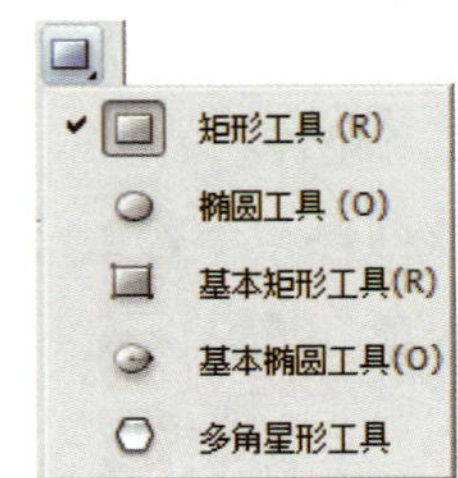

图 1-1-5 “椭圆工具”的选择

选择椭圆工具后，在舞台的合适位置按住鼠标左键并拖动，即可绘制出椭圆形，在按住“Shift”键的同时按住鼠标左键并拖动，可绘制出正圆形，椭圆工具的“属性”面板如图 1-1-6 所示。

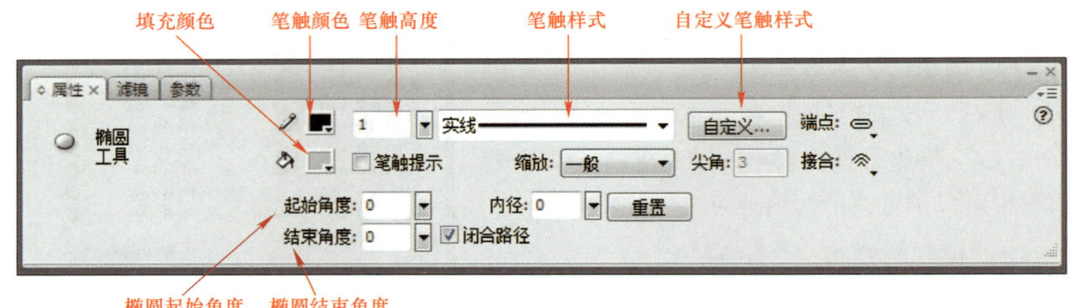

图 1-1-6 椭圆工具的“属性”面板

（1）笔触颜色：在“属性”面板中，单击“笔触颜色”按钮，会弹出调色板，如图 1-1-7 所示，此时鼠标指针变为吸管状，可以直接吸取需要的颜色，也可以在输入框内输入十六进制数字，完成笔触颜色的设置。

（2）笔触高度：在“属性”面板中，可以在“笔触高度”输入框中直接输入数值确定笔触高度，也可以单击“笔触高度”输入框右侧的倒三角形按钮，通过拖动滑块进行笔触高度的设置。

（3）笔触样式：在“属性”面板中，单击“笔触样式”右侧的倒三角形按钮会弹出一个下拉列表，如图 1-1-8 所示，可从中选择笔触样式。

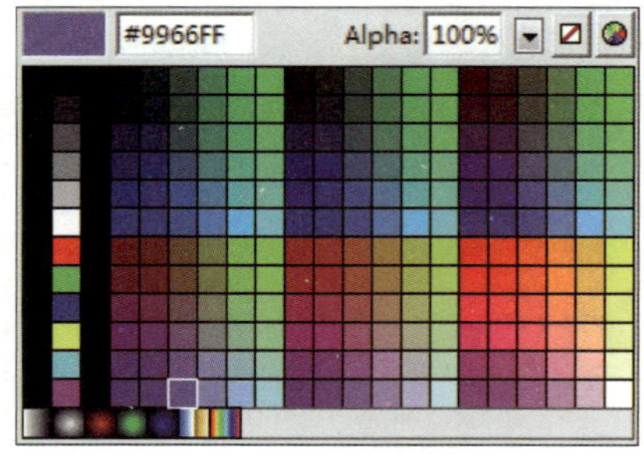

图 1-1-7 调色板

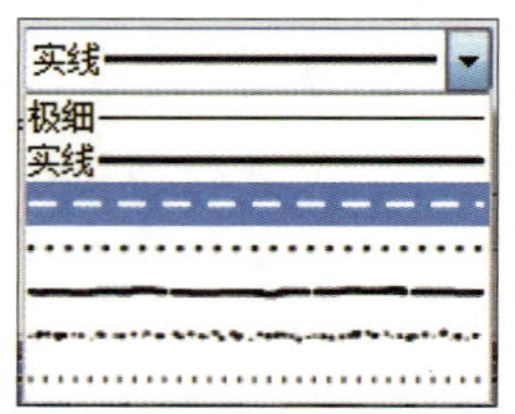

图 1-1-8 “笔触样式”下拉列表

（4）自定义笔触样式：在“属性”面板中单击“自定义”按钮，可打开“笔触样式”对话框，如图 1–1–9 所示，在“笔触样式”对话框中可进行笔触样式的设计。

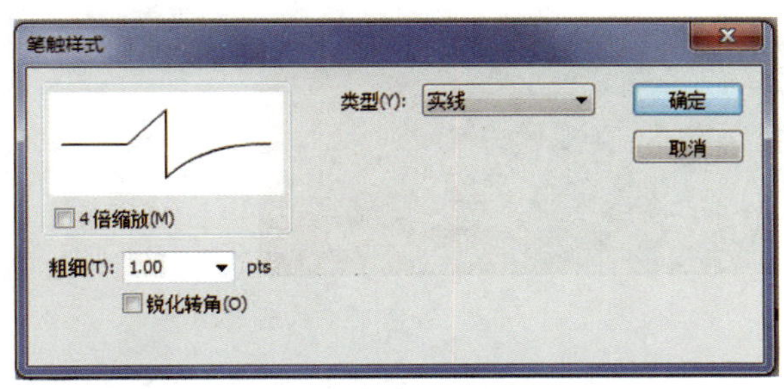

图 1–1–9　“笔触样式”对话框

（5）填充颜色：“填充颜色”按钮的用法与“笔触颜色”按钮的用法相同。

（6）椭圆起始、结束角度：在“属性”面板中的“起始角度”和“结束角度”输入框内输入数值，可以绘制出扇形；也可以单击“起始角度”和“结束角度”输入框右侧的倒三角形按钮，通过拖动滑块来设置椭圆的起始角度和结束角度。

2. 选择工具

选择工具主要用于选择对象，修改对象形状，以及移动、复制对象。

（1）选择对象：在对象上单击即可选择一个对象，若要选择多个对象，可按住“Shift”键逐个单击对象或者按住鼠标左键拖动以对对象进行框选。

（2）修改对象形状：将鼠标指针指向对象的拐角，按住鼠标左键并拖动，可改变对象的拐角，如图 1–1–10 所示；将鼠标指针移向直线段边缘，按住鼠标左键并拖动，可将直线段变成曲线段，如图 1–1–11 所示。

图 1–1–10　改变对象的拐角

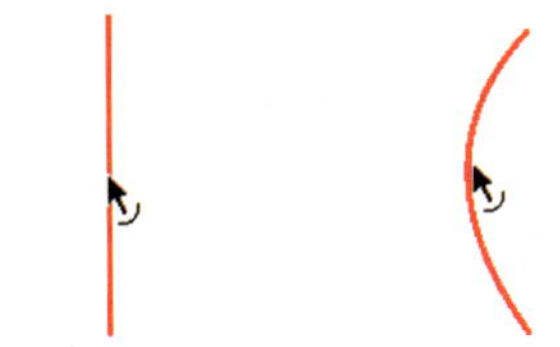

图 1–1–11　将直线段变成曲线段

（3）移动、复制对象：选择对象后按住鼠标左键并拖动，可移动对象；在按住“Ctrl”或“Alt”键的同时按住鼠标左键并拖动，可复制对象。

3. 渐变变形工具

渐变变形工具用于对填充对象的填充颜色作变形处理，它有线性渐变和放射状渐变两种方式。

线性渐变的设置方法如图 1–1–12 所示。

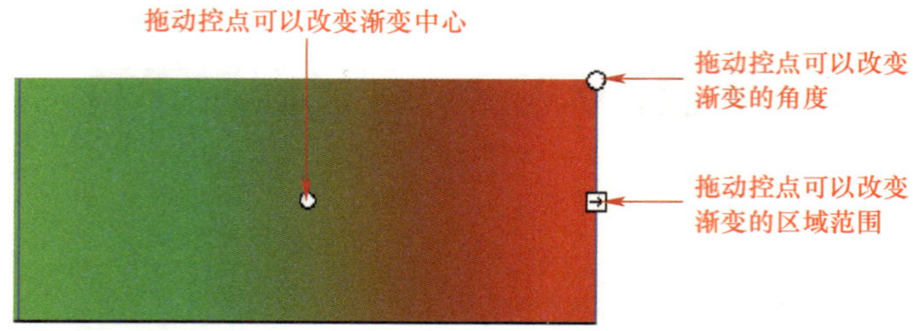

图 1-1-12　线性渐变的设置方法

放射状渐变的设置方法如图 1–1–13 所示。

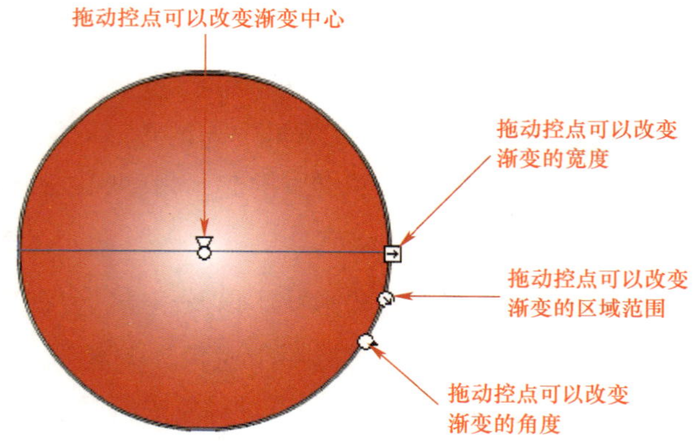

图 1-1-13　放射状渐变的设置方法

4. 铅笔工具

铅笔工具可用于绘制线条和图形，其“属性”面板如图 1–1–14 所示。

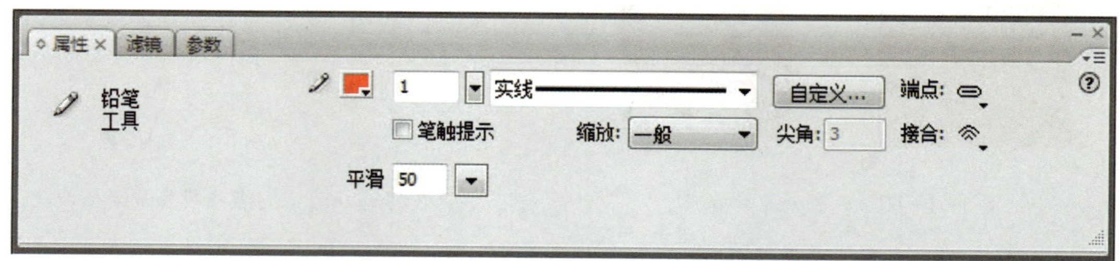

图 1-1-14　铅笔工具的“属性”面板

使用铅笔工具绘制图形时，可以根据需要单击工具箱中的“铅笔模式”按钮，选择“直线化”“平滑”“墨水”三种绘图方式之一进行绘制，如图 1–1–15 所示。

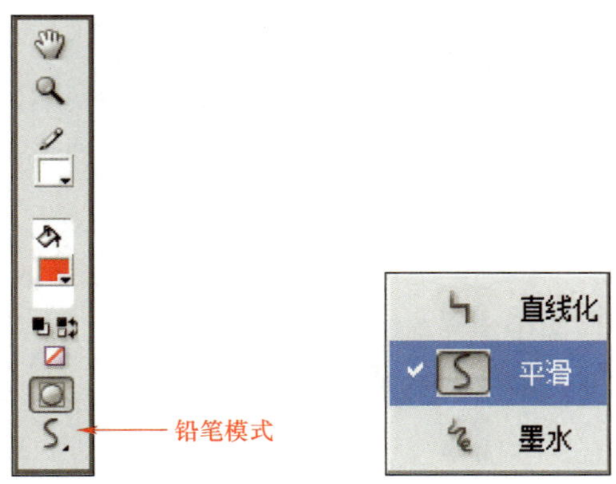

图 1-1-15　铅笔工具的绘图方式

操作演示

1. 新建 Flash 文档

启动 Flash 后，在启动界面中选择“新建”→“Flash 文件（ActionScript 3.0）”，系统自动创建名为“未命名 -1.fla”的 Flash 文档，如图 1-1-16 所示。

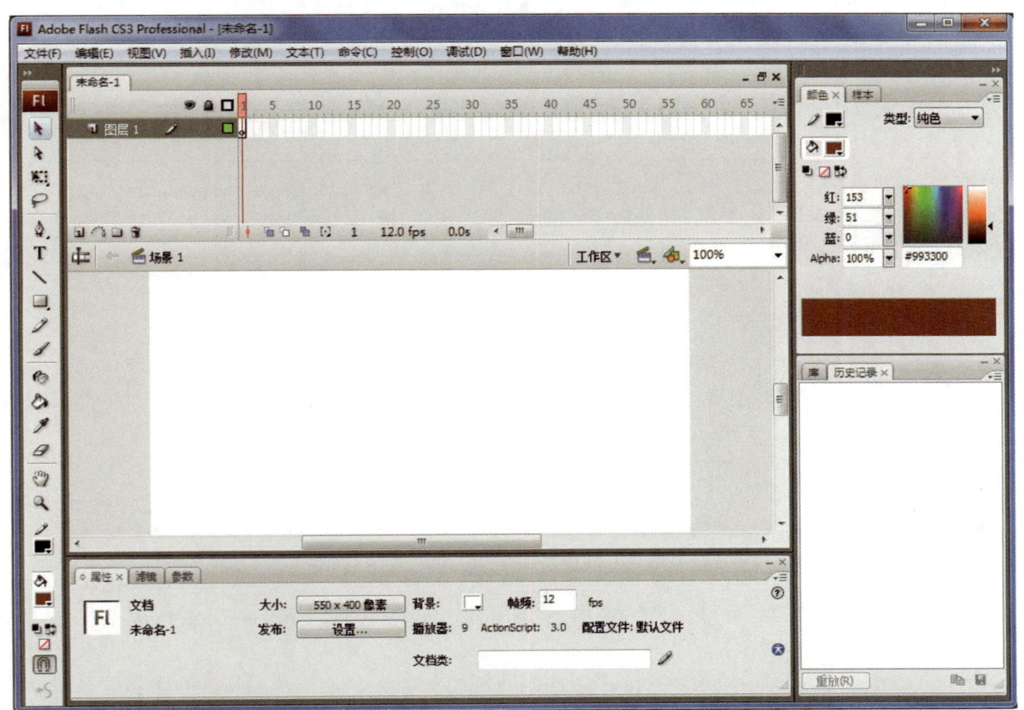

图 1-1-16　创建新文档

2. 设置文档属性

在开始工作之前，首先要对文档的属性进行设置，包括舞台尺寸、背景颜色和帧频等。可执行“修改”→“文档”命令，弹出图 1-1-17 所示的“文档属性”对话框，进行相应设置。

3. 创建背景层

（1）在时间轴面板中选中第 1 帧，执行“文件”→“导入”→“导入到舞台”命令，弹出“导入”对话框，将素材库中名为“彩色气球 .jpg”的图片导入舞台中，如图 1-1-18 所示。

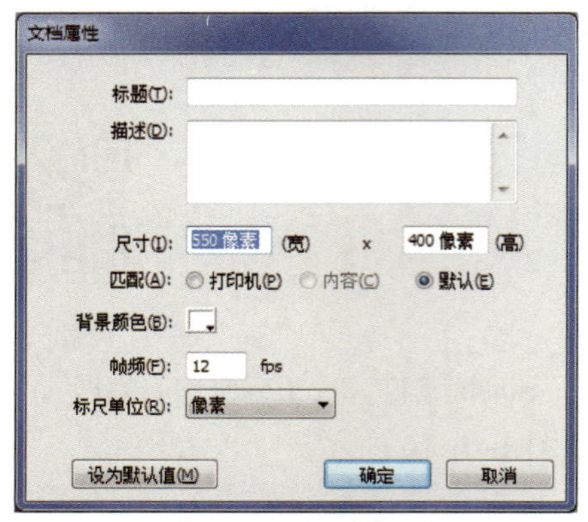

图 1-1-17 “文档属性”对话框

图 1-1-18 导入背景

（2）单击图层 1 中的“锁定”按钮，锁定图层 1，如图 1-1-19 所示。

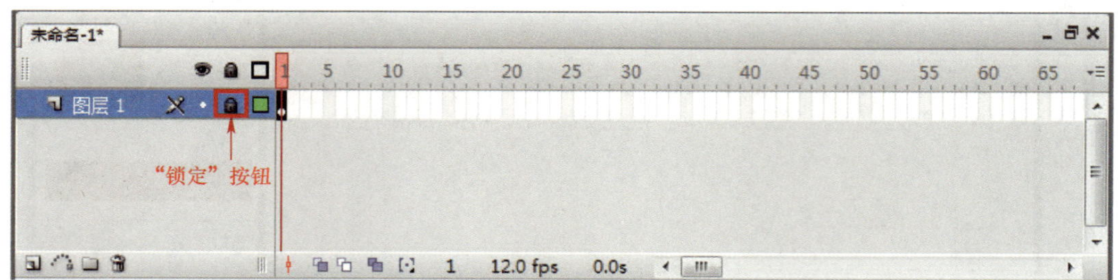

图 1-1-19 锁定图层 1

小贴士

教材所涉及素材均可通过技工教育网（https://jg.class.com.cn）免费下载。

在 Flash 中，完成对图层的操作后要及时锁定图层，这样做可以防止因对图层进行误操作而增加不必要的工作量。

4. 绘制气球

（1）执行“插入”→“时间轴”→“图层”命令，或者单击时间轴面板左下角的“插入图层”按钮，新建图层 2。

小贴士

在 Flash 中，每个动画元素必须放置在不同的图层中，这样才能在制作动画时使画面中不同的元素相互不受影响。

（2）选中图层 2 的第 1 帧，选择工具箱中的椭圆工具，在“颜色”面板中设置笔触颜色为无，填充类型为放射状。在渐变色控制条上将左侧滑块的颜色设为白色（#FFFFFF），右侧滑块的颜色设为红色（#FF0000），如图 1-1-20 所示。

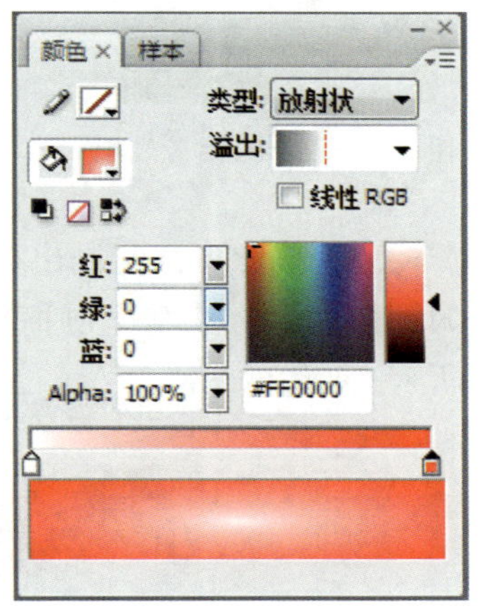

图 1-1-20　“颜色”面板

（3）在舞台中合适位置按住鼠标左键并拖动以绘制椭圆形，得到气球。绘制时注意气球在背景中的比例大小，使其真实、自然，如图 1-1-21 所示。

（4）选择工具箱中的渐变变形工具，调整渐变中心至椭圆形的左上方，如图 1-1-22 所示。

（5）选择工具箱中的铅笔工具，设置笔触颜色为白色（#FFFFFF），铅笔模式为平滑，如图 1-1-23 所示。

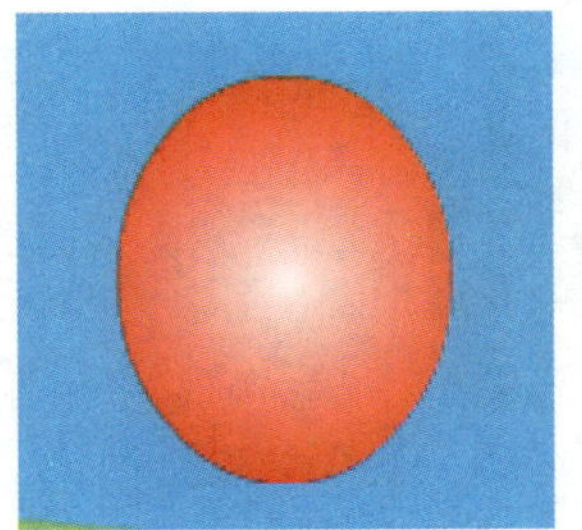
图 1-1-21　绘制椭圆形

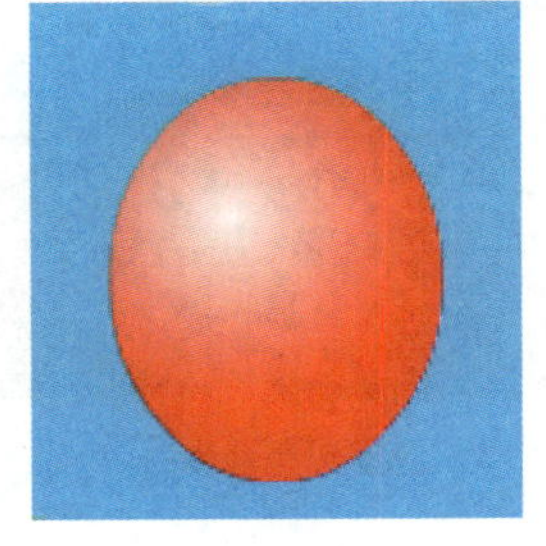
图 1-1-22　调整渐变中心

图 1-1-23　设置铅笔模式

（6）在椭圆形的下方绘制曲线段，如图 1-1-24 所示，至此气球的绘制完成。

5. 复制气球

（1）使用工具箱中的选择工具，框选舞台中的红色气球，在按住“Alt”键的同时按住鼠标左键并拖动至合适位置，释放鼠标完成气球的复制，如图 1-1-25 所示。

（2）选中复制后的气球的椭圆形部分，在“颜色”面板中，将渐变色控制条上右侧滑块的颜色设为紫色（#9900CC），如图 1-1-26 所示。

图 1-1-24 绘制曲线段

图 1-1-25 复制气球

图 1-1-26 改变气球颜色

（3）按此方法复制出多个彩色气球。在复制时要注意气球之间的颜色搭配及气球的摆放位置，使整个画面饱满、充实，布局合理，彩色气球的最终效果如图 1-1-27 所示。

图 1-1-27 彩色气球的最终效果

6. 测试与保存

执行“控制”→“测试影片”命令，观察效果，如果对效果满意，执行“文件”→“保存”命令，将文件保存为“彩色气球 .fla”。

任务 2　绘制新年灯笼

1. 能区分合并绘制模式和对象绘制模式。
2. 能熟练使用矩形工具、多角星形工具、任意变形工具和线条工具。

本任务主要利用矩形工具、多角星形工具、任意变形工具和线条工具来绘制新年灯笼，效果如图 1-2-1 所示。要完成本任务，除了掌握基本绘图工具的用法及图形描边的方法外，还要熟悉构图原理及配色技巧。

图 1-2-1　新年灯笼效果图

一、绘制模式

Flash 中的绘制模式有合并绘制模式和对象绘制模式两种，其中合并绘制模式为默认绘制模式。初学者在绘制图形时常会因不清楚两者之间的区别而走不必要的弯路，

下面简单介绍这两种绘制模式的区别。

1. 合并绘制模式

在此模式下绘制的图形叫形状。当在同一图层中绘制的形状颜色相同时，重叠绘制的形状会自动进行合并，如图 1–2–2 所示。

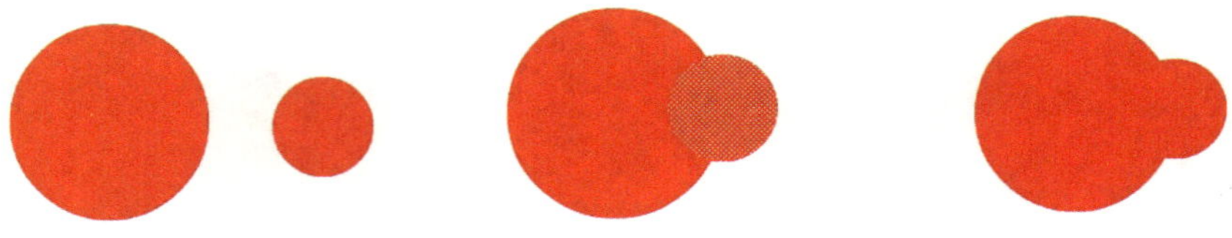

图 1-2-2　颜色相同的形状自动合并

当在同一图层中绘制的形状颜色不同时，重叠绘制的形状中最上层的形状会截去下层与其重叠的形状部分，如图 1–2–3 所示。

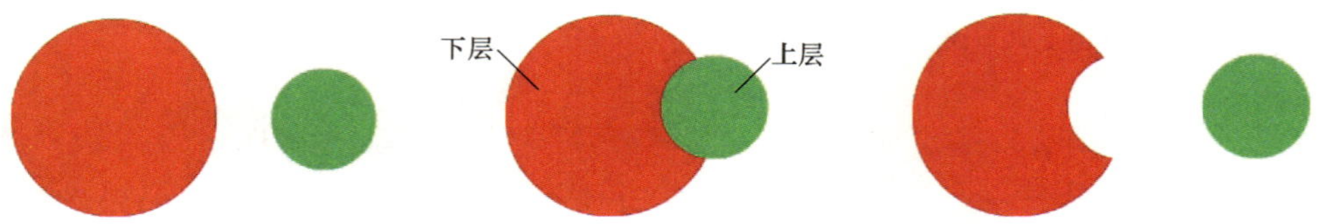

图 1-2-3　颜色不同的形状截去重叠部分

2. 对象绘制模式

在此模式下绘制的图形叫绘制对象。在工具箱中选择椭圆工具后，单击工具箱中位于倒数第二个的“对象绘制”按钮即可切换到对象绘制模式，如图 1–2–4 所示。

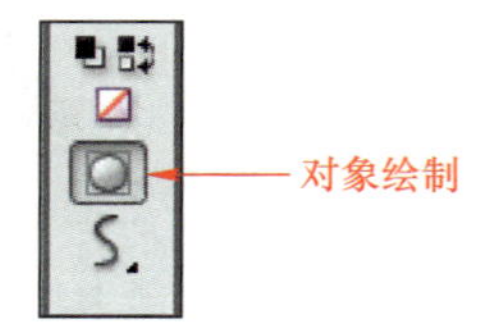

图 1-2-4　“对象绘制”按钮

此时在舞台上拖动鼠标绘制椭圆形得到的是绘制对象。绘制对象的四周有蓝色矩形边框，两个绘制对象叠加在一起时相互不受影响，因此不会出现绘制对象合并或切割的问题，如图 1–2–5 所示。

图 1-2-5　对象绘制模式效果

二、常用工具介绍

1. 矩形工具

矩形工具用于绘制矩形、正方形和圆角矩形。绘制正方形时需在按住“Shift”键的同时按住鼠标左键并拖动来完成绘制。在“属性”面板中设置矩形边角半径，可以绘制出圆角矩形。矩形工具的“属性”面板如图 1–2–6 所示。

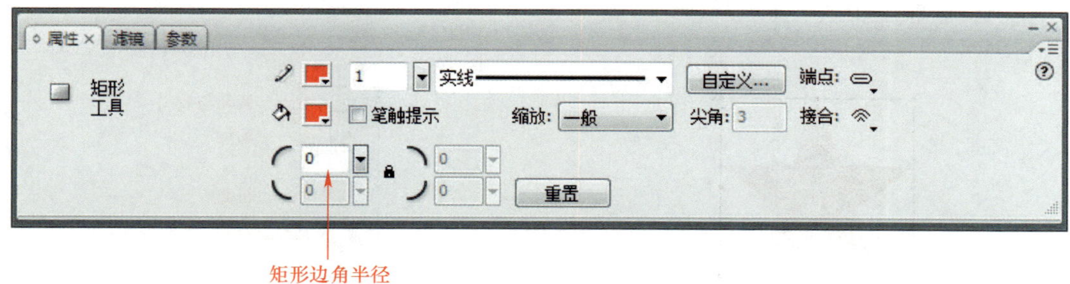

图 1–2–6　矩形工具的“属性”面板

2. 多角星形工具

多角星形工具用于绘制多边形及星形。长按工具箱中的“矩形工具”按钮，从弹出的面板中选择“多角星形工具”。单击多角星形工具“属性”面板中的“选项”按钮，在弹出的“工具设置”对话框中可以设置绘制的样式、边数和星形顶点大小。多角星形工具的“属性”面板和“工具设置”对话框分别如图 1–2–7 和图 1–2–8 所示。

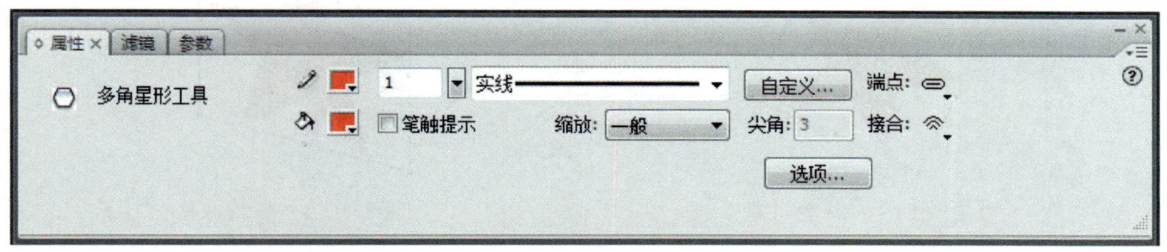

图 1–2–7　多角星形工具的“属性”面板

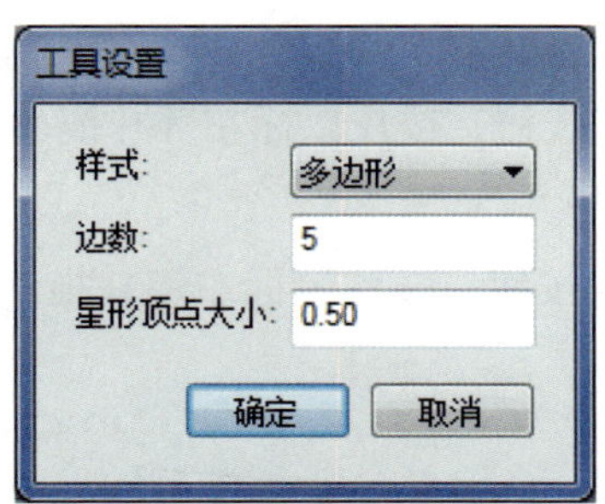

图 1–2–8　“工具设置”对话框

3. 任意变形工具

任意变形工具用于缩放、旋转、倾斜、扭曲对象以及修改对象封套。

单击工具箱中的“任意变形工具”按钮，对象周围会出现控点，拖动控点可改变

图形大小，如图 1–2–9 所示。

在工具箱下方，Flash 设置了“旋转与倾斜”“缩放”“扭曲”“封套”四种变形模式供用户选择，如图 1–2–10 所示。

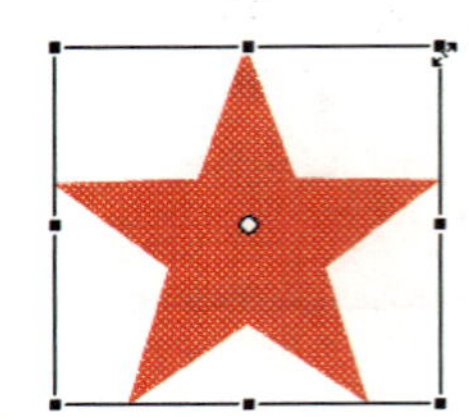

图 1-2-9　对象周围控点

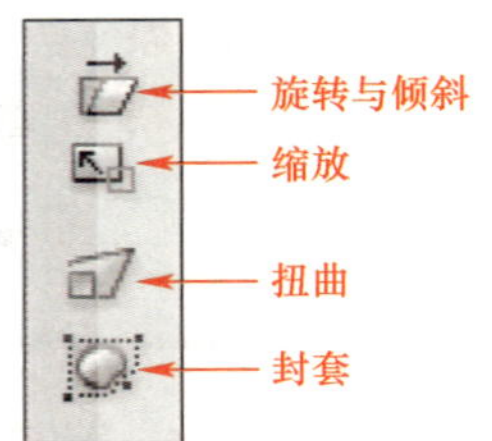

图 1-2-10　任意变形工具的变形模式

（1）旋转与倾斜：单击“旋转与倾斜”按钮，将鼠标指针放在边角控点上，按住鼠标左键并拖动可旋转对象，将鼠标指针放在任一边缘控点上按住鼠标左键并拖动可倾斜对象，如图 1–2–11 和图 1–2–12 所示。

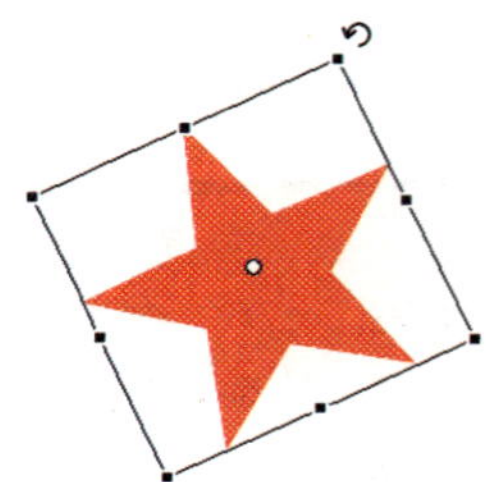

图 1-2-11　旋转对象

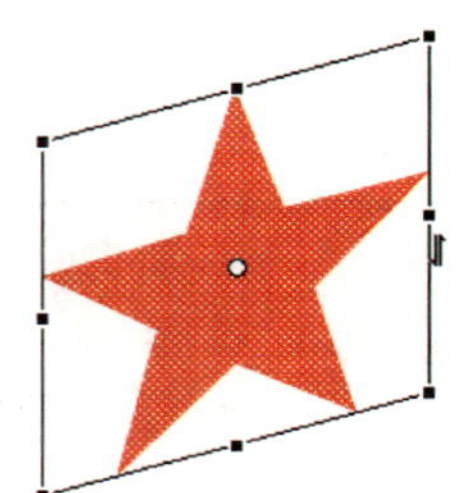

图 1-2-12　倾斜对象

（2）缩放：单击“缩放”按钮，按住鼠标左键并拖动控点可改变对象的大小，如图 1–2–13 所示。

（3）扭曲：单击“扭曲”按钮，按住鼠标左键并拖动角控点或边控点可扭曲对象，如图 1–2–14 所示。

（4）封套：单击“封套”按钮，按住鼠标左键并拖动控点和控制手柄可修改对象封套，如图 1–2–15 所示。

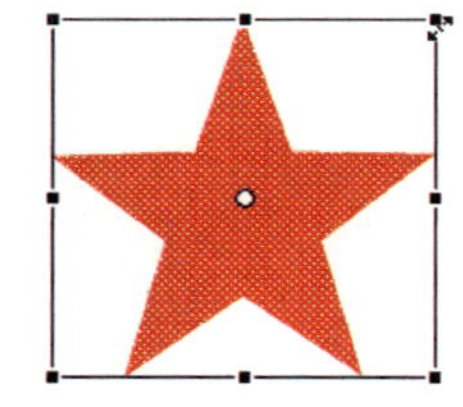

图 1-2-13　缩放对象

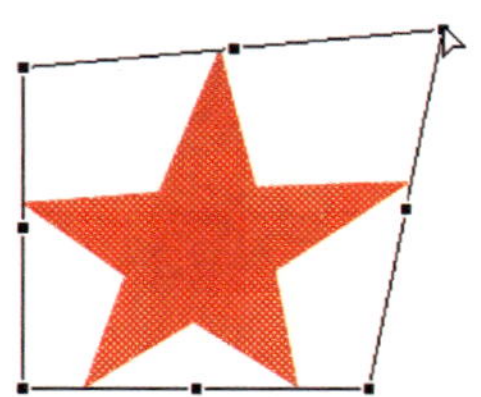

图 1-2-14　扭曲对象

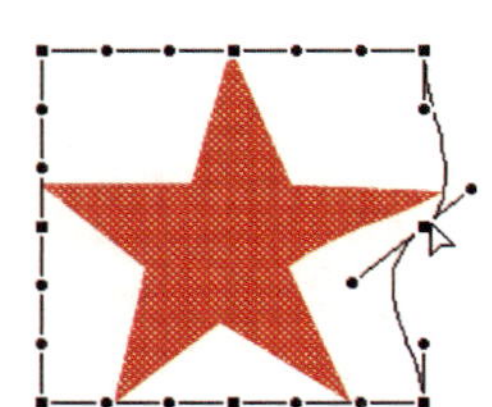

图 1-2-15　修改对象封套

4. 线条工具

线条工具用于绘制各种样式的线条。按住“Shift”键，可以绘制水平、垂直或倾斜（以 45° 为增量）的直线。

1. 创建影片文档

新建一个 Flash 文档，设置舞台尺寸为 550 × 400 像素，背景颜色为白色。

2. 创建背景层

（1）在时间轴面板中选中第 1 帧，执行“文件”→“导入”→“导入到舞台”命令，弹出“导入”对话框，将素材库中名为“新年灯笼 .jpg”的图片导入到舞台中。

（2）单击图层 1 中的“锁定”按钮，锁定图层 1，再单击图层 1 中的“隐藏”按钮，隐藏图层 1，如图 1-2-16 所示。

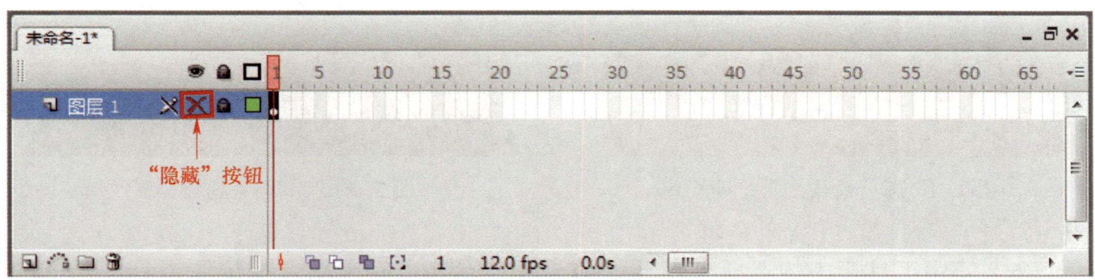

图 1-2-16　锁定和隐藏图层 1

小贴士

在 Flash 中，完成相关图层的操作后，可将图层隐藏，以防止它对其他图层中的操作产生干扰。

3. 绘制灯笼主体

（1）新建图层 2，选中图层 2 的第 1 帧，选择工具箱中的矩形工具，设置笔触颜色为无，填充颜色为红色（#FF3333），调色板设置如图 1-2-17 所示。

（2）在舞台中绘制矩形，如图 1-2-18 所示。

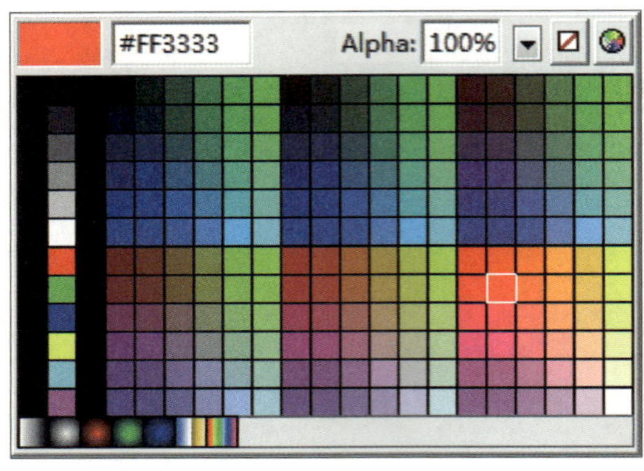

图 1-2-17　调色板

图 1-2-18　绘制矩形

（3）使用工具箱中的线条工具，绘制一条水平线段上下平分矩形，如图 1–2–19 所示。

（4）选中矩形下方部分，填充为深红色（#CC0000），然后删除水平线段。

（5）使用工具箱中的部分选取工具，分别调整矩形左右两边的中间锚点，使之向中心方向靠拢，如图 1–2–20 所示。

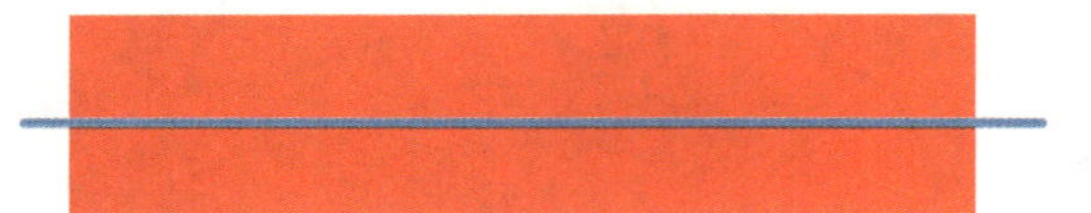
图 1-2-19　线段上下平分矩形

图 1-2-20　调整锚点位置

（6）使用工具箱中的选择工具，在选中舞台中的矩形后，在按住“Alt”键的同时按住鼠标左键并拖动至合适位置释放鼠标，以复制一个矩形，如图 1–2–21 所示。

（7）按此方法再复制几个矩形，注意它们的位置关系。将矩形摆放好后得到新年灯笼的主体部分，如图 1–2–22 所示。

图 1-2-21　复制矩形

图 1-2-22　新年灯笼主体部分绘制完成

4. 绘制灯笼收口

（1）新建图层 3，选中图层 3 的第 1 帧，选择工具箱中的椭圆工具，设置笔触颜色为黄色（#FFCC00），笔触大小为 3，“属性”面板设置如图 1–2–23 所示。

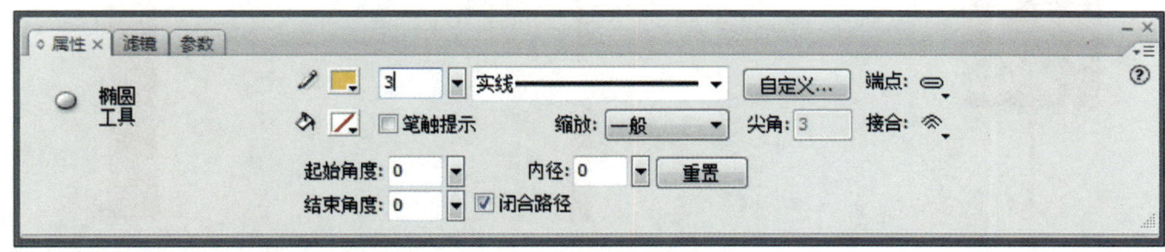

图 1–2–23 “属性”面板设置

（2）在灯笼主体上方绘制圆环，如图 1–2–24 所示。

（3）选择工具箱中的矩形工具，设置笔触颜色为无，填充颜色为黄色（#FFCC00），绘制矩形，如图 1–2–25 所示。

（4）在时间轴面板中将图层 3 调整到图层 2 的下方，使灯笼收口位于灯笼主体的后面，如图 1–2–26 所示。

图 1–2–24　绘制圆环　　图 1–2–25　绘制矩形　　图 1–2–26　调整图层顺序

5. 绘制灯笼线、红穗和福字牌

（1）单击图层 1 中的“隐藏”按钮，显示背景层。

（2）新建图层 4，使用工具箱中的线条工具绘制两条垂直的线段，一条悬挂在树上，一条连接灯笼收口，如图 1–2–27 所示。

（3）选择工具箱中的矩形工具，设置笔触颜色为无，填充颜色为红色（#FF0000），绘制两个矩形作为灯笼的红穗，如图 1–2–28 所示。

（4）选择工具箱中的椭圆工具，绘制一个填充颜色为黄色（#FFCC00）的圆形作为黄色珠子串在下方的红穗上，如图 1–2–29 所示。

图 1-2-27　绘制两条线段

图 1-2-28　绘制红穗

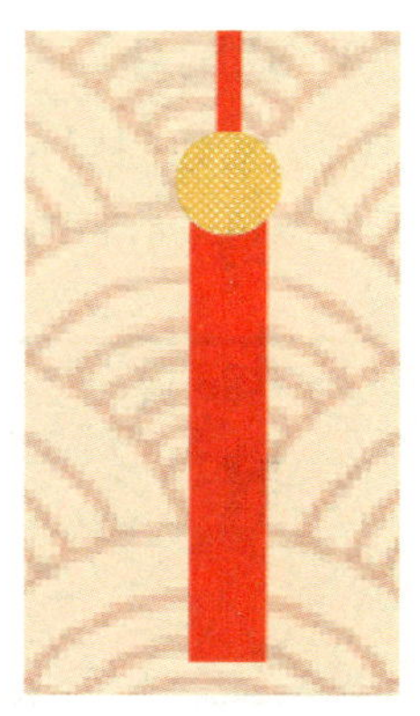

图 1-2-29　绘制黄色珠子

（5）新建图层 5，选择工具箱中的多角星形工具，设置笔触颜色为无，填充颜色为红色（#FF0000），单击“属性”面板中的“选项”按钮，在弹出的“工具设置”对话框中设置样式为多边形、边数为 6，如图 1-2-30 所示。

（6）在合适位置按住鼠标左键并拖动，以在黄色珠子正上方绘制六边形，如图 1-2-31 所示。

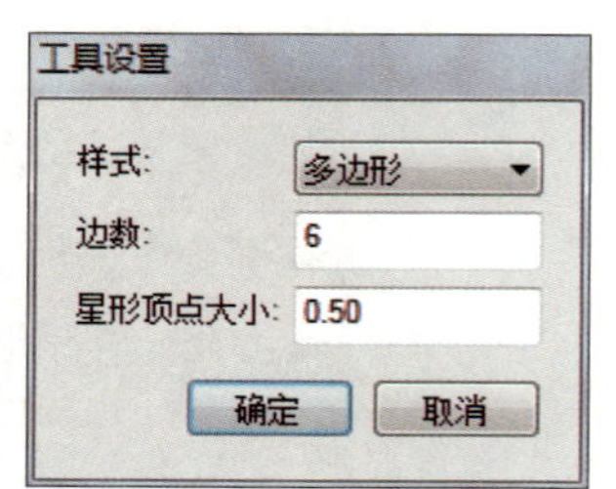

图 1-2-30　“工具设置”对话框

图 1-2-31　绘制六边形

（7）选中六边形，按“Ctrl+C”组合键进行复制操作，按“Ctrl+Shift+V”组合键在当前位置粘贴六边形。

（8）改变六边形的填充颜色。选择工具箱中的任意变形工具，在按“Shift+Alt”组合键的同时拖动任意控点，使六边形保持中心位置不变进行缩小操作，如图 1-2-32 所示。

（9）再次按“Ctrl+C”组合键进行复制操作，按“Ctrl+Shift+V”组合键在当前位置粘贴六边形，改变六边形的填充颜色为黄色（#FFCC00）。选择工具箱中的任意变形工具，在按“Shift+Alt”组合键的同时拖动任意控点，使六边形保持中心位置不变进行缩小操作，如图 1-2-33 所示。

图 1-2-32　复制并缩小六边形

图 1-2-33　再次复制并缩小六边形

（10）使用工具箱中的选择工具，选中绿色的六边形，按“Delete”键进行删除，得到一个镂空的六边形，如图 1-2-34 所示。

（11）使用工具箱中的文本工具，在“属性”面板中设置字体为“华康娃娃体”，字体大小为 20，填充颜色为红色（#FF0000），在六边形上单击并输入“福”，如图 1-2-35 所示。

图 1-2-34　镂空六边形

图 1-2-35　添加文字

6. 绘制烛火和装饰彩灯

（1）新建图层 6，选择工具箱中的椭圆工具，设置笔触颜色为无，填充类型为放射状，在渐变色控制条上设置左右侧滑块的颜色均为黄色（#FFCC00），右侧滑块的 Alpha 值为 0%，“颜色”面板设置如图 1-2-36 所示。

操作演示

绘制一个大圆形作为烛火的光晕，如图 1-2-37 所示。

（2）使用工具箱中的线条工具，设置笔触颜色为黄色（#FFCC00），笔触高度为 8、笔触样式为点状线，绘制多条首尾相接的线段，如图 1-2-38 所示。

（3）使用工具箱中的选择工具，调整各条线段的弧度，如图 1-2-39 所示。

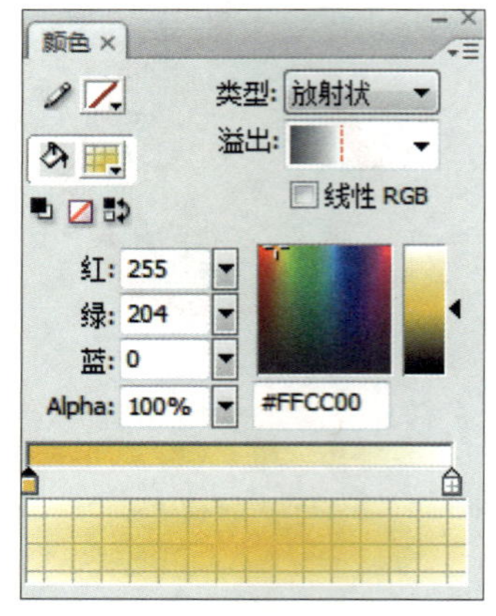

图 1-2-36 “颜色”面板设置

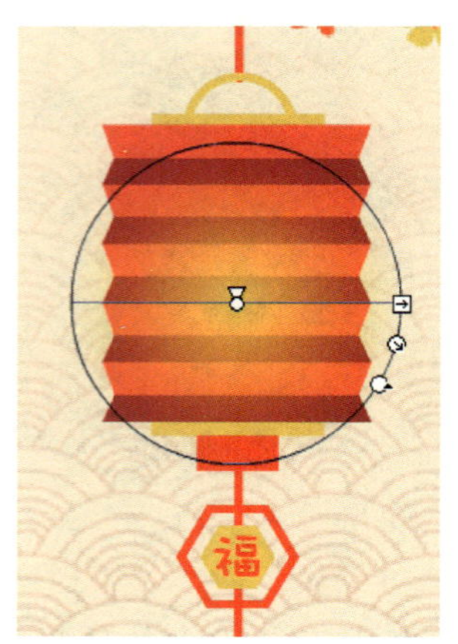

图 1-2-37 绘制光晕

图 1-2-38 绘制线段

图 1-2-39 调整线段弧度

（4）执行“修改”→“形状”→“将线条转换为填充”命令，将线条打散成图形，如图 1-2-40 所示。

（5）按照每隔一个图形选一个的规律，按“Shift”键依次选择代表彩灯的小圆点，将其填充颜色改为红色（#FF0000），如图 1-2-41 所示。

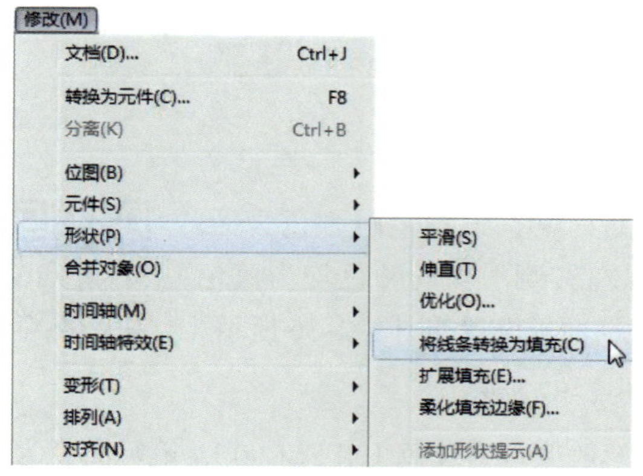

图 1-2-40 “将线条转换为填充”命令

图 1-2-41 改变彩灯的填充颜色

新年灯笼的最终效果如图 1-2-42 所示。

图 1-2-42　新年灯笼的最终效果

7. 测试与保存

执行“控制”→“测试影片”命令，观察效果，如果对效果满意，执行“文件”→“保存”命令，将文件保存为“新年灯笼 .fla”。

任务 3　绘制桃子熟了图像

学习目标

1. 能熟练使用钢笔工具、部分选取工具和颜料桶工具。
2. 掌握图形元件的制作方法。

任务描述

本任务是一个卡通图形绘制实例，主要利用钢笔工具、铅笔工具、椭圆工具、部分选取工具和颜料桶工具来绘制桃子熟了图像，效果如图 1-3-1 所示。要完成本任务，除了掌握钢笔工具、部分选取工具的使用技巧以及翻转对象的方法外，还要在绘制过程中注意构图和比例。

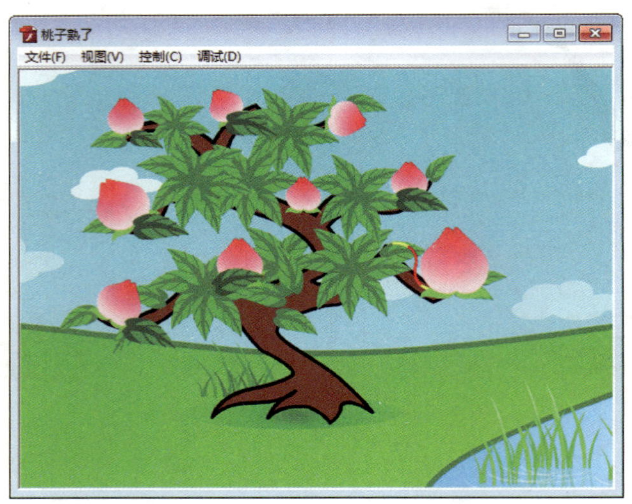

图 1-3-1 桃子熟了图像效果图

一、钢笔工具

钢笔工具用于绘制光滑的线条和路径。

1. 绘制直线段

选择工具箱中的钢笔工具，在舞台中适当位置单击，绘制第一个锚点，再在另一适当位置单击，即可完成直线段的绘制，如图 1-3-2 所示。在绘制的同时，如果按住“Shift”键，可以绘制与舞台中的水平线成 0°、45° 或 90° 角的直线段。

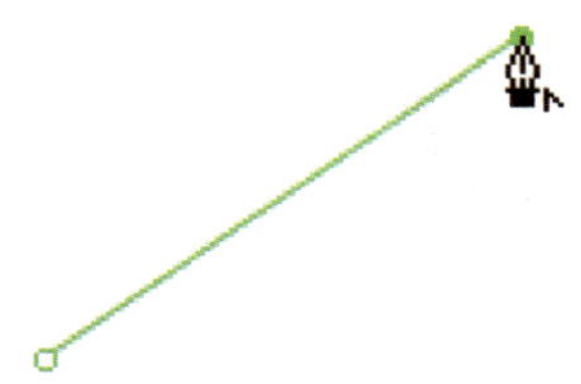

图 1-3-2 绘制直线段

要绘制一个开放路径，可双击最后一个锚点；要绘制一个封闭路径，可将钢笔工具移动到第一个锚点处，这时鼠标指针旁会出现一个小圆环，单击即可完成绘制。

2. 绘制曲线段

选择工具箱中的钢笔工具，在舞台中预画曲线段的起点处单击，绘制曲线段的第一个锚点，然后松开鼠标左键并移动鼠标指针到第二个锚点处，按住鼠标左键，同时调整曲线段延伸方向使之符合要求，松开鼠标左键，继续移动鼠标指针到下一个锚点处，按同样方法操作，即可绘制出需要的曲线段，如图 1–3–3 所示。

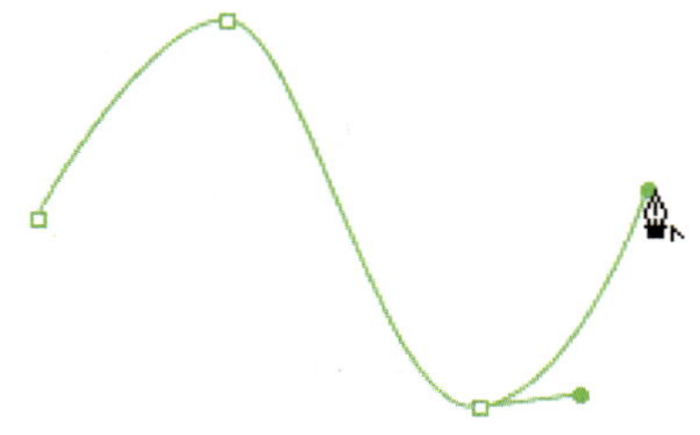

图 1–3–3　绘制曲线段

3. 修改路径

长按工具箱中的“钢笔工具”按钮，打开图 1–3–4 所示面板，用户可根据需要选择工具来修改路径。

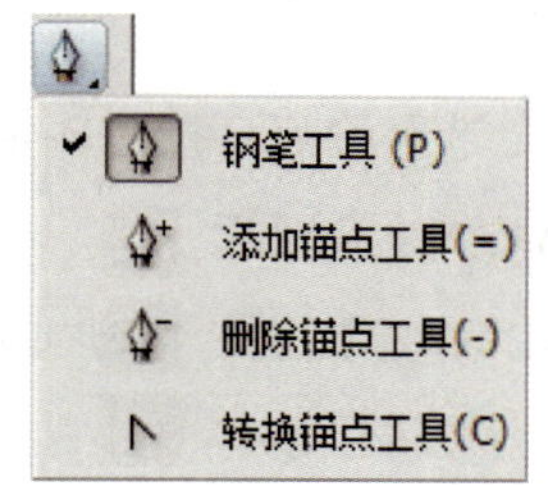

图 1–3–4　“钢笔工具”面板

（1）添加锚点工具：选择添加锚点工具，在需要添加锚点的位置单击，即可添加锚点，如图 1–3–5 所示。

（2）删除锚点工具：选择删除锚点工具，在需要删除锚点的位置单击，即可删除锚点，如图 1–3–6 所示。

（3）转换锚点工具：选择转换锚点工具，在曲线点上单击，曲线点转换为角点，如图 1–3–7 所示；在角点上单击鼠标左键并拖动，角点转换为曲线点，如图 1–3–8 所示。

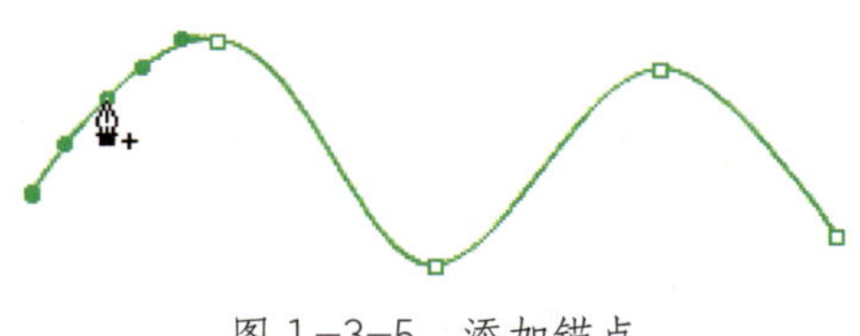

图 1–3–5　添加锚点

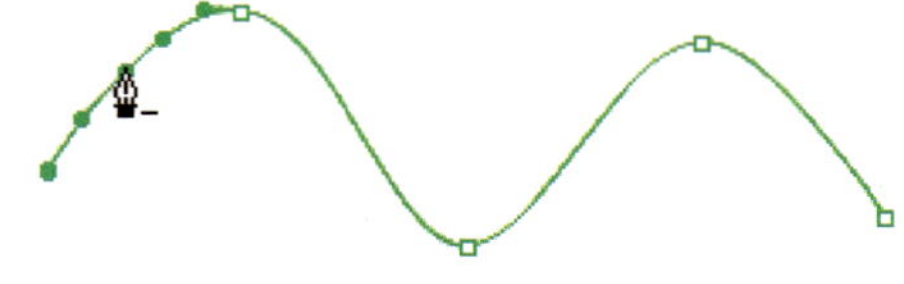

图 1–3–6　删除锚点

图 1–3–7　曲线点转换为角点

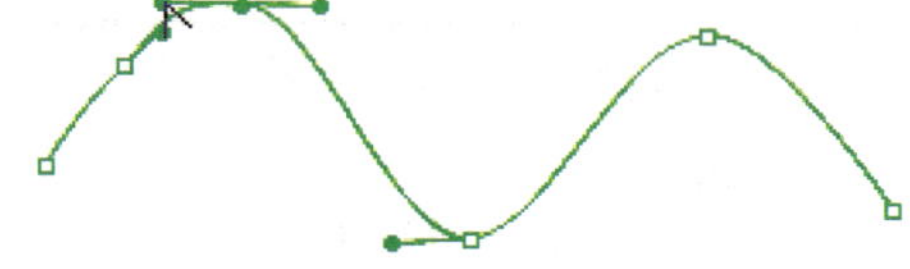

图 1–3–8　角点转换为曲线点

二、部分选取工具

部分选取工具用于改变对象的形状。用部分选取工具选择对象的轮廓会出现多个锚点，如图 1–3–9 所示。通过调节锚点的位置或方向，可改变对象的形状。

1. 移动锚点

在要移动的锚点上长按鼠标左键并拖动可移动锚点，如图 1–3–10 所示。

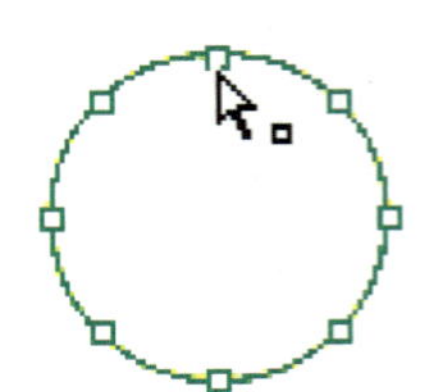
图 1-3-9 选择对象的轮廓

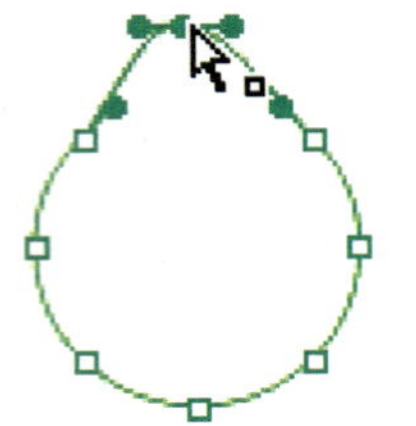
图 1-3-10 移动锚点

2. 删除锚点

单击以选择锚点，按“Delete”键可删除锚点，如图 1-3-11 所示。

3. 修改对象形状

单击以选择锚点，拖动或旋转锚点的控制手柄可改变对象的形状，如图 1-3-12 所示。

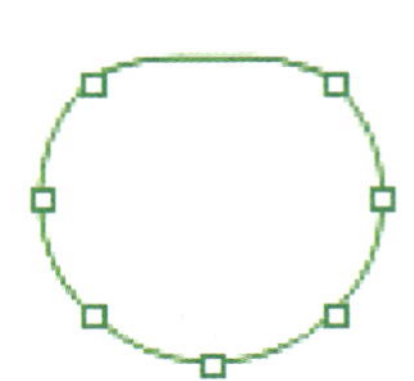
图 1-3-11 删除锚点

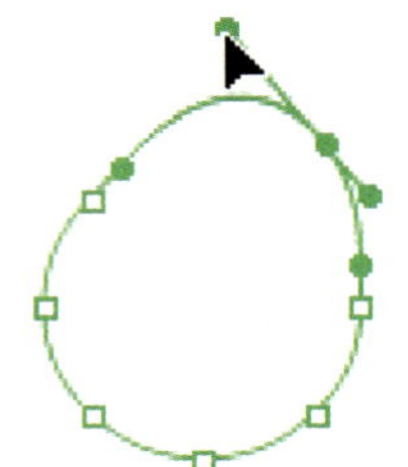
图 1-3-12 改变对象形状

三、颜料桶工具

颜料桶工具用于更改填充区域的颜色。它能将颜色、渐变色和位图等填充到指定区域中。颜料桶工具的“属性”面板如图 1-3-13 所示。

图 1-3-13 颜料桶工具的“属性”面板

若需要填充渐变色或位图，可以执行“窗口”→“颜色”命令打开“颜色”面板，在“颜色”面板中设置要填充的类型，如图 1-3-14 所示。

小贴士

溢出表示颜色超出部分的显示状态。打开“溢出”下拉菜单可以选择填充色的溢出方式，有“扩充颜色”“映射颜色”“重复颜色”三种方式，其中“扩充颜色”为默认方式。

使用颜料桶工具除了能够填充封闭的区域外，还可以填充不完全封闭的区域，这一功能可以通过单击工具箱下方倒数第二个“空隙大小”按钮并打开“空隙大小”面板来完成，如图 1–3–15 所示。

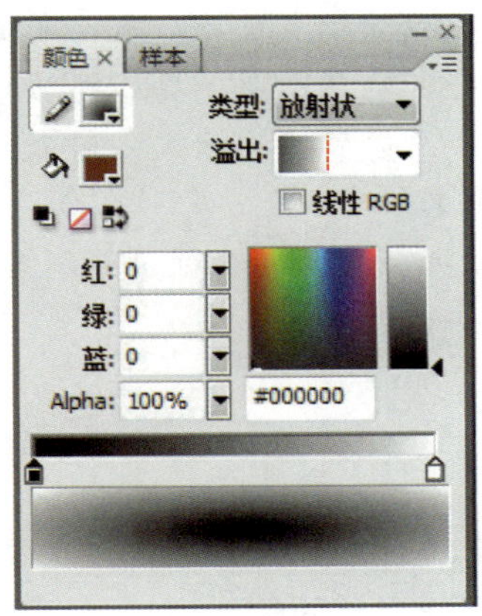

图 1–3–14　“颜色”面板

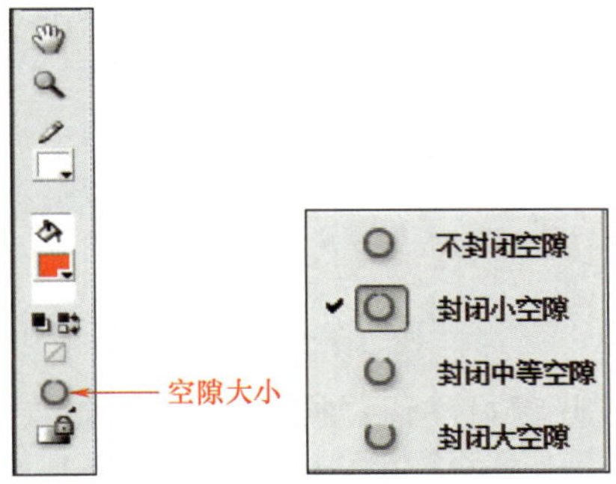

图 1–3–15　颜料桶工具填充方式设置

任务实施

1. 创建影片文档

新建一个 Flash 文档，设置舞台尺寸为 550×400 像素，背景颜色为灰绿色（#66AA8E）。

2. 创建背景层

在时间轴面板中选中图层 1，单击鼠标右键，选择“属性”选项，在弹出的“图层属性”对话框中，将名称改为“背景”。选中第 1 帧，执行“文件”→“导入”→“导入到舞台”命令，弹出“导入”对话框，将素材库中名为“桃树 .jpg”的图片导入舞台中，锁定“背景”图层，如图 1–3–16 所示。

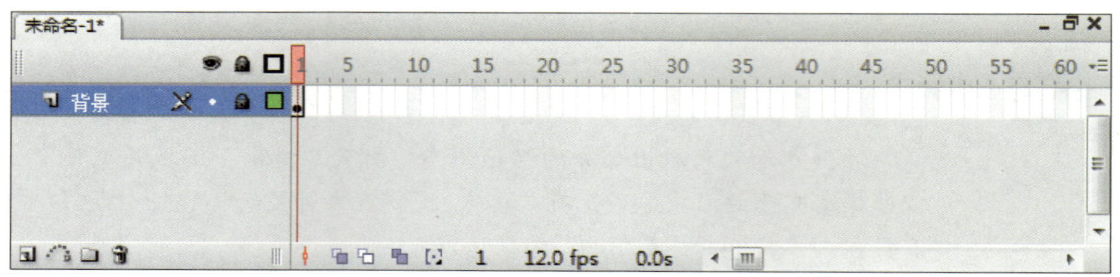

图 1-3-16　锁定“背景”图层

小贴士

在默认情况下，新建的图层按照创建的顺序来命名。对图层重命名可以更好地反映图层的实际内容。要重命名图层，除上述方法外，还可以双击时间轴面板中图层的名字，在高亮显示文字时直接输入新名称，按“Enter”键即可完成重命名。

在元件和场景的时间轴面板中，可以按独立的顺序创建新图层，以及对各图层进行重命名。

3. 复制“桃子熟了库 . fla”中的元件

打开素材文件“桃子熟了库 .fla”，在“库”面板中选择“桃叶”元件，单击鼠标右键，从弹出的快捷菜单中选择“复制”选项，切换到新文档的编辑窗口，再次打开“库”面板，单击鼠标右键，从弹出的快捷菜单中选择“粘贴”选项，将“桃子熟了库 .fla”中的“桃叶”元件复制到当前文档的“库”面板中备用。

4. 绘制桃子

（1）执行“插入”→“新建元件”命令，弹出“创建新元件”对话框，修改元件名称为“桃子”，元件类型为“图形”，单击“确定”按钮，如图 1-3-17 所示。

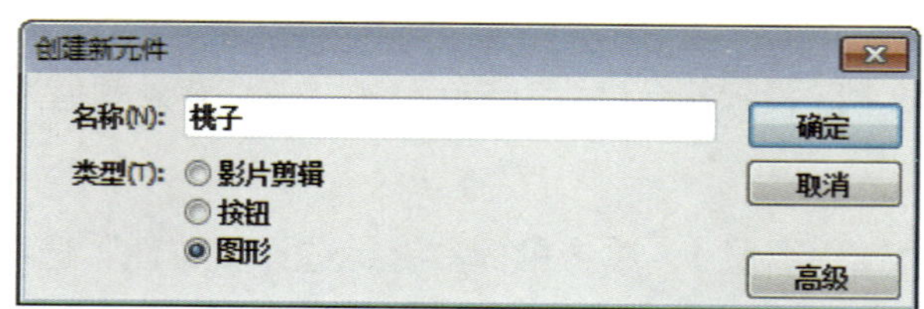

图 1-3-17　创建“桃子”图形元件

（2）将图层 1 重命名为“桃子”。绘制一个无填充颜色的椭圆形，复制出一个新的椭圆形并将其与前一个相交，删除内部的两根线条，使用工具箱中的部分选取工具将其调整成桃子形状。在“颜色”面板中设置梅红色（#FF0033）到浅粉色（#FFCCFF）的线性渐变，使用颜料桶工具填充桃子内部后删除其边缘线，如图 1–3–18 所示。

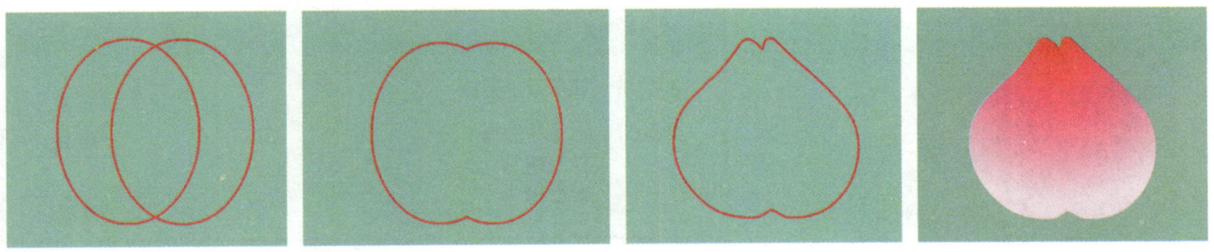

图 1-3-18 绘制桃子

（3）新建“叶子”图层，绘制一个矩形，将其填充为绿色（#66CC00），使用部分选取工具和转换锚点工具将其调整成叶子形状，然后复制出一片新的叶子，将其水平翻转后摆放至适当位置，如图 1–3–19 所示。

图 1-3-19 绘制叶子

（4）将桃子图形和叶子图形组合成完整的桃子，如图 1–3–20 所示。

图 1-3-20 组合成桃子

操作演示

5. 绘制带金箍棒的桃子

（1）从“库”面板中选择“桃子”元件，单击鼠标右键，选择“直接复制”选项，如图 1–3–21 所示，在弹出的“直接复制元件”对话框中将其名称改为“桃子带金箍棒”，如图 1–3–22 所示，单击“确定”按钮后，“库”面板中随即显示复制的新元件。

（2）双击“桃子带金箍棒”元件，进入元件编辑窗口。新建“金箍棒”图层，使用铅笔工具绘制一条“S”形曲线段，复制曲线段并将新曲线放在其左下方，然后

绘制四条短直线段与之相交，以分割颜色区域，对分割的区域填充红色（#FF0000）和黄色（#FFFF00），删除边缘线，如图 1–3–23 所示。

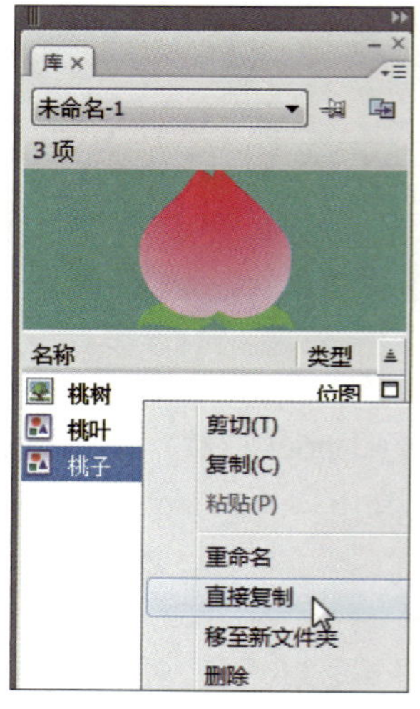

图 1-3-21 “直接复制”选项

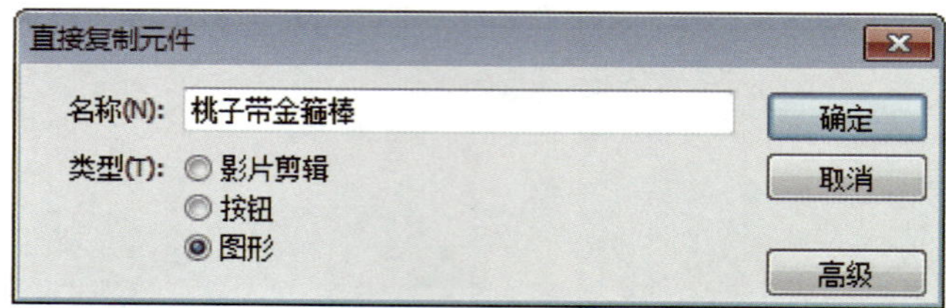

图 1-3-22 修改元件名称

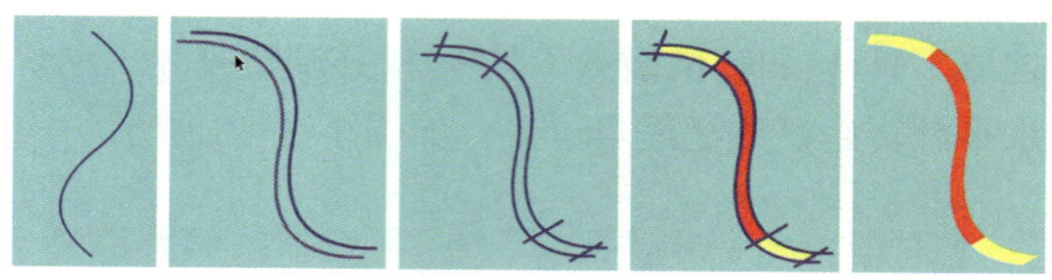

图 1-3-23 绘制金箍棒

（3）调整“桃子”“叶子”“金箍棒”图层的顺序，将其组合成带金箍棒的桃子，如图 1–3–24 所示。

6. 组合场景

（1）单击场景切换图标以切换至场景 1，如图 1–3–25 所示。

图 1-3-24 组合成带金箍棒的桃子

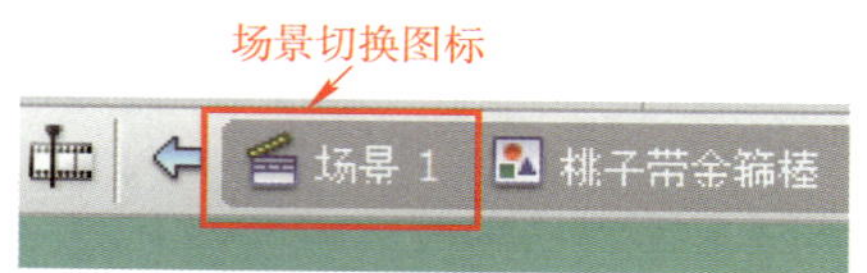

图 1-3-25 切换场景

（2）新建图层 2，将其重命名为“桃子”。从“库”面板中选择“桃子”元件，将其拖动到舞台中，调整其大小和方向并摆放到合适的位置上，如图 1–3–26 所示。

（3）采用同样的方法复制出多个桃子，并对部分桃子执行“修改”→“变形”→“水平翻转”命令，将它们水平翻转，如图 1–3–27 所示。

图 1-3-26　摆放桃子

图 1-3-27　摆放多个桃子

（4）在现实生活中，桃子是掩映在桃叶之间的，因此，在放置好桃子后可根据实际情况从“库”面板中拖动“桃叶”元件到舞台中，对部分桃子进行局部遮挡，让其效果更真实，如图 1-3-28 所示。

（5）将“桃子带金箍棒”元件从“库”面板中拖动到舞台中，放置在树枝上。桃子熟了图像的最终效果如图 1-3-29 所示。

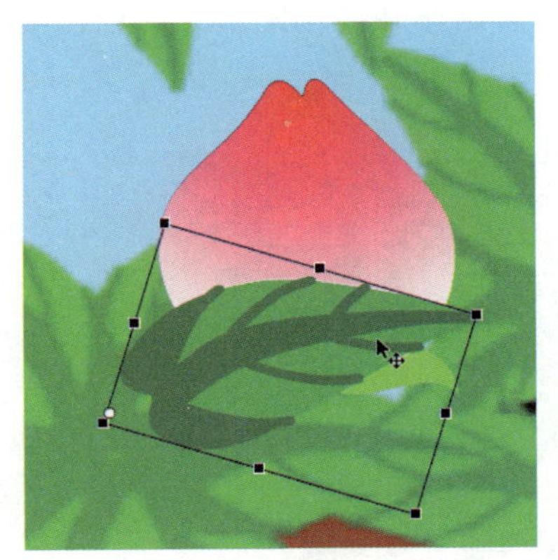

图 1-3-28　添加桃叶

图 1-3-29　桃子熟了图像的最终效果

7. 测试与保存

执行“控制”→“测试影片”命令，观察效果，如果对效果满意，执行“文件”→“保存”命令，将文件保存为“桃子熟了 .fla”。

任务 4　绘制美丽的家园

1. 能熟练使用“对齐”面板调整图形之间的对齐方向、分布间距和匹配大小等。
2. 掌握图层的使用技巧。
3. 能熟练使用文本工具、墨水瓶工具、缩放工具和手形工具。
4. 能熟练使用图形元件绘制场景。

本任务是一个场景绘制实例，主要利用矩形工具、椭圆工具、颜料桶工具和墨水瓶工具等来绘制美丽的家园，效果如图 1-4-1 所示。要完成本任务，除了掌握“对齐”面板的使用技巧，墨水瓶工具和文本工具的用法，学会制作并使用图形元件绘制场景外，还要在绘制过程中注意构图及配色技巧。

图 1-4-1　美丽的家园效果图

一、“对齐”面板

利用“对齐”面板可以将多个对象按照一定的规律进行排列，也可以使绘制的矩形匹配舞台大小。执行“窗口”→“对齐”命令，可打开图1–4–2所示的“对齐”面板。在“对齐”面板中，单击“相对于舞台”按钮，再单击相应的按钮，即可调整对象之间的对齐方向、分布间距和匹配大小等。

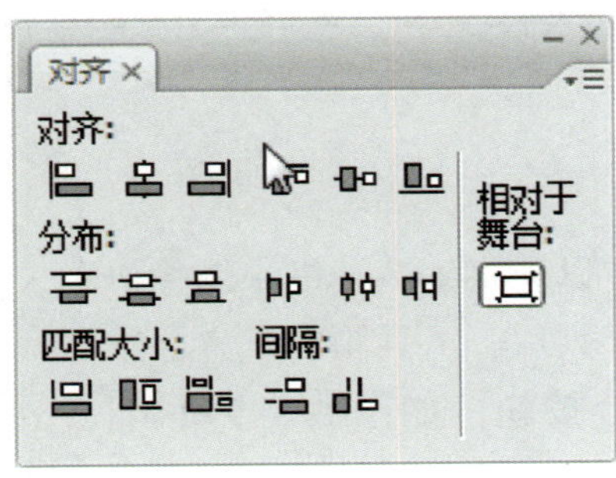

图 1-4-2　“对齐”面板

小贴士

单击“相对于舞台”按钮后，对象将以舞台为参照进行排列。

二、文本工具

文本工具用于输入文字，其“属性”面板如图1–4–3所示。

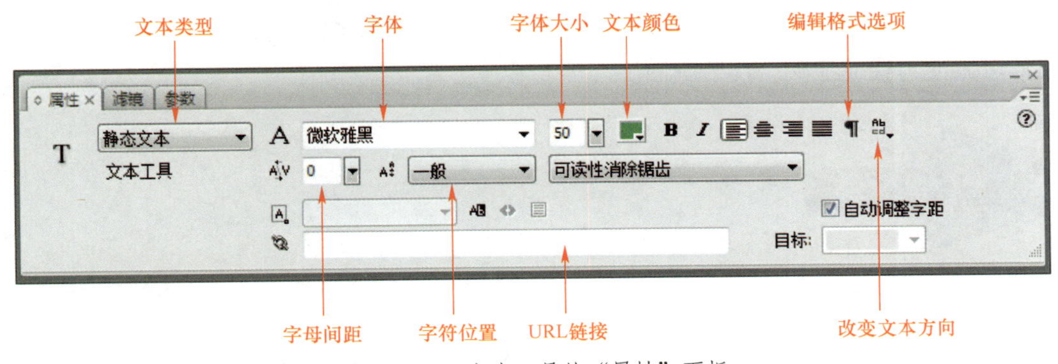

图 1-4-3　文本工具的“属性”面板

三、墨水瓶工具

墨水瓶工具用于更改线段或者形状的笔触颜色、笔触高度和笔触样式。墨水瓶工具的“属性”面板如图 1-4-4 所示。

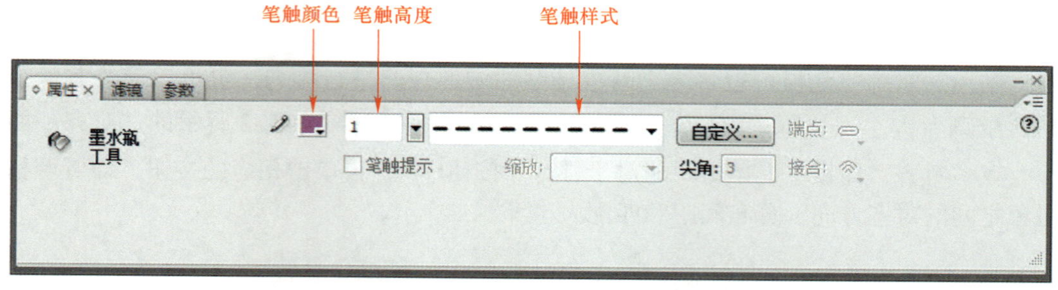

图 1-4-4　墨水瓶工具的“属性”面板

四、缩放工具

缩放工具可以放大图像以观察细节，缩小图像以观看整体效果。选择缩放工具后，工具箱的下方会增加“放大”和“缩小”两个按钮，如图 1-4-5 所示。单击“放大”按钮后再在舞台上单击，可放大舞台和工作区；单击“缩小”按钮后再在舞台上单击，可缩小舞台和工作区。

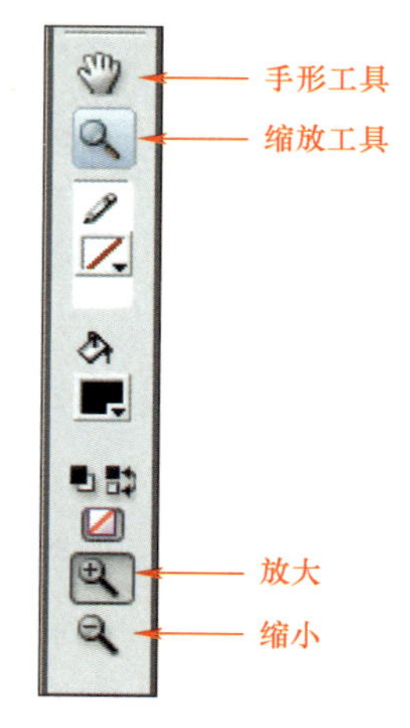

图 1-4-5　缩放工具和手形工具

五、手形工具

使用手形工具（见图 1-4-5）可以实现舞台的移动，便于更好地观察舞台画面。选择手形工具后鼠标指针变为手形，在舞台中按住鼠标左键不放，可拖动舞台到合适的位置。

注意：在动画的制作过程中，不管当时进行的是何种操作，只要按下键盘上的空格键，鼠标指针就会变为手形，松开空格键，就会恢复到当前的操作。利用这一特点，用户可方便、快捷地移动舞台画面。

1. 创建影片文档

新建一个 Flash 文档，设置舞台尺寸为 550×400 像素，背景颜色为白色。

2. 绘制太阳

（1）执行“插入”→“新建元件”命令，在弹出的“创建新元件”对话框中修改元件名称为“太阳”，元件类型为“图形”，单击“确定”按钮，如图 1-4-6 所示。

（2）此时进入“太阳”元件的编辑状态。在图层 1 中选择椭圆工具，设置笔触颜色为无，填充类型为放射状，在渐变色控制条上设置左右侧颜色滑块均为亮黄色（#FFFF33），右侧颜色滑块的 Alpha 值为 0%，如图 1-4-7 所示。

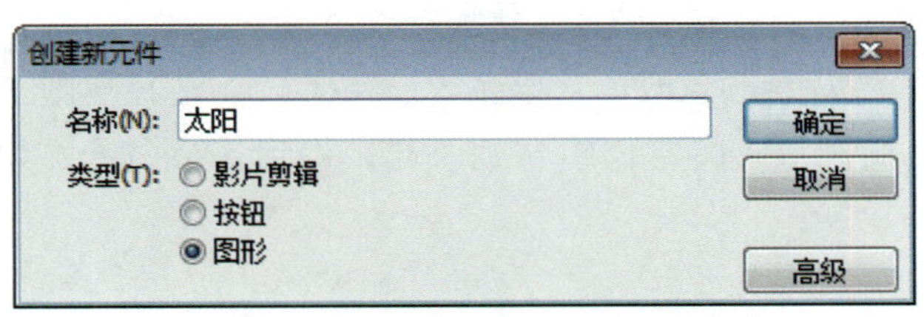

图 1-4-6　创建“太阳”图形元件

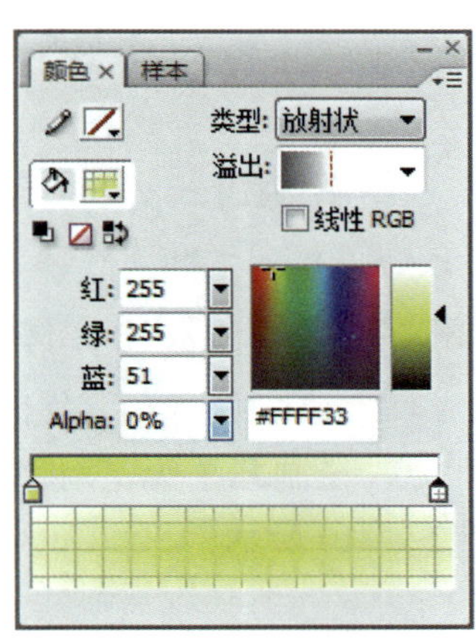

图 1-4-7　“颜色”面板

绘制一个大圆形作为太阳的光辉，如图 1-4-8 所示。

（3）新建图层 2，选择椭圆工具，设置笔触高度为 2，笔触颜色为橘黄色（#FF9900），填充颜色为亮黄色（#FFFF33），在太阳光辉的中心绘制一个小圆形作为太阳，如图 1-4-9 所示。

图 1-4-8　绘制太阳光辉　　图 1-4-9　绘制太阳

（4）单击时间轴面板下方的场景切换图标，返回场景 1 中。

（5）将图层 1 重命名为“太阳”，将“太阳”元件从“库”面板中拖动到场景 1 的

“太阳”图层中，并锁定“太阳”图层。

小贴士

Flash 中的元件可以被重复使用，方便控制和修改，在动画制作中使用元件可缩小文件大小。要使用已建好的元件，只需要从“库”面板中把所需元件拖动到舞台中即可。

图形元件适用于静态图像中的重复使用。

3. 绘制白云

（1）执行“插入”→“新建元件”命令，在弹出的“创建新元件”对话框中修改元件名称为“白云”，元件类型为“图形”，单击“确定”按钮。

（2）在“白云”元件的编辑区中将背景颜色改为灰蓝色（#6766CC）。选择椭圆工具，绘制几个无笔触颜色的白色椭圆形，将它们组合到一起，得到一朵白云，如图 1–4–10 所示。

图 1-4-10　绘制白云

（3）返回场景 1 中，新建图层 2，将其重命名为“白云”。将“白云”元件从“库”面板中拖动到场景 1 的“白云”图层中，复制几个“白云”元件，按图 1–4–11 所示调整它们的摆放位置及大小，并锁定“白云”图层。

图 1-4-11　摆放几朵白云

4. 绘制背景

图 1-4-12　平滑模式

（1）新建图层 3，将其重命名为“背景”，选择铅笔工具，设置笔触颜色为黑色，笔触高度为 2，铅笔模式为平滑，如图 1-4-12 所示。在舞台中绘制一条长曲线，如图 1-4-13 所示。

（2）选择铅笔工具，在长曲线两边绘制两条短曲线，如图 1-4-14 所示。

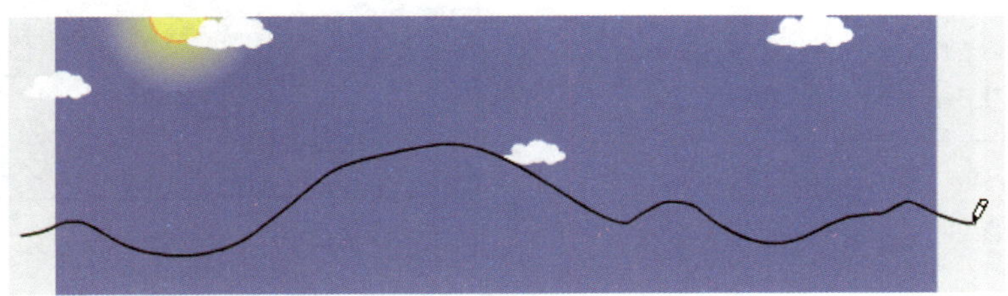
图 1-4-13　绘制一条长曲线

图 1-4-14　绘制两条短曲线

（3）选择铅笔工具，在长曲线下方再绘制两条长曲线，如图 1-4-15 所示。

图 1-4-15　绘制两条长曲线

（4）选择矩形工具，设置笔触颜色为黑色，笔触高度为 2，填充颜色为无，在舞台中绘制一个矩形。

（5）选中矩形，打开图 1-4-16 所示的“对齐”面板，单击“相对于舞台”按钮，再依次单击“对齐”项中的“水平中齐”和“垂直中齐”按钮，使矩形位于舞台的中心。单击“匹配大小”项中的“匹配宽和高”按钮，可得到一个与舞台同样大小的矩形边框，如图 1–4–17 所示。

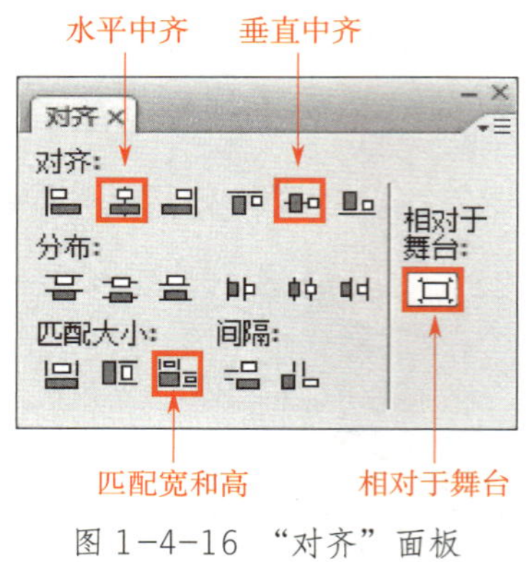

图 1-4-16 “对齐”面板

图 1-4-17 调整矩形位置和大小

（6）选择颜料桶工具，设置填充类型为纯色，填充颜色为浅蓝色（#B1EAEF），为天空部分填充颜色，如图 1–4–18 所示。

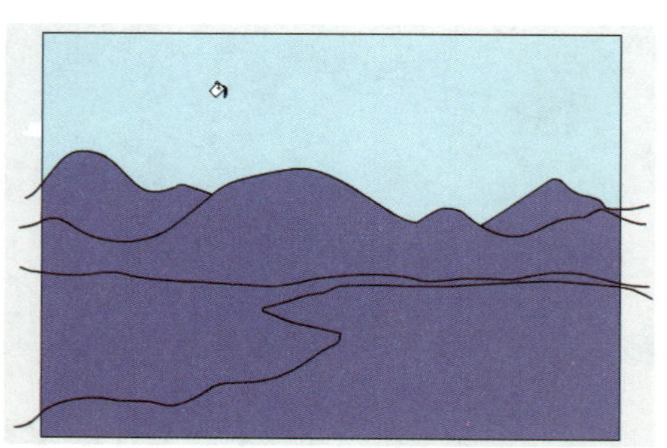
图 1-4-18 为天空填充颜色

（7）选择颜料桶工具，设置填充类型为线性，填充颜色为深绿色（#017E4B）到绿色（#04AE69）的渐变，为前排大山填充颜色，并使用渐变变形工具调整渐变效果，如图 1–4–19 所示。

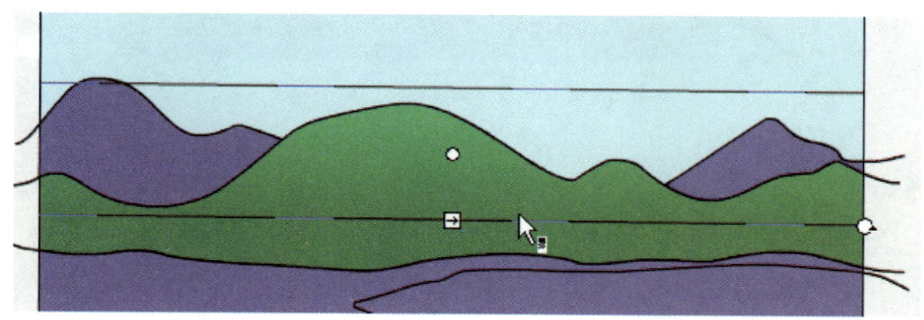
图 1-4-19 为前排大山填充颜色

（8）选择颜料桶工具，设置填充类型为线性，填充颜色为绿色（#018F56）到浅绿色（#04EAA5）的渐变，为后排大山填充颜色，并使用渐变变形工具调整渐变效果，如图 1-4-20 所示。

图 1-4-20　为后排大山填充颜色

（9）选择颜料桶工具，设置填充类型为放射状，填充颜色为蓝色（#66D1DD）到浅蓝色（#ABE7ED）的渐变，为河水填充颜色，并使用渐变变形工具调整渐变效果，如图 1-4-21 所示。

（10）选择颜料桶工具，设置填充类型为纯色，填充颜色为黄绿色（#99CC00），为地面填充颜色，如图 1-4-22 所示。

图 1-4-21　为河水填充颜色

图 1-4-22　为地面填充颜色

（11）使用选择工具双击以选中全部黑色线段，按“Delete”键将其删除，将“背景”图层移动到“太阳”图层的下方，如图 1-4-23 所示。

操作演示

5. 绘制房子

（1）新建“房子”图形元件。使用矩形工具绘制一个笔触颜色为无、填充颜色为白色（#FFFFFF）的矩形。在按住“Alt”键的同时使用选择工具向上拖动鼠标以复制矩形，并将上方矩形调整成梯形作为墙体，如图 1-4-24 所示。

图 1-4-23　删除边线

图 1-4-24　绘制墙体

（2）使用线条工具在垂直方向上绘制一条线段以分割图形，使用颜料桶工具为图形右半部分填充浅灰色（#CCCCCC），如图 1-4-25 所示，填充后删除线段。

（3）使用选择工具，将鼠标指针放置到图形底部两个颜色的交叉点处，当鼠标指针显示直角标志时，向下拖动鼠标，如图 1-4-26 所示。

图 1-4-25　改变墙体颜色

图 1-4-26　调整墙体底部

（4）新建图层 2，绘制一个笔触颜色为无、填充颜色为红色（#FF0000）的矩形。选择任意变形工具，将鼠标指针放置到图形中间节点，当鼠标指针显示斜切标志时，向左拖动鼠标，得到房子的屋顶部分，如图 1-4-27 所示。

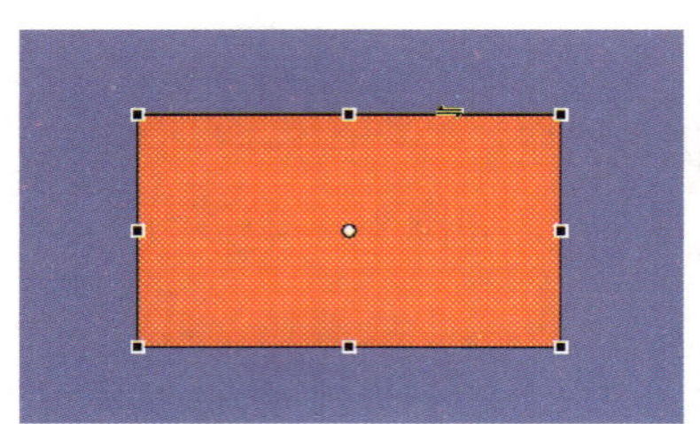

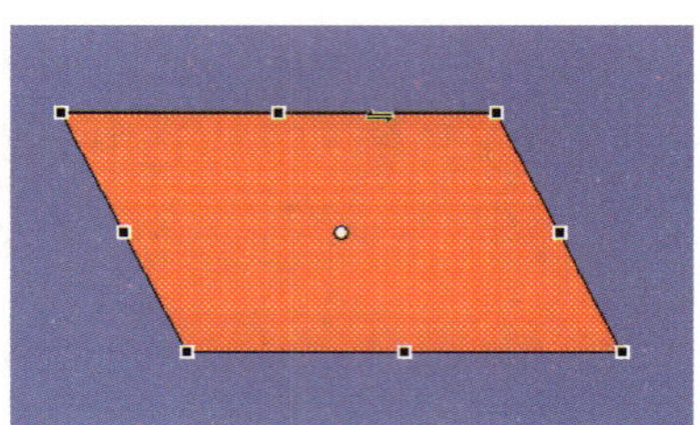

图 1-4-27　绘制屋顶

（5）复制图层 2 中的红色屋顶，将其粘贴到新建的图层 3 中，填充为深红色（#CC0000），水平翻转深红色屋顶，移动图层 3 到图层 1 的下方，如图 1-4-28 所示。

（6）新建图层 4，绘制一个浅棕色（#663300）矩形，调整其形状后得到门窗，如图 1–4–29 所示。

（7）复制出两扇新的门窗，调整其大小，摆放好位置，组合成房子，如图 1–4–30 所示。

图 1–4–28　组合屋顶

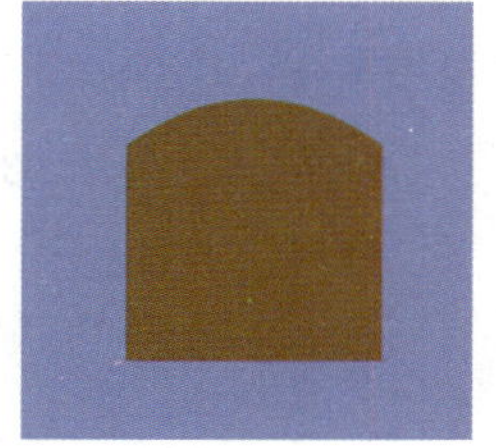
图 1–4–29　绘制门窗

图 1–4–30　房子效果图

（8）新建图层 5，使用线条工具沿着房子底部左侧边线绘制一个平行四边形，如图 1–4–31 所示。选择颜料桶工具，设置填充类型为线性，在渐变色控制条上设置左右侧颜色滑块均为深绿色（#336600），左侧颜色滑块的 Alpha 值为 0%，如图 1–4–32 所示，填充后删除平行四边形边线。

图 1–4–31　绘制平行四边形

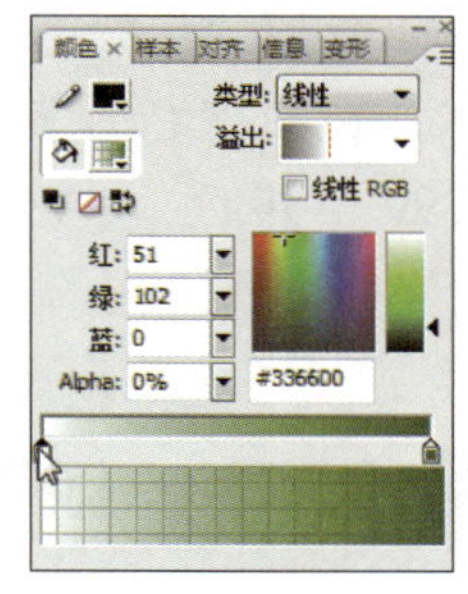

图 1–4–32　“颜色”面板

将图层 5 移动到图层 1 的下方，如图 1–4–33 所示。

（9）返回场景 1 中，新建图层 4，将其重命名为“房子”。将“房子”元件从“库”面板中拖动到“房子”图层中，调整其位置和大小，如图 1–4–34 所示。

图 1–4–33　放置阴影

图 1–4–34　将房子放入场景中

6. 绘制郁金香

（1）新建“郁金香”图形元件，将图层 1 重命名为“花茎”，使用矩形工具，设置笔触颜色为无，填充类型为线性，在渐变色控制条上设置左侧颜色滑块为绿色（#00FF00），右侧颜色滑块为深绿色（#006600），在元件编辑区中绘制一个渐变矩形，如图 1-4-35 所示。

（2）新建“叶子”图层，使用铅笔工具绘制叶子轮廓，使用颜料桶工具将其填充为从绿色（#00FF00）到深绿色（#006600）的线性渐变，如图 1-4-36 所示。

图 1-4-35　绘制花茎

图 1-4-36　绘制叶子

（3）新建“花”图层，选择椭圆工具，设置笔触颜色为无，填充类型为放射状，在渐变色控制条上设置颜色滑块从左到右依次为红色（#FF3300）、粉色（#FF3399）、橙色（#FFCC00）、黄色（#FFFF00）和白色（#FFFFFF），如图 1-4-37 所示。在元件编辑区中绘制花瓣，使用渐变变形工具调整渐变方向和位置，如图 1-4-38 所示。

（4）复制出三片新的花瓣，调整花瓣的方向和位置，组合成郁金香花形，如图 1-4-39 所示。

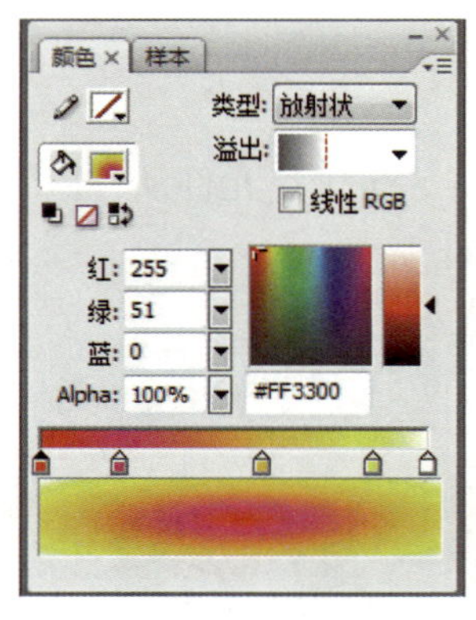

图 1-4-37　“颜色”面板

图 1-4-38　绘制花瓣

图 1-4-39　组合成郁金香花形

（5）返回场景 1 中，新建图层 5，将其重命名为“郁金香”，将“郁金香”元件从“库”面板中拖动到“郁金香”图层中，摆放到舞台左下角，调整其大小和方向后再复制出多朵郁金香，如图 1-4-40 所示。

操作演示

7. 添加文字

（1）新建图层 6，将其重命名为“文字”，选择文本工具 T，在“属性”面板中设置字体为“黑体”，字体大小为 40，文本颜色为红色（#FF0000），在舞台右下角单击并输入“美丽的家园”，如图 1-4-41 所示。

图 1-4-40　复制出多朵郁金香

图 1-4-41　输入文字

（2）按“Ctrl+B”组合键两次，将文字打散，如图 1-4-42 所示。

图 1-4-42　打散文字

（3）选择墨水瓶工具，设置笔触颜色为黄色（#FFFF00），给文字添加黄色边线，如图 1-4-43 所示。

图 1-4-43　给文字添加黄色边线

至此，美丽的家园绘制完成，如图 1-4-44 所示。

图 1-4-44 美丽的家园的最终效果

8. 测试与保存

执行“控制”→“测试影片”命令，观察效果，如果对效果满意，执行“文件”→“保存”命令，将文件保存为“美丽的家园 .fla”。

1. 绘制葡萄

使用椭圆工具、选择工具、钢笔工具和铅笔工具等绘制图 1-4-45 所示的葡萄。

图 1-4-45 葡萄效果图

2. 绘制迷人夜色

使用椭圆工具、选择工具、钢笔工具、多角星形工具和任意变形工具等绘制图 1-4-46 所示的迷人的夜色。

图 1-4-46　迷人的夜色效果图

3. 绘制熊猫

使用钢笔工具、线条工具、文本工具和部分选取工具绘制图 1-4-47 所示的熊猫。

图 1-4-47　熊猫效果图

项目二
逐帧动画制作

逐帧动画是一种最基础的动画，不需要 Flash 的其他功能配合。它需要一帧一帧地去绘制，表现力比较强，常用于表现一些动作复杂、无规律和形态发生变化的对象，如模拟写字、人物走路和奔跑等。

任务 1　制作微风拂过动画

1. 了解帧的基本概念，掌握帧的基本操作。
2. 能将位图转换为矢量图。
3. 能制作简单的逐帧动画。

本任务是一个简单的逐帧动画制作实例，主要利用播放连续图片来产生动画，效果如图 2-1-1 所示。要完成本任务，除了掌握帧的基本操作外，还要掌握将位图转换为矢量图的方法以及调整帧频的方法。

图 2-1-1　微风拂过动画效果图

效果演示

一、帧的基本概念

1. 帧

帧构成了 Flash 动画的一系列画面，是进行动画制作的最基本单位，它在时间轴上显示为空白的矩形。

2. 空白帧

空白帧指没有定义的帧。

3. 关键帧

关键帧是定义动画变化、更改状态的帧，它在时间轴上显示为实心的圆点。

4. 空白关键帧

空白关键帧是没有任何内容的关键帧，它在时间轴上显示为空白的圆点。空白关键帧上一旦放置了对象，它就变成了关键帧。

时间轴上的各类帧如图 2-1-2 所示。

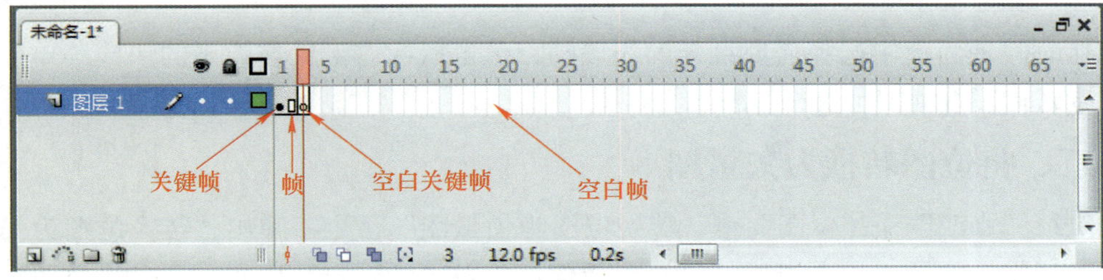

图 2-1-2　时间轴上的各类帧

二、帧的基本操作

1. 插入与删除帧

（1）插入帧

在需要插入帧的位置上单击，选中帧，然后单击鼠标右键，在弹出的快捷菜单中选择“插入帧”选项或按“F5”键插入帧。

（2）删除帧

在需要删除帧的位置上单击，选中帧，然后单击鼠标右键，在弹出的快捷菜单中选择“删除帧”选项即可删除帧。

2. 插入与清除关键帧

（1）插入关键帧

在需要插入关键帧的位置上单击，选中帧，然后单击鼠标右键，在弹出的快捷菜单中选择“插入关键帧”选项或按“F6”键插入关键帧。

（2）清除关键帧

在需要清除关键帧的位置上单击，选中帧，然后单击鼠标右键，在弹出的快捷菜单中选择“清除关键帧”选项即可清除关键帧。

3. 插入空白关键帧

在需要插入空白关键帧的位置上单击，选中帧，然后单击鼠标右键，在弹出的快捷菜单中选择“插入空白关键帧”选项或按“F7”键插入空白关键帧。

4. 复制、粘贴、剪切、清除帧

选中要复制的帧，然后单击鼠标右键，在弹出的快捷菜单中选择“复制帧”选项即可复制帧。选中要粘贴帧的位置，单击鼠标右键，在弹出的快捷菜单中选择“粘贴帧”选项即可粘贴帧。

如果要剪切某个帧，只要选中该帧，然后单击鼠标右键，在弹出的快捷菜单中选择“剪切帧”选项即可。如果要清除某个帧，只要选中该帧，然后单击鼠标右键，在弹出的快捷菜单中选择“清除帧”选项即可。

5. 翻转帧

在时间轴面板中选择需要翻转的一段帧，单击鼠标右键，在弹出的快捷菜单中选择“翻转帧”选项即可进行翻转。

三、将位图转换为矢量图

执行“修改”→“位图”→“转换位图为矢量图”命令，弹出“转换位图为矢量图”对话框，如图 2-1-3 所示，设置参数值后，单击“确定”按钮，可以将位图转换为矢量图。

“转换位图为矢量图”对话框中各选项的含义如下。

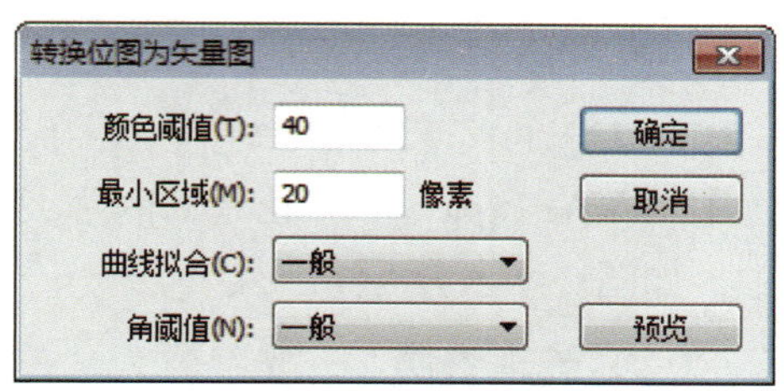

图 2-1-3　“转换位图为矢量图”对话框

1. 颜色阈值

颜色阈值用于设置将位图转换为矢量图时的色彩细节。数值的输入范围为 0 ~ 500，该参数值设置得越大，图像越细腻。

2. 最小区域

最小区域用于设置将位图转换为矢量图时色块的大小。数值的输入范围为 0 ~ 1 000，该参数值设置得越大，色块越大。

3. 曲线拟合

曲线拟合用于设置在转换过程中对色块处理的精细程度。图形转换时，边缘越光滑，对原图像细节的失真程度越高。可选参数包括像素、非常紧密、紧密、一般、平滑和非常平滑六个选项。

4. 角阈值

角阈值用于定义角转换的精细程度。可选参数包括较多转角、一般和较少转角共三个。

1. 创建影片文档

新建一个 Flash 文档，设置舞台尺寸为 550 × 400 像素，背景颜色为白色。

图 2-1-4　导入背景图片

2. 创建背景层

（1）将图层 1 重命名为“背景”，选中第 1 帧，将素材库中名为“微风拂过 .jpg”的图片导入舞台中，如图 2-1-4 所示。

（2）在第 8 帧单击鼠标右键选择“插入帧”选项，如图 2-1-5 所示。锁定“背景”图层。

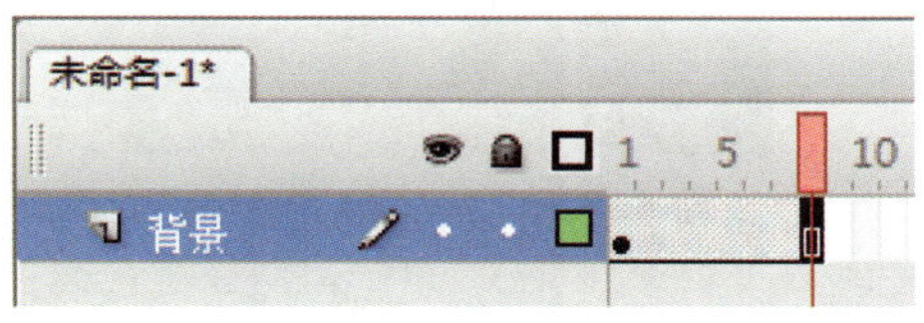

图 2-1-5　插入帧

3. 导入花朵

（1）执行“文件”→“导入”→“导入到库”命令，弹出“导入到库”对话框，选中“花朵 1.jpg”~“花朵 8.jpg”这八张图片，单击“打开”按钮以将图片导入到库中，如图 2-1-6 所示。

（2）新建图层 2，重命名为“花朵”，选中第 1 帧，将“花朵 1.jpg”拖动到舞台中，如图 2-1-7 所示。

图 2-1-6　导入到库

图 2-1-7　将“花朵 1”拖入舞台

（3）选中“花朵 1.jpg”，执行“修改”→“位图”→“转换位图为矢量图”命令，在弹出的“转换位图为矢量图”对话框中设置颜色阈值为 60，最小区域为 1 像素，曲线拟合为像素，角阈值为较多转角，单击“确定”按钮，将“花朵 1.jpg”转换为矢量图，如图 2-1-8 所示。

（4）使用选择工具将“花朵 1.jpg”中的白色背景部分删除，如图 2-1-9 所示。

图 2-1-8　转换为矢量图

图 2-1-9　删除白色背景部分

（5）执行“视图”→“标尺”命令，然后分别从上方和左侧标尺中拽出一条参考线，相交处放置在花朵根部，便于对齐各帧上的花朵图片，如图 2-1-10 所示。

（6）选中“花朵”图层的第 2 帧，单击鼠标右键选择“插入空白关键帧”选项，将“花朵 2.jpg”拖动到舞台中，如图 2-1-11 所示。

图 2-1-10　拽出参考线

图 2-1-11　将“花朵 2”拖入舞台

操作演示

（7）重复步骤（3）、步骤（4），将“花朵 2.jpg”中的白色背景部分删除。

（8）采用同样方法，将“花朵 3.jpg”~“花朵 8.jpg”这六张图片放置到相应的帧数上，并删除其白色背景部分，然后锁定“花朵”图层，如图 2-1-12 所示。

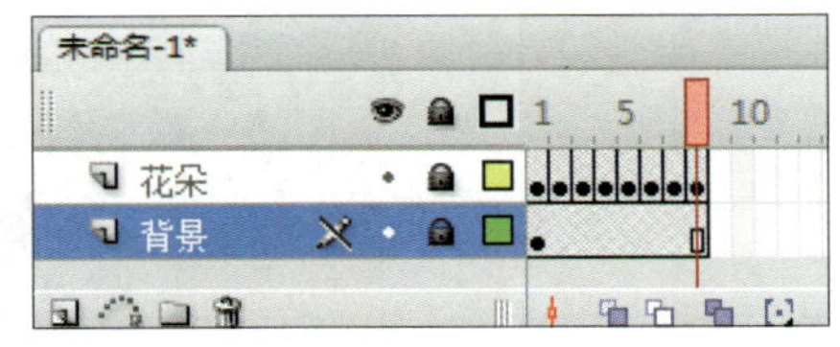

图 2-1-12　锁定“花朵”图层

4. 调整帧频

（1）执行“控制”→“循环播放”命令，按“Enter”键播放动画，此时发现花朵摇摆的速度过快，与实际生活不符。

（2）选择“属性”面板，将帧频（每秒钟播放的帧数）调整为 6 fps，如图 2-1-13 所示，再次播放动画，花朵摇摆的速度就显得较为合适。

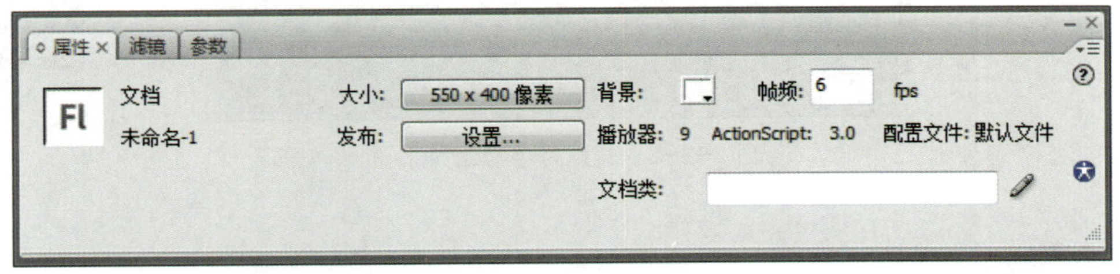

图 2-1-13　调整帧频

5. 测试与保存

执行“控制”→“测试影片”命令，观察动画效果，如果对效果满意，执行“文件”→“保存”命令，将文件保存为“微风拂过 .fla”。

任务 2　制作模拟写字动画

1. 了解逐帧动画及其原理。
2. 掌握各类帧的适用范围和使用方法。
3. 能熟练制作简单的逐帧动画。

本任务是一个逐帧动画制作实例，在制作时，要求从文字的末笔开始逐帧擦除，然后翻转帧，形成写字效果，如图 2-2-1 所示。要完成本任务，除了掌握逐帧动画的制作原理及方法外，在动画的制作过程中，还要注意毛笔与文字应保持同步移动。

效果演示

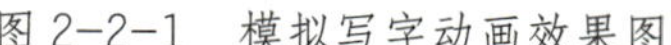
图 2-2-1　模拟写字动画效果图

逐帧动画就是一帧一帧画出来的动画，是一种最简单的动画，它不需要 Flash 的其他功能来配合。

逐帧动画的时间轴上紧密排列着许多关键帧，有时根据动作的需要，关键帧之间也可以间隔一些普通帧。逐帧动画的时间轴如图 2-2-2 所示。

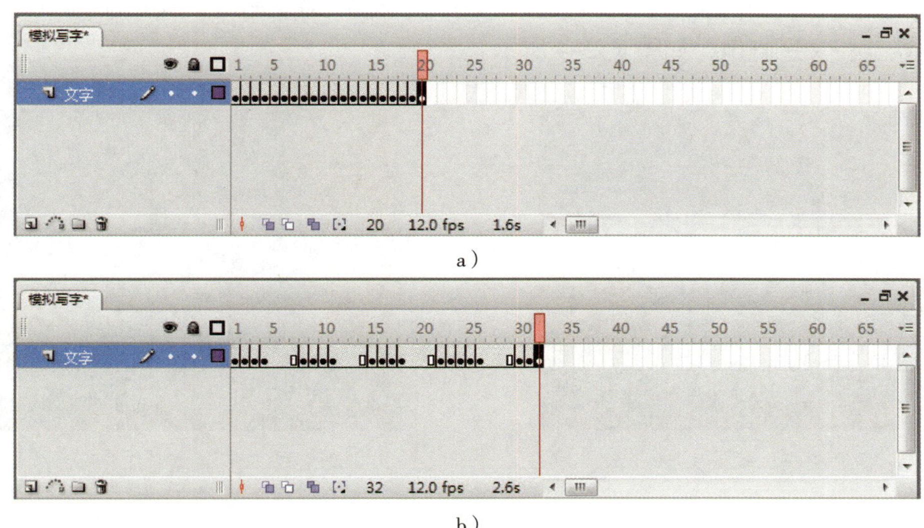

a）

b）

图 2-2-2　逐帧动画的时间轴

a）紧密排列关键帧　b）关键帧之间间隔普通帧

逐帧动画包含许多相互独立的关键帧，每一帧都代表一个画面，后一帧相对于前一帧都有一些细微的变化。当移动时间轴上的播放头或播放动画时，播放头依次通过每个关键帧，让每个画面依次展现在舞台中，观察者就会产生“对象在运动”的错觉。

1. 创建影片文档

新建一个 Flash 文档，设置舞台尺寸为 550×400 像素，背景颜色为灰色（#CCCCFF）。

2. 创建背景层

（1）将图层 1 重命名为“背景”，将素材库中名为“模拟写字 .jpg”的图片导入舞台中。

（2）在“背景”图层的第 100 帧处插入帧，锁定该图层。

3. 制作书写文字效果

（1）新建图层 2，将其重命名为“文字”。

（2）选择文本工具 T ，在“属性”面板中设置字体为“黑体”，字体大小为 86，

文本颜色为白色，切换为粗体，并设置字母间距为 10，在舞台中输入“天天向上”，并摆放好位置，如图 2-2-3 所示。

（3）选中舞台中的文字，执行“修改”→“分离”命令两次，或者按“Ctrl+B”组合键两次，将文字打散，如图 2-2-4 所示。

图 2-2-3 输入文字

图 2-2-4 将文字打散后的效果

（4）在“文字”图层的第 2 帧处插入关键帧，选择工具箱中的橡皮擦工具，从“上”字的最后一笔末端开始擦除，如图 2-2-5 所示。

图 2-2-5 擦除后的效果

（5）重复步骤（4），每插入一个关键帧，就擦除剩余文字最后一笔末端的一部分，直到把全部文字擦除完为止。此时最后一个关键帧为空白关键帧，共 59 个关键帧。

小贴士

每次擦除的笔画越少，需插入的关键帧就越多，动画效果也就越逼真。

文字的不规则部分可用线条工具和钢笔工具等进行辅助切割。

（6）测试影片，可发现文字是从最后一个文字的末端开始逐渐消失的，这一点与书写顺序恰好相反，需要把它们翻转过来。方法是按住鼠标左键不放，从“文字”图层的第 1 帧将鼠标指针滑动至第 59 帧，选中全部帧，单击鼠标右键，从弹出的快捷菜单中选择“翻转帧”选项，完成帧的翻转。

此时，就得到了模拟写字效果。“文字”图层的第 1 帧变成了空白关键帧，锁定“文字”图层。

操作演示

4．制作毛笔移动效果

（1）打开素材文件“毛笔 .fla”，在对“库”面板中的“毛笔”元件执行“复制”命令后，将其“粘贴”到新文档的“库”面板中。

（2）新建图层 3，将其重命名为“毛笔”，选中“库”面板中的“毛笔”元件，按住鼠标左键将其拖动到舞台中，使用任意变形工具将毛笔旋转适当的角度（可参考手握笔的角度），并调整毛笔的大小。

（3）单击“毛笔”图层的第 2 帧，使用选择工具移动毛笔，将其放在“天”字的起始位置，如图 2-2-6 所示。

小贴士

当前“毛笔”图层只有 1 个关键帧，所以移动后毛笔的位置即为第 1 帧毛笔的位置。

（4）在“毛笔”图层的第 2 帧插入关键帧，将毛笔移动到当前笔画的末端，如图 2-2-7 所示。

图 2-2-6　毛笔的起始位置

图 2-2-7　移动毛笔后的位置

（5）重复步骤（4），每插入一个关键帧，就将毛笔移动到当前笔画的末端，直到显示全部文字，即可完成毛笔移动效果。模拟写字动画的最终效果如图 2-2-8 所示。

5．图层同步

解除“背景”图层的锁定。在“背景”图层中选择其他图层的结束帧后的所有帧，单击鼠标右键，从弹出的快捷菜单中选择“删除帧”选项，保持所有图层同步。

图 2-2-8　模拟写字动画的最终效果

6. 测试与保存

执行“控制”→“测试影片”命令，观察动画效果，如果对效果满意，执行“文件”→“保存”命令，将文件保存为“模拟写字 .fla”。

任务 3　制作自动折合的扇子动画

1. 能熟练使用“变形”面板实现对象的缩放和旋转等变形操作。
2. 熟练掌握帧的基本操作。
3. 能利用连续关键帧、“变形”面板和翻转帧来制作逐帧动画。

本任务是一个逐帧动画制作实例，主要利用连续关键帧、“变形”面板和翻转帧来制作一个能自动折合的扇子，效果如图 2-3-1 所示。要完成本任务，除了掌握逐帧动画的原理及帧的操作方法外，还要能熟练使用“变形”面板。

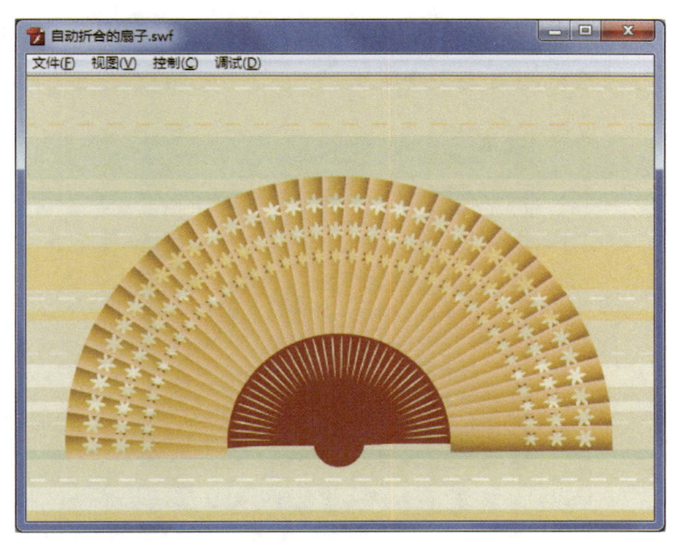

效果演示

图 2-3-1 自动折合的扇子动画效果图

一、逐帧动画的表现方法

在制作逐帧动画时，如果将每一帧上的动作细节都画出来，显然很费力，使用再加工法，则可以减少一定的工作量。再加工法就是借助于参照物或简单的变形进行加工，得到复杂的动画。

二、“变形”面板

“变形”面板可以实现对象的变形操作。执行“窗口”→“变形”命令，可打开图 2-3-2 所示的“变形”面板。在“变形”面板中可以缩放、旋转和倾斜对象，单击“变形”面板右下角的“复制并应用变形”按钮可以在复制对象的同时变形对象；单击“变形”面板右下角的“重置”按钮，可以取消当前的设置，等待用户重新设置变形操作。

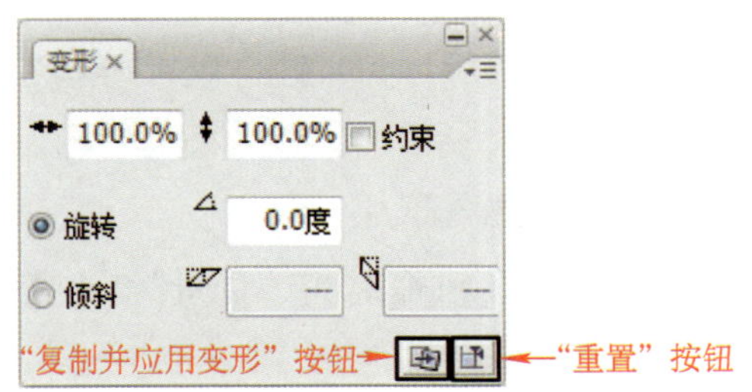

图 2-3-2 “变形”面板

三、设置帧频

帧频就是每秒钟播放的帧数，帧频越大，动画的播放速度就越快。在默认情况下，Flash 的帧频是 12 fps，即每秒钟可以播放 12 帧画面。

帧频的大小可以通过“文档属性”对话框进行设置，如图 2–3–3 所示。也可以在“属性”面板中进行设置，如图 2–3–4 所示。

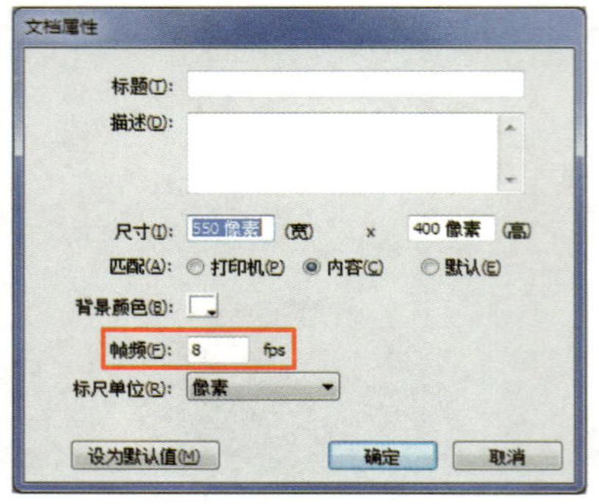

图 2–3–3 “文档属性”对话框

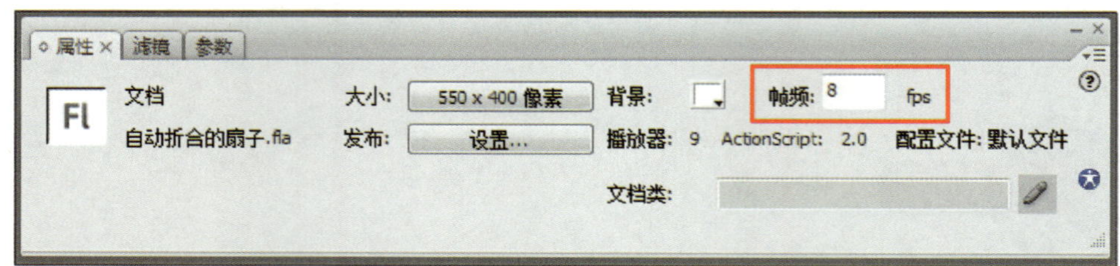

图 2–3–4 “属性”面板

1. 创建影片文档

新建一个 Flash 文档，设置舞台尺寸为 550 × 400 像素，背景颜色为白色，帧频为 8 fps。

2. 创建背景层

将图层 1 重命名为“背景”，将素材库中名为“折扇 .jpg”的图片导入舞台中，锁定“背景”图层。

3. 绘制扇骨元件

（1）新建“扇骨”图形元件。选择矩形工具，设置笔触颜色为无，填充类型为线性，在渐变色控制条上设置三个颜色滑块从左到右依次为 #DBB693、#CC9933 和 #996633，如图 2–3–5 所示。在舞台中绘制一个矩形，然后再绘制一个填充色为 #993300 的矩形，调整矩形形状得到扇骨形状，如图 2–3–6 所示。

（2）选择椭圆工具，绘制一个填充色为 #FF0000 的椭圆形，使用任意变形工具调整椭圆形中心点位置，如图 2-3-7 所示。

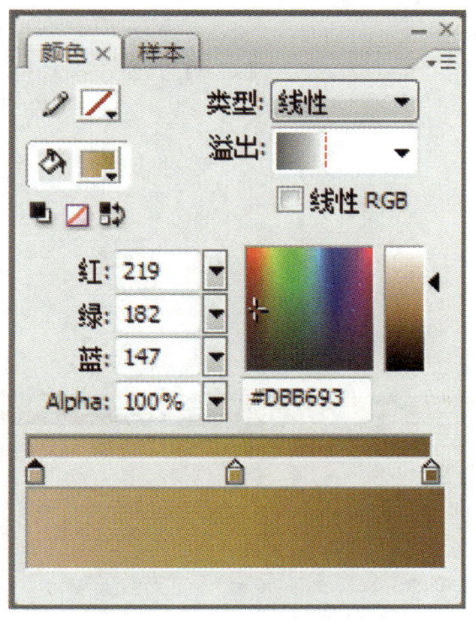

图 2-3-5　“颜色”面板

图 2-3-6　绘制扇骨

图 2-3-7　调整椭圆形中心点位置

（3）打开“变形”面板，设置旋转角度为 60.0°，单击“复制并应用变形”按钮 5 次，绘制花朵，如图 2-3-8 所示。

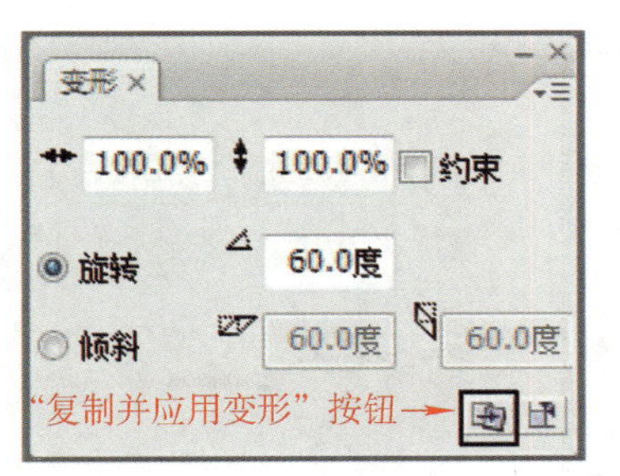

图 2-3-8　绘制花朵

（4）选中花朵，在按住“Ctrl”键的同时拖动花朵，以复制出两个新的花朵。使用任意变形工具调整花朵的大小，如图 2-3-9 所示。

（5）将花朵移动到扇骨上，调整花朵大小，按“Delete”键删除花朵，以绘制镂空扇骨，如图 2-3-10 所示。

图 2-3-9　复制并调整花朵

图 2-3-10　绘制镂空扇骨

4. 制作自动折合的扇子

（1）返回到场景中，新建图层 2，将其重命名为“折扇”，将“库”面板中的“扇骨”元件拖动到舞台中并摆放好位置，如图 2–3–11 所示。

（2）使用任意变形工具调整扇骨中心点的位置，如图 2–3–12 所示。

图 2-3-11　将扇骨拖入舞台中

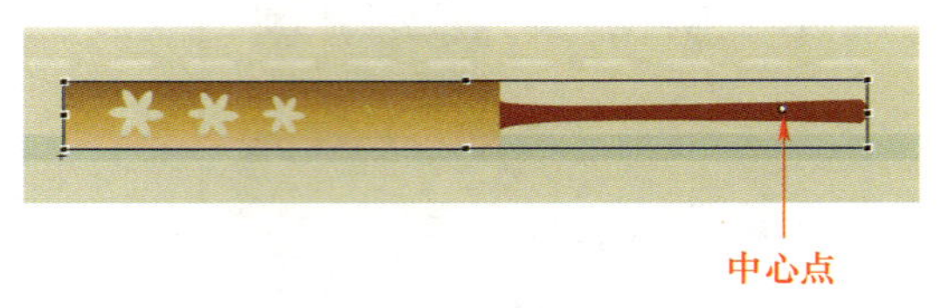

图 2-3-12　调整中心点位置

（3）在“折扇”图层的第 2 帧插入关键帧，打开“变形”面板，设置旋转角度为 7.0°，单击“复制并应用变形”按钮，复制出第二个扇骨，如图 2–3–13 所示。

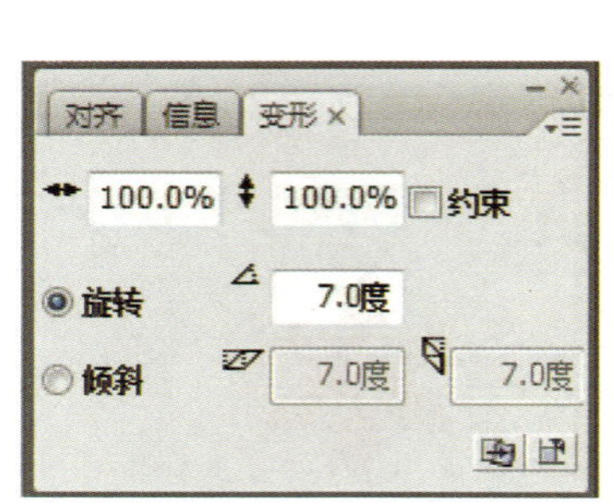

图 2-3-13　复制扇骨

小贴士

“变形”面板中旋转角度的设置：本任务中的旋转角度设为 7.0°，它是一个参考值，具体制作时可根据“扇骨”元件的大小设置合适的旋转角度，以保证扇骨上半部分不分开，下半部分不重叠。

（4）在“折扇”图层中继续插入关键帧，选择第二个扇骨，将“变形”面板中的旋转角度增加 7.0°（设置为 14.0°），再次单击“复制并应用变形”按钮，如图 2–3–14 所示。

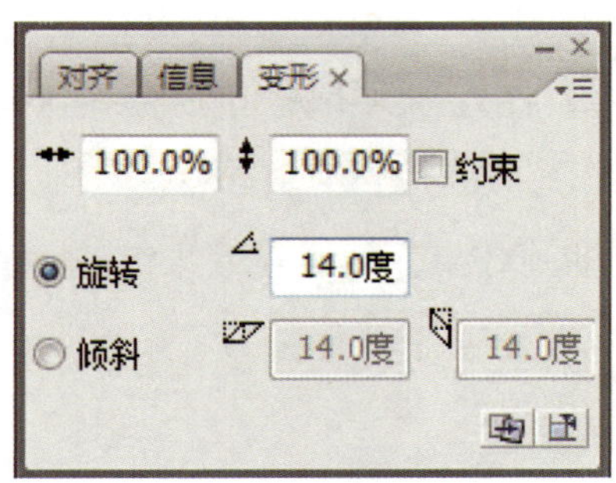

图 2-3-14　再次复制扇骨

（5）重复步骤（4），直至旋转出一个完整的扇形，如图 2-3-15 所示。

（6）在“折扇”图层当前帧后的第 10 帧处插入帧，使扇子的展开画面停留一段时间，然后制作扇子折合效果。

（7）选择全部关键帧，在时间轴中单击鼠标右键，从弹出的快捷菜单中选择“复制帧”选项，在最后一个普通帧后单击鼠标右键，选择“粘贴帧”选项。

图 2-3-15　展开的扇子

操作演示

（8）选中粘贴的所有关键帧，单击鼠标右键，从弹出的快捷菜单中选择“翻转帧”选项，此时时间轴面板效果如图 2-3-16 所示。

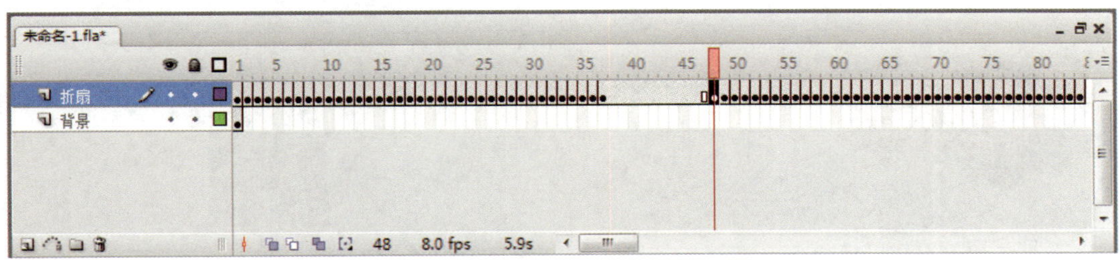

图 2-3-16　时间轴面板效果

5. 图层同步

解除“背景”图层的锁定，延长帧至“折扇”图层的结束帧，保持图层同步。

6. 测试与保存

执行“控制”→“测试影片”命令，观察动画效果，如果对效果满意，执行“文件”→“保存”命令，将文件保存为“自动折合的扇子.fla”。

任务 4　制作孙悟空走路动画

1. 掌握人物走路的运动规律，并能制作人物走路的动画。
2. 能使用绘图纸功能修改帧上的动作。
3. 能使用预览模式边制作边预览动画效果。

本任务是一个逐帧动画制作实例，主要利用人物走路的运动规律来制作孙悟空原地循环走路的动画，效果如图 2–4–1 所示。要完成本任务，除了理解人物走路的运动规律外，还要掌握人物走路动画的制作方法。

图 2–4–1　孙悟空走路动画效果图

效果演示

一、运动规律

人物走路的运动规律是：左、右两脚交替向前，带动躯干向前运动。为了保持身体平衡，配合两条腿的屈伸和跨步，双臂需要前、后摆动。人在走路时为了保持重心，总是一条腿支撑，另一条腿才能提起跨步。因此，在走路过程中，头顶的高度必然呈波浪形运动。当迈出步子，双脚着地时，头顶略低；当一只脚着地，另一只脚提起向前跨步时，头顶略高。另外，在走路过程中，跨步的那只脚从离地到向前伸展落地，中间膝关节必然呈弯曲状，脚踝相对于地面呈弧形运动路线，如图 2-4-2 所示。

图 2-4-2　人物走路的运动规律

二、绘图纸功能

在通常情况下，Flash 动画在舞台中一次显示动画序列的一个帧。为了帮助定位和编辑逐帧动画，有时需要在舞台中一次查看两个或多个帧，这时可以利用绘图纸功能。绘图纸功能不仅可以一次浏览多个帧的内容，还可以对选中的帧进行编辑。启用绘图纸功能后，播放头下面的帧为全彩显示，其余的帧是暗淡的，看起来就好像每个帧都是画在一张透明的绘图纸上，而这些绘图纸相互叠在一起。绘图纸功能如图 2-4-3 所示。

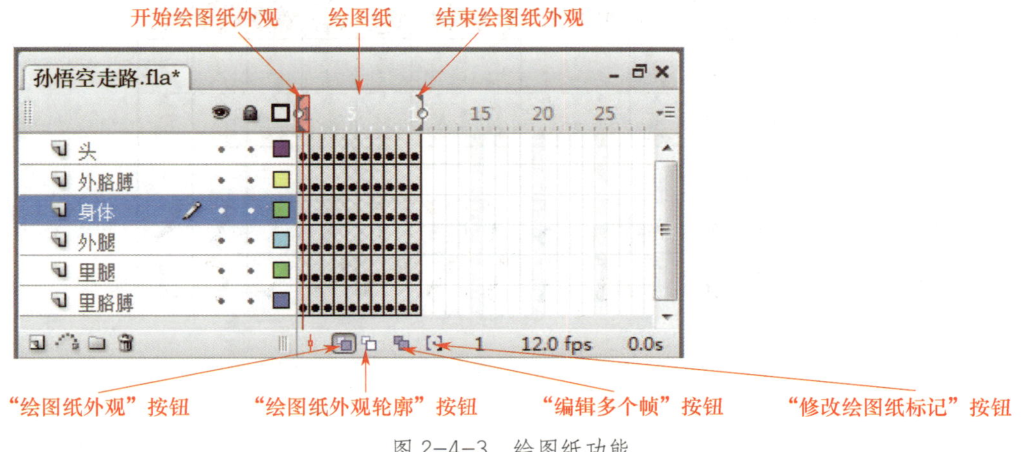

图 2-4-3　绘图纸功能

1. “绘图纸外观”按钮

按下“绘图纸外观”按钮后，在时间轴的上方会出现绘图纸外观标记，拉动外观标记的两端，可以扩大或缩小显示范围。

2. “绘图纸外观轮廓”按钮

按下“绘图纸外观轮廓”按钮后，场景中显示各帧内容的轮廓线，填充色消失，特别适合观察对象轮廓，而且可以节省系统资源，加快显示过程。

3. “编辑多个帧”按钮

按下“编辑多个帧”按钮后，可以同时编辑多个帧。

4. “修改绘图纸标记”按钮

按下“修改绘图纸标记”按钮后，弹出快捷菜单，如图 2-4-4 所示，可从中选择需要的选项。

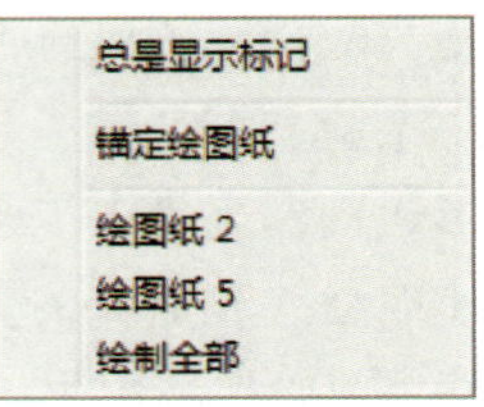

图 2-4-4　快捷菜单

三、预览模式

单击时间轴右端的“显示模式”按钮，会弹出“时间轴模式”下拉菜单，如图 2-4-5 所示。从中选择“预览”模式，各帧中的图像就会显示在时间轴面板中，可以在制作动画的过程中随时预览动画效果，以便修改，如图 2-4-6 所示。

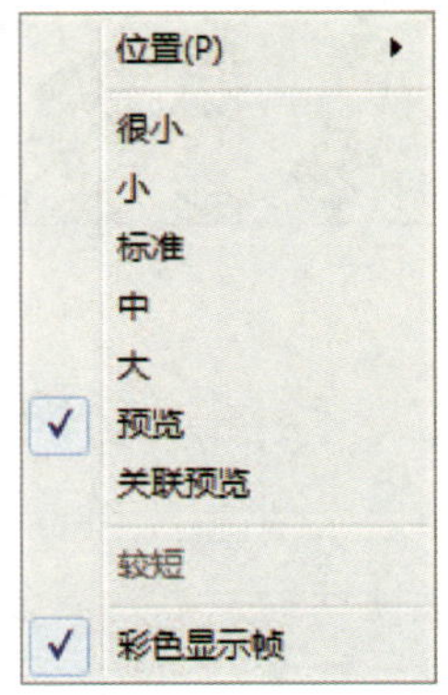

图 2-4-5　“时间轴模式”下拉菜单

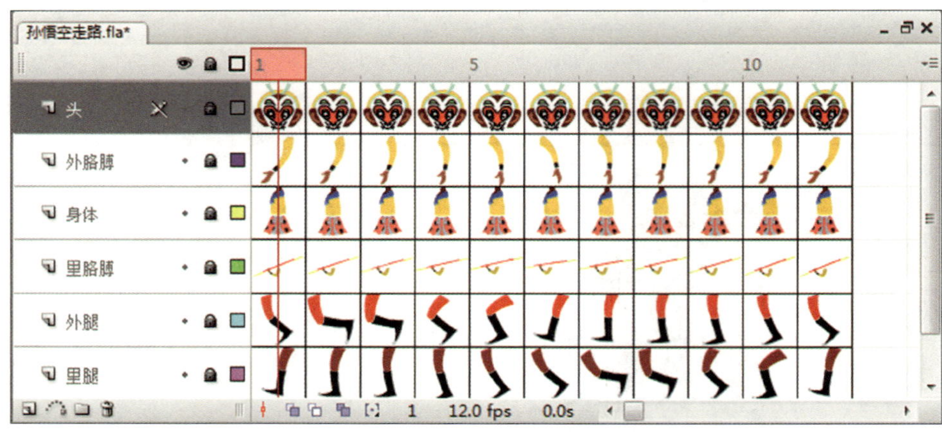

图 2-4-6　“预览”模式下的时间轴面板

1. 创建影片文档

新建一个 Flash 文档，设置舞台尺寸为 550×400 像素，背景颜色为白色。

2. 创建背景层

将图层 1 重命名为“背景”，将素材库中名为“孙悟空走路 .jpg”的图片导入舞台中，锁定“背景”图层。

3. 复制“走路库 . fla”中的元件

打开素材文件“走路库 .fla”，从“库”面板中选择所有元件，单击鼠标右键，从弹出的快捷菜单中选择“复制”选项，切换到新文档的“库”面板，单击鼠标右键，从弹出的快捷菜单中选择“粘贴”选项，将“走路库 .fla”中的所有元件复制到当前文档的“库”面板中备用。

4. 新建“走路”影片剪辑元件

（1）执行“插入”→“新建元件”命令，弹出“创建新元件”对话框，修改元件名称为“走路”，元件类型为“影片剪辑”，单击“确定”按钮，如图 2-4-7 所示。

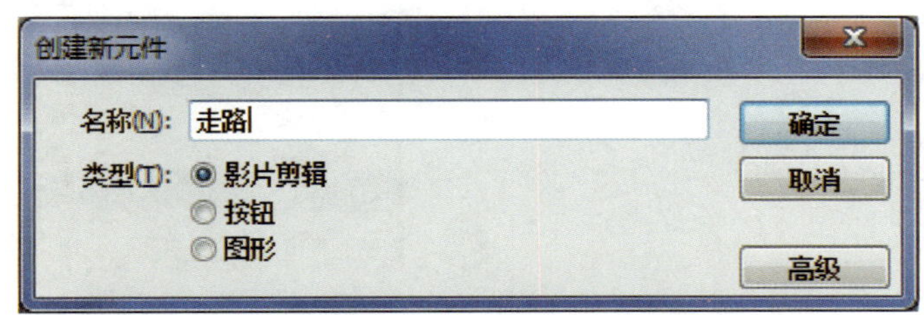

图 2-4-7　创建“走路”影片剪辑元件

（2）将图层 1 重命名为“头”，将“库”面板中的“头”元件拖动到“头”图层中。

（3）新建“身体”图层，将“库”面板中的“身体”元件拖动到“身体”图层中。

小贴士

影片剪辑是包含在 Flash 动画中的动画片段，有独立的时间轴和属性。

（4）新建“里胳膊”图层，将“库”面板中的“里胳膊”元件和“包裹”元件拖动到“里胳膊”图层中。

（5）新建“外胳膊”图层，将“库”面板中的“外胳膊”元件拖动到“外胳膊”图层中。

（6）新建“里腿”图层，将“大腿”元件和“小腿”元件拖动到“里腿”图层中。

（7）新建“外腿”图层，选中“里腿”图层的第 1 帧，单击鼠标右键，从弹出的快捷菜单中选择“复制帧”选项，再选择“外腿”图层的第 1 帧，单击鼠标右键，从弹出的快捷菜单中选择“粘贴帧”选项。

（8）调整各图层中元件的位置，如图 2-4-8 所示。

图 2-4-8　调整各图层中元件的位置

（9）将各元件组合成孙悟空。组合时要注意元件的比例、摆放位置和图层的顺序。孙悟空效果如图 2-4-9 所示，时间轴面板如图 2-4-10 所示。

图 2-4-9　孙悟空效果

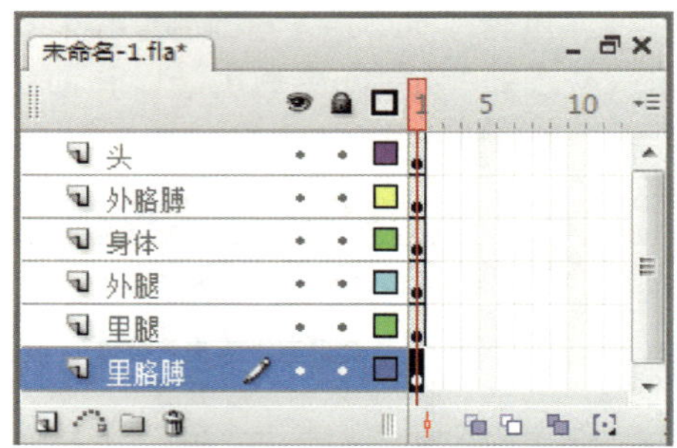

图 2-4-10　“走路”元件的时间轴面板

5. 制作孙悟空走路的原画帧动画

（1）根据人物走路的运动规律，调整第 1 帧的动作，如图 2-4-11 所示。

（2）选中所有图层的第 1 帧，单击鼠标右键，从弹出的快捷菜单中选择“复制帧”选项，分别选择所有图层的第 6 帧和第 11 帧，单击鼠标右键，从弹出的快捷菜单中选择“粘贴帧”选项，如图 2-4-12 所示。

图 2-4-11　第 1 帧的动作

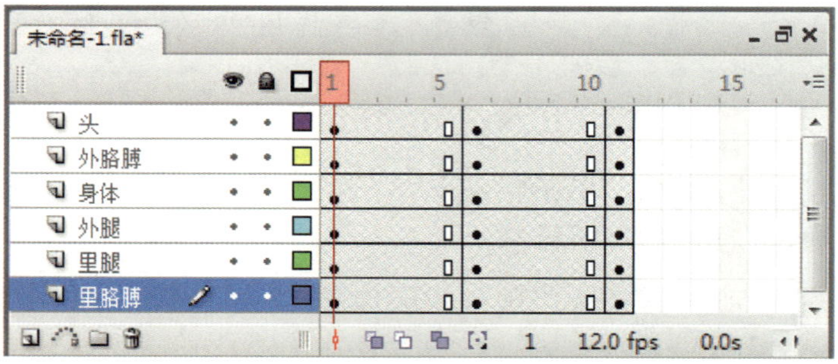

图 2-4-12　粘贴关键帧后的时间轴面板

（3）根据人物走路的运动规律，调整第 6 帧的动作，将两条腿的位置互换，外胳膊由左边摆动到右边，如图 2-4-13 所示。

图 2-4-13　第 1 帧、第 6 帧和第 11 帧的动作

操作演示

（4）按“Enter”键进行测试，观察“孙悟空走路”循环中三个原画帧上的动作。

6. 制作腿部动画

（1）隐藏除“里腿”和“外腿”以外的所有图层，单击时间轴面板下方的“绘图纸外观”按钮，打开绘图纸功能，将“里腿”图层的第 2 帧转化为关键帧，调整第 2 帧的腿部动作，如图 2-4-14 所示。

（2）同理，调整第 3 帧、第 4 帧和第 5 帧的腿部动作，如图 2-4-15 所示。

图 2-4-14　调整第 2 帧的腿部动作

图 2-4-15　第 3 帧、第 4 帧和第 5 帧的腿部动作

（3）仿照“里腿”向前迈步这半个循环的动作，制作“外腿”向前迈步的动作。调整后的第 7 帧、第 8 帧、第 9 帧和第 10 帧的腿部动作如图 2-4-16 所示。

图 2-4-16　第 7 帧、第 8 帧、第 9 帧和第 10 帧的腿部动作

（4）至此，一个完整的循环走路腿部动画已完成。打开时间轴面板右上角的下拉菜单，选择“预览”模式，观察腿部动画，如图 2-4-17 所示。

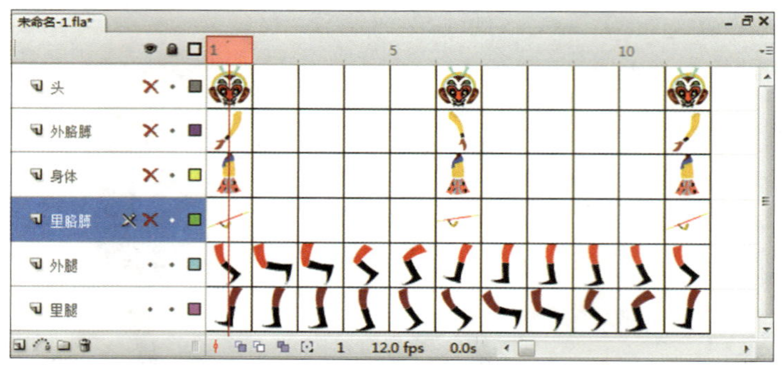

图 2-4-17 腿部动画的“预览”模式

7. 制作上身位移动画

（1）隐藏“里腿”和“外腿”图层，解除其余图层的隐藏。

（2）分别选择“头”“身体”“里胳膊”和“外胳膊”图层的第 2 帧、第 3 帧、第 4 帧和第 5 帧，插入关键帧，如图 2-4-18 所示。

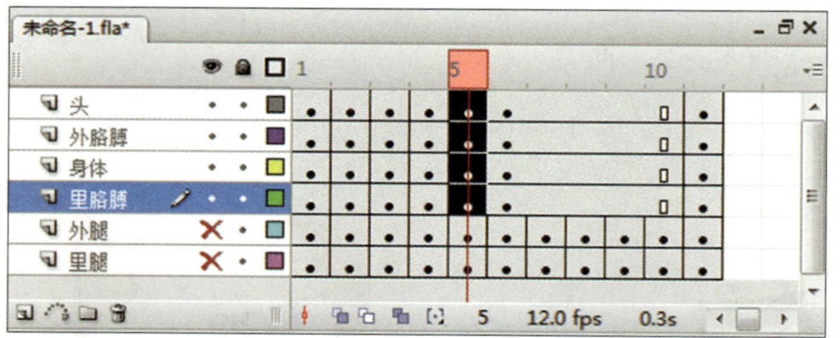

图 2-4-18 插入关键帧后的时间轴面板

操作演示

（3）选择“头”“身体”“里胳膊”和“外胳膊”图层的第 2 帧，按“↓”键 3 次，将元件对照初始位置下移 3 像素；选择第 3 帧，下移 5 像素；选择第 4 帧，下移 3 像素；选择第 5 帧，上移 3 像素，如图 2-4-19 所示。

图 2-4-19 调整头、身体、里胳膊、外胳膊的位置

（4）同理，调整第 7 帧、第 8 帧、第 9 帧和第 10 帧的位移量，使之符合运动规律。

8. 制作外胳膊摆动动画

（1）隐藏除“外胳膊”之外的所有图层。单击时间轴面板下方的“绘图纸外观”按钮，打开绘图纸功能，调整第 2 帧、第 3 帧、第 4 帧和第 5 帧的外胳膊摆动位置，如图 2-4-20 所示。

图 2-4-20　第 2 帧、第 3 帧、第 4 帧和第 5 帧的外胳膊摆动位置

（2）同理，调整第 7 帧、第 8 帧、第 9 帧和第 10 帧的外胳膊摆动位置，如图 2-4-21 所示。

图 2-4-21　第 7 帧、第 8 帧、第 9 帧和第 10 帧的外胳膊摆动位置

（3）同理，调整“里胳膊”图层的摆动位置，第 2 帧、第 3 帧、第 4 帧和第 5 帧的里胳膊摆动位置如图 2-4-22 所示，第 7 帧、第 8 帧、第 9 帧和第 10 帧的里胳膊摆动位置如图 2-4-23 所示。

图 2-4-22　第 2 帧、第 3 帧、第 4 帧和第 5 帧的里胳膊摆动位置

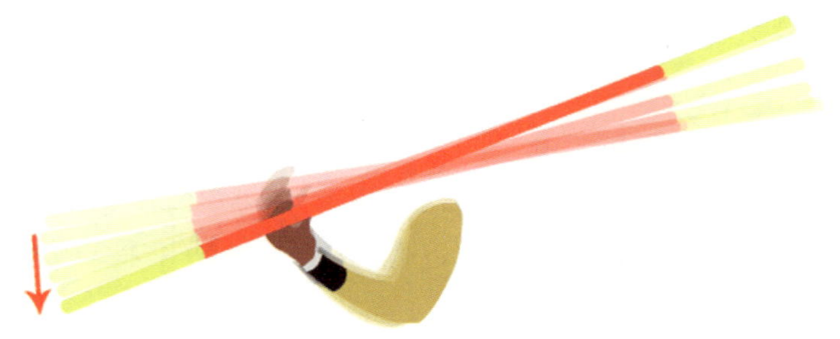

图 2-4-23　第 7 帧、第 8 帧、第 9 帧和第 10 帧的里胳膊摆动位置

9. 整理动作

“走路”影片剪辑元件的第 1 帧和第 11 帧在播放动画时是连续的两个关键帧，动作又完全一样，这样会在动画效果上产生一帧的停顿，因此要删除所有图层的第 11 帧，使逐帧动画相邻帧上的动作各不相同，以保持动作的连贯性。至此，一个完整的“走路”动作制作完毕。

10. 合成场景

返回到场景中，新建图层 2，重命名为“孙悟空”，将“库”面板中的“走路”元件拖动到舞台中并摆放好位置，孙悟空走路动画的最终效果如图 2-4-24 所示。

图 2-4-24　孙悟空走路动画的最终效果

11. 测试与保存

执行“控制”→“测试影片”命令，观察动画效果，如果对效果满意，执行“文件”→“保存”命令，将文件保存为“孙悟空走路 .fla”。

1. 制作闪烁的新年灯笼动画

打开项目一任务 2 中制作的新年灯笼，利用逐帧动画制作图 2-4-25 所示的闪烁的新年灯笼动画。

效果演示

图 2-4-25　闪烁的新年灯笼动画效果图

2. 制作孙悟空跑步动画

参照本项目任务 4 的方法，结合人物跑步的运动规律，制作图 2-4-26 所示的孙悟空跑步动画。

效果演示

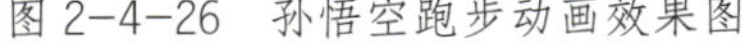

图 2-4-26　孙悟空跑步动画效果图

项目三
补间动画制作

补间动画是一种基本动画，补间动画中的对象随着播放时间的推进进行移动或变形。这种动画制作过程简单，只需制作两个关键帧上的动画，中间部分由计算机自动运算得到，能最大限度地减小生成文件的大小。补间动画可分为形状补间动画和动画补间动画两种类型，可以实现万花筒和七十二变等多种变形效果，以及足球运动、电子相册和风车旋转等多种运动效果。

任务 1　制作万花筒动画

1. 理解形状补间动画的概念，掌握形状补间动画的构成元素及分类。
2. 能制作形状补间动画。

本任务是一个简单的形状补间动画制作实例，主要根据两个关键帧上对象的形状、大小、颜色和位置的变化，利用形状补间产生奇妙的变形，效果如图 3–1–1 所示。要

完成本任务，除了理解形状补间动画的概念外，还要掌握形状补间动画的制作方法。

效果演示

图 3-1-1　万花筒动画效果图

一、形状补间动画的概念

在一个关键帧中绘制一个形状，在另一个关键帧中修改形状或者新绘制一个形状，Flash 根据这两个关键帧中形状的值来创建的动画称为形状补间动画。

二、形状补间动画的构成元素

形状补间动画可以实现两个图形之间颜色、大小、形态及位置的相互变化。形状补间动画的元素必须是形状，如果是元件、文字、位图或者群组对象，可以先执行“修改”→“分离”命令，或者按“Ctrl+B”组合键将其打散并转换为形状，再创建形状补间动画。

三、制作形状补间动画的步骤

1. 在时间轴面板上动画开始播放的关键帧（起始帧）中绘制动画的起始形状，在动画结束处插入空白关键帧（结束帧），绘制动画的结束形状。

2. 选择起始帧，在“属性”面板上单击“补间”旁边的倒三角形按钮，从弹出的下拉列表中选择“形状”，即可创建形状补间动画，如图 3-1-2 所示。此时，时间轴面板的背景色变为淡绿色，在起始帧和结束帧之间增加了一个长箭头，如图 3-1-3 所示。

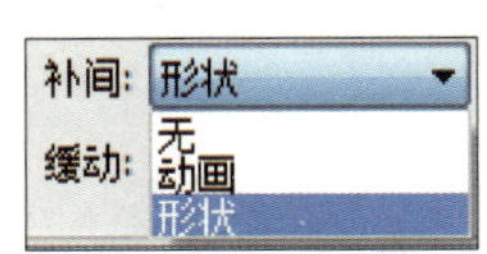

图 3-1-2　创建形状补间动画

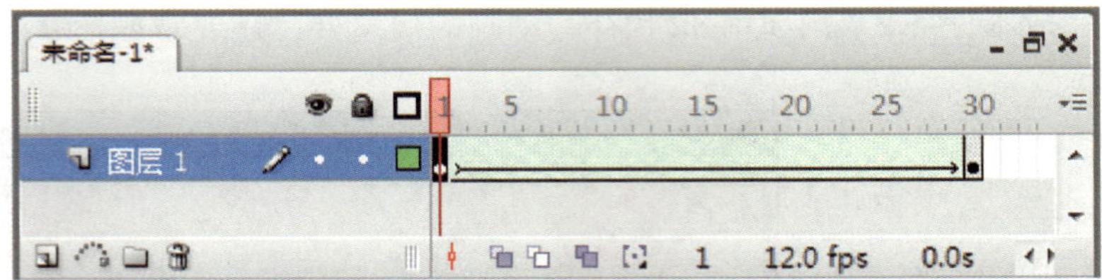

图 3-1-3　形状补间动画的时间轴面板

四、形状补间动画的“属性”面板

形状补间动画的“属性”面板如图 3-1-4 所示，其中常用选项的说明如下。

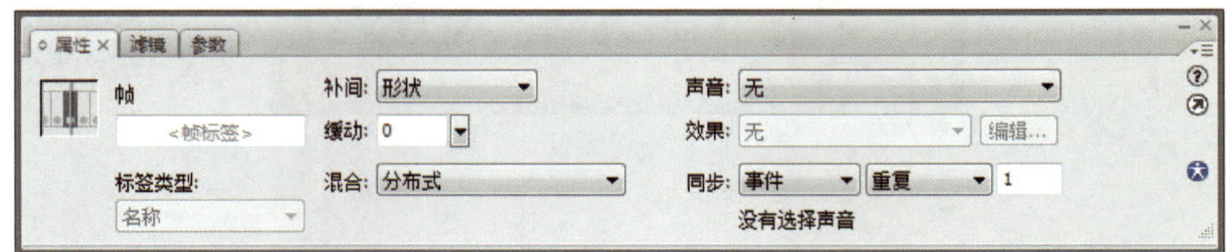

图 3-1-4　形状补间动画的“属性”面板

1. 缓动

缓动用于设定对象在变化过程中是加速还是减速。其值大于 0 是减速运动，等于 0 是匀速运动，小于 0 是加速运动。

2. 混合

混合用于设置中间帧形状变化的过渡形式，包括“分布式”和“角形”两项。“分布式”使中间帧的形状变化过渡更加自然。“角形”使中间帧的形状变化保持关键帧上图形的棱角和直线特征，如果关键帧中没有尖角，则其与“分布式”的效果一样，此类型用于有尖锐棱角图形的变换。

五、形状补间动画的分类

1. 不可控的形状补间动画

不可控的形状补间动画用于比较简单的形变效果。

2. 可控制的形状补间动画

可控制的形状补间动画可通过添加形状提示制作出较为精确的形变效果。关于添加形状提示的方法，将在本项目任务 2 中详细介绍。

1. 创建影片文档

新建一个 Flash 文档，设置舞台尺寸为 550×400 像素，背景颜色为白色。

2. 创建背景层

将图层 1 重命名为“背景”，将素材库中名为“万花筒 .jpg”的图片导入舞台中，锁定“背景”图层。

3. 制作形状变形效果

（1）新建“形状变形”影片剪辑元件。在元件编辑界面中，使用椭圆工具在第 1 帧中绘制一个无笔触颜色、填充颜色为红色（#FF0000）的圆形，如图 3-1-5 所示。

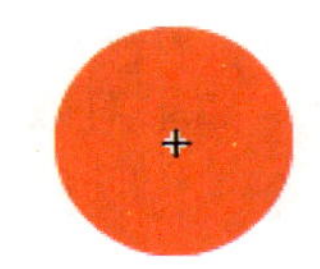
图 3-1-5　第 1 帧图形

（2）在第 20 帧插入关键帧，在圆形的周围绘制 8 个小圆形，按照图 3-1-6 所示的位置摆放。

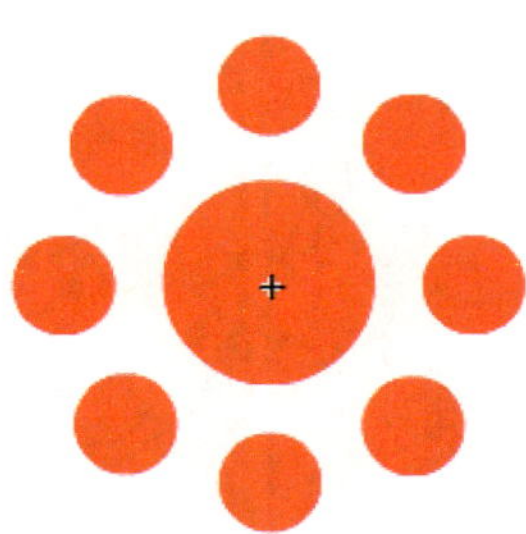
图 3-1-6　第 20 帧图形

（3）在第 40 帧插入空白关键帧，使用多角星形工具绘制一个多角星形，设置笔触颜色为无，填充颜色为蓝色（#0000FF），样式为星形，边数为 16，星形顶点大小为 0.30，如图 3-1-7 所示，效果如图 3-1-8 所示。

（4）在第 60 帧插入关键帧，在星形的周围绘制 8 个小星形，按照图 3-1-9 所示的位置摆放。

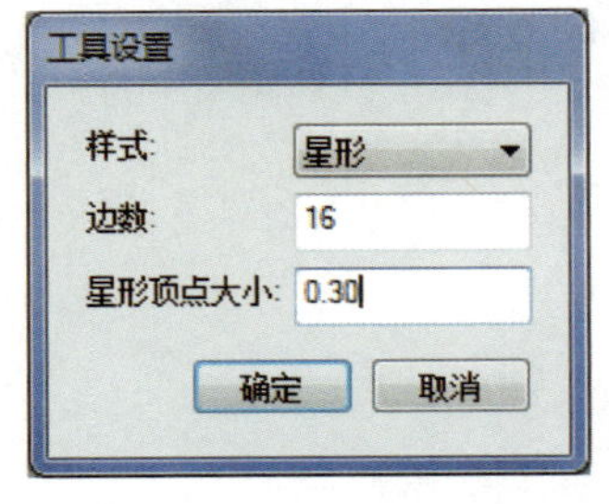

图 3-1-7　“工具设置”对话框

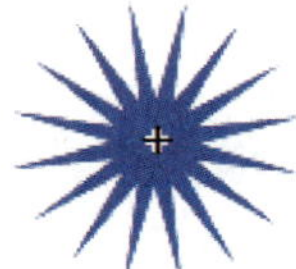
图 3-1-8　第 40 帧图形

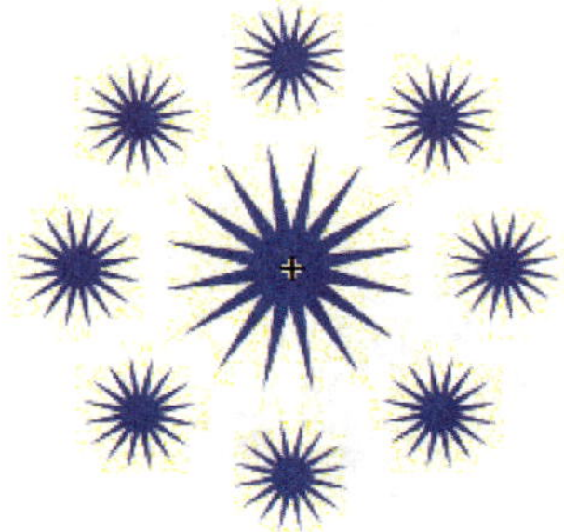
图 3-1-9　第 60 帧图形

（5）选择第 1 帧，单击鼠标右键，从弹出的快捷菜单中选择“复制帧”选项，再选择第 80 帧，单击鼠标右键，从弹出的快捷菜单中选择“粘贴帧”选项，将第 1 帧中的图形复制到第 80 帧中，使形状经过一系列变化后又回到初始状态。

（6）在时间轴面板中单击图层 1，图层 1 中的所有帧被选中，在“属性”面板中设置补间类型为形状。“形状变形”影片剪辑元件制作完毕，按“Enter”键可以测试形状变形效果。

操作演示

4. 将影片剪辑元件拖动到舞台

返回到场景中，新建图层 2，重命名为“万花筒”，从“库”面板中多次拖动“形状变形”影片剪辑元件到舞台中，调整它们的位置与大小，在“属性”面板中调整它们的颜色，万花筒动画的最终效果（第 1 帧）如图 3–1–10 所示。

图 3–1–10　万花筒动画的最终效果（第 1 帧）

5. 测试与保存

执行“控制”→“测试影片”命令，观察动画效果，如果对效果满意，执行“文件”→“保存”命令，将文件保存为“万花筒 .fla”。

任务 2　制作七十二变动画

1. 能熟练制作形状补间动画。
2. 掌握添加形状提示的方法和技巧，能通过添加形状提示控制变形过程。

本任务是一个简单的形状补间动画制作实例，主要实现孙悟空变桃、桃变鱼和鱼变小庙的过程，如图 3–2–1 所示。要完成本任务，除了掌握形状补间动画的制作方法外，还要学会使用形状提示来调整形状变化。

效果演示

a）

b）

c）

d）

图 3-2-1　七十二变动画效果图

a）孙悟空　b）变桃　c）变鱼　d）变小庙

一、形状提示的作用

在“起始形状”和“结束形状”中添加对应的“参考点”，使 Flash 在计算变形过渡时依据一定的规则进行，从而有效地控制变形过程。

二、添加形状提示的方法

1. 选择形状补间的第一个关键帧作为起始帧。

2. 执行“修改”→“形状”→“添加形状提示”命令，在该帧的形状上就会增加一个带字母的红色提示圆圈，相应地，在结束帧形状中也会出现一个提示圆圈，如图 3-2-2 和图 3-2-3 所示。

3. 用鼠标分别拖动两个提示圆圈，将其放置在形状的边缘上。首先调整起始帧上的提示圆圈到起始形状的边缘上，然后调整结束帧上的提示圆圈到结束形状的边缘上，提示圆圈变为绿色。此时，起始帧上的提示圆圈变为黄色，如图 3-2-4 和图 3-2-5 所示。

图 3-2-2　起始帧

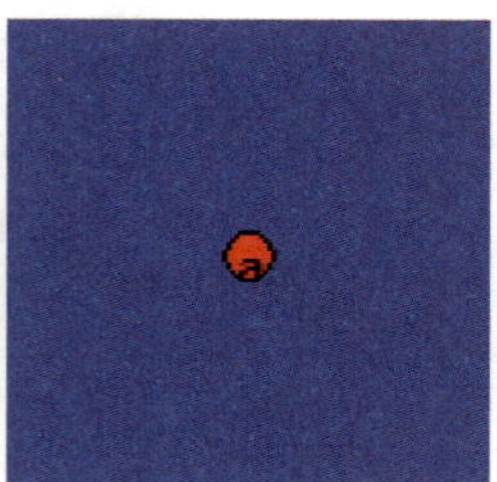
图 3-2-3　结束帧

图 3-2-4　调整起始帧上的提示圆圈

图 3-2-5　调整结束帧上的提示圆圈

4. 重复步骤 1～步骤 3，添加其他形状提示。

三、添加形状提示的技巧

1. 形状提示可以连续添加，最多可以添加 26 个。

2. 将形状提示从形状的左上角开始按逆时针顺序摆放，可以使形状提示更有效。

3. 形状提示的摆放位置要符合逻辑顺序。例如，当起始帧和结束帧上均有一个三角形形状，且添加了三个形状提示时，如果它们在起始帧三角形上的形状提示顺序为 a、b、c，那么在结束帧三角形上的形状提示顺序不能是其他顺序，也必须为 a、b、c。

4. 形状提示要在形状的边缘上才能起作用。在调整形状提示位置前，要打开工具箱下方的“贴紧至对象”按钮，使形状提示自动吸附到边缘上。如果发现形状提示仍然无效，可以使用缩放工具将形状放大到足够大，再进行调整，以保证形状提示在图形的边缘上。

5. 要删除所有的形状提示，可执行“修改”→“形状”→“删除所有提示”命令。如果要删除单个形状提示，可选中要删除的形状提示，单击鼠标右键，从弹出的快捷菜单中选择“删除提示”选项即可。

1. 创建影片文档

新建一个 Flash 文档，设置舞台尺寸为 1 200 × 400 像素，背景颜色为灰绿色（#437862）。

2. 创建背景层

将图层 1 重命名为“背景”，将素材库中名为“七十二变 .jpg”的图片导入舞台中，在第 90 帧插入帧，锁定“背景”图层。

3. 复制“七十二变库 . fla”中的元件

（1）打开素材文件“七十二变库 .fla”，对“库”面板中的“孙悟空”“鱼”和“小庙”元件执行“复制”命令后，将其粘贴到新文档的“库”面板中。

（2）打开项目一任务 3“桃子熟了 .fla”文件，对“库”面板中的“桃子带金箍棒”元件执行“复制”命令后，将其粘贴到新文档的“库”面板中，重命名为“桃子”元件。

4. 制作七十二变效果

（1）新建“变化”图层，选择第 1 帧，将“库”面板中的“孙悟空”元件拖动到舞台左侧，放置位置如图 3–2–6 所示，按“Ctrl+B”组合键将其打散。

（2）在第 10 帧插入关键帧，“孙悟空”元件大小不变，保持 10 帧，使动画在开始时有个缓冲。在第 18 帧插入关键帧，将“孙悟空”缩小，摆放到树枝上，如图 3–2–7 所示。

（3）选中第 10 帧，在“属性”面板中设置补间类型为形状，创建形状补间动画。拖动时间滑块，可以看到两个关键帧之间的形状动画，如图 3–2–8 所示。

图 3-2-6　第 1 帧的孙悟空

图 3-2-7　第 18 帧的孙悟空

图 3-2-8　形状补间中的孙悟空

（4）经过观察，若中间过渡的形状变化不够理想，需要添加形状提示进行动画的后期修补。选中第 10 帧，执行“修改”→“形状”→“添加形状提示”命令，在“孙悟空”的中部会出现一个带字母“a”的红色提示圆圈。使用鼠标拖动提示圆圈到“孙悟空”的头部，如图 3-2-9 所示。

（5）选中第 18 帧，将“孙悟空”中部的提示圆圈拖动到“孙悟空”的头部，此时红色提示圆圈变为绿色提示圆圈，如图 3-2-10 所示。

图 3-2-9　第 10 帧的形状提示

图 3-2-10　第 18 帧的形状提示

（6）用同样的方法，再添加两个形状提示，将其分别放置在“孙悟空”的左脚边和右脚边，如图 3-2-11 所示。

图 3-2-11　再添加两个形状提示

（7）在第 23 帧插入关键帧，使变小的“孙悟空”保持 5 帧的缓冲。在第 30 帧插入空白关键帧，从“库”面板中将“桃子”元件拖动到舞台中，放置在“孙悟空”站立的位置上，如图 3-2-12 所示，按“Ctrl+B”组合键将其打散。选中第 23 帧，在“属性”面板中创建形状补间动画。

图 3-2-12 “桃子”元件的位置

（8）在第 40 帧插入关键帧，使“桃子”元件保持 10 帧的缓冲。在第 55 帧插入空白关键帧，从“库”面板中将“鱼”元件拖动到舞台中，放置在背景中小河的位置上，如图 3-2-13 所示，按“Ctrl+B”组合键将其打散。选中第 40 帧，在“属性”面板中创建形状补间动画。

（9）在第 65 帧插入关键帧，使“鱼”元件保持 10 帧的缓冲。在第 80 帧插入空白关键帧，从“库”面板中将“小庙”元件拖动到舞台中，放置在背景中山前的位置上，如图 3-2-14 所示，按“Ctrl+B”组合键将其打散。选中第 65 帧，在“属性”面板中创建形状补间动画。

图 3-2-13 “鱼”元件的位置

图 3-2-14 “小庙”元件的位置

操作演示

（10）在第 90 帧插入帧，使“小庙”元件保持 10 帧的缓冲。至此，七十二变效果制作完成。

5. 测试与保存

执行“控制”→“测试影片”命令，观察动画效果，如果对效果满意，执行“文件”→“保存”命令，将文件保存为“七十二变 .fla”。

任务 3　制作运动的足球动画

1. 理解动画补间动画的概念，掌握动画补间动画的构成元素。
2. 掌握动画补间动画的制作方法，能应用旋转和缓动制作动画。

本任务是一个简单的动画补间动画制作实例，主要利用两个关键帧上足球位置的变化，来实现足球撞击树桩的运动，效果如图 3–3–1 所示。要完成本任务，除了理解动画补间动画的概念，还要掌握动画补间动画的制作方法，以及旋转和缓动的应用技巧。

效果演示

图 3–3–1　运动的足球动画效果图

一、动画补间动画的概念

在一个关键帧上放置一个元件，然后在另一个关键帧上改变元件的大小、颜色、位置或透明度等，Flash 根据这两个关键帧之间的值创建的动画称为动画补间动画。

二、动画补间动画的构成元素

构成动画补间动画的元素可以是影片剪辑元件、图形元件、按钮、文字、位图和组合等，但不能是形状。如果是形状，需要将其转换为元件或组合后方可使用。

三、制作动画补间动画的步骤

1. 在时间轴面板上动画开始播放的地方创建一个关键帧（起始帧），并在关键帧中设置一个元件，在动画结束的地方创建另一个关键帧（结束帧），并修改该元件的属性。

2. 选择起始帧，在“属性”面板上单击“补间”旁边的倒三角形按钮，在弹出的下拉列表中选择“动画”，即可创建动画补间动画，如图 3–3–2 所示。此时，时间轴面板的背景色变为蓝紫色，在起始帧和结束帧之间增加了一个长箭头，如图 3–3–3 所示。

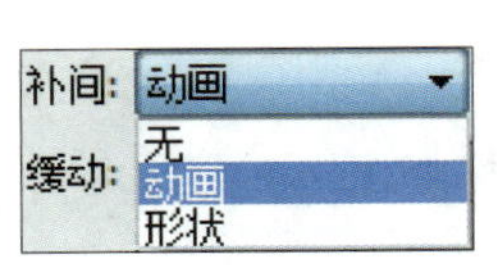

图 3–3–2　创建动画补间动画

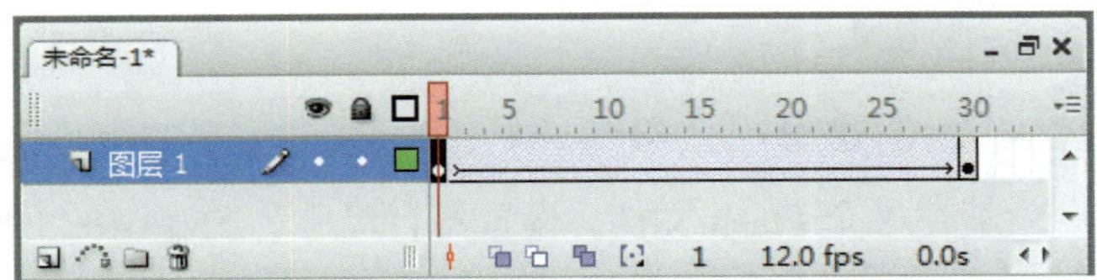

图 3–3–3　动画补间动画的时间轴面板

四、动画补间动画的“属性”面板

动画补间动画的“属性”面板如图 3–3–4 所示，其中各选项的说明如下。

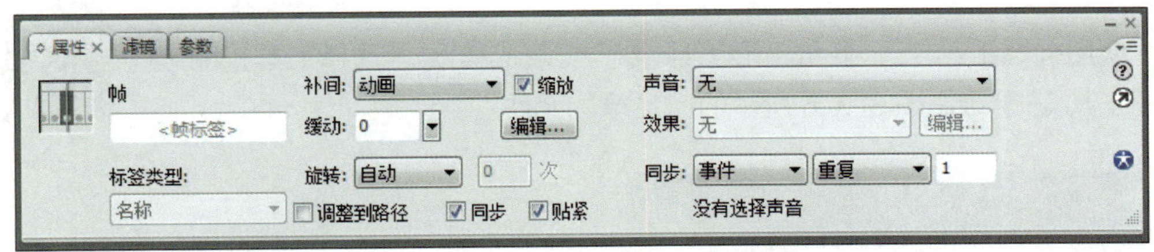

图 3–3–4　动画补间动画的“属性”面板

1. 缩放

如果想实现组或实例的尺寸变化，选择这个复选框。

2. 缓动

制作的补间动画一般都是匀速运动，如果想做加速运动，就可以调整缓动的数值。当其值为 0 时，做匀速运动；当其值大于 0 时，做减速运动；当其值小于 0 时，做加速运动。注意，数值的绝对值越大效果越明显。

3. 旋转

旋转用于设定物体的旋转运动。

4. 调整到路径

调整到路径可使对象沿指定的路径运动，并随着路径的改变而相应地改变角度。此功能将在“项目四　引导层动画制作”中介绍。

5. 同步

同步可使动画在场景中首尾连续循环播放。

6. 贴紧

贴紧可使对象在沿路径运动时自动捕捉路径。

1. 创建影片文档

新建一个 Flash 文档，设置舞台尺寸为 550×400 像素，背景颜色为白色（#FFFFFF）。

2. 创建背景层

（1）将图层 1 重命名为“背景”，将素材库中名为“运动的足球 .jpg”的图片导入舞台中，效果如图 3-3-5 所示。

（2）在“背景”图层的第 64 帧处插入帧，锁定“背景”图层。

3. 绘制“足球”元件

操作演示

使用椭圆工具、多角星形工具、线条工具、选择工具和颜料桶工具等绘制图 3-3-6 所示的“足球”元件。

图 3-3-5 “背景”图层效果

图 3-3-6 “足球”元件

4. 让足球运动起来

（1）返回到场景中，新建图层，将其重命名为“足球”，使用选择工具，将

“库”面板中的“足球”元件拖动到舞台的左侧，位置如图 3–3–7 所示。

（2）在“足球”图层的第 30 帧处插入关键帧，将“足球”元件拖动到舞台的右侧，刚碰到树桩处，如图 3–3–8 所示。

图 3–3–7　左侧足球的位置

图 3–3–8　右侧足球的位置

小贴士

要使足球水平地从左侧移动到右侧，可按住键盘上的“Shift”键，或者按“→”键。

（3）选中第 1 帧，在“属性”面板中设置补间类型为动画，缓动值为 –30，旋转为顺时针 2 次，让足球从左向右做加速运动，如图 3–3–9 所示。

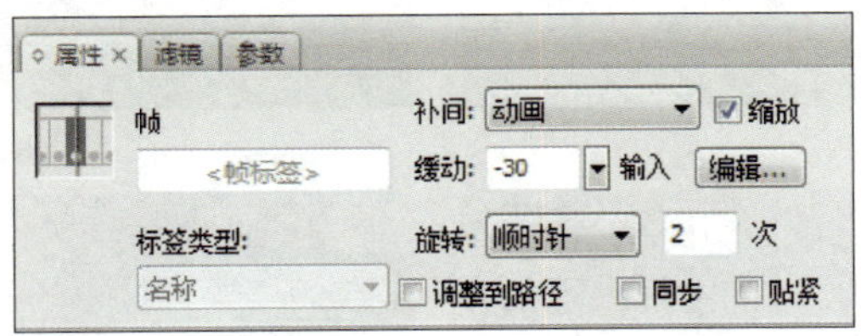

图 3–3–9　动画补间动画的“属性”面板（足球撞击树桩）

（4）在第 32 帧处插入关键帧，选择任意变形工具，将变形中心点移动到足球右侧的中心位置，将足球缩放到图 3–3–10 所示的形状。

（5）复制第 30 帧，粘贴到第 34 帧处。

（6）复制第 1 帧，粘贴到第 64 帧处。

（7）选中第 34 帧，在“属性”面板中设置补间类型为动画，缓动值为 30，旋转为逆时针 2 次，让足球从右向左做减速运动，如图 3–3–11 所示。

图 3-3-10　使足球变形

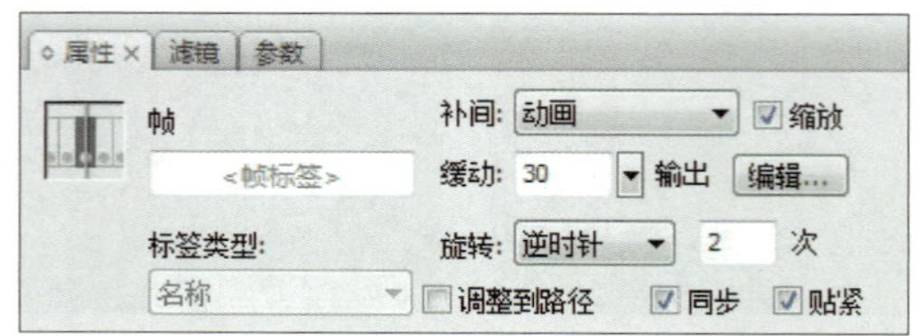

图 3-3-11　动画补间动画的“属性”面板（足球从树桩弹回）

操作演示

（8）运动的足球动画的最终效果如图 3-3-12 所示。

a）　b）

c）

d）

图 3-3-12　运动的足球动画的最终效果

a）足球在左　b）足球在中间　c）足球变形　d）足球回弹

5. 测试与保存

执行“控制”→“测试影片”命令，观察动画效果，如果对效果满意，执行“文件”→“保存”命令，将文件保存为“运动的足球 .fla”。

任务 4　制作荷兰风情动画

1. 能熟练制作动画补间动画。
2. 掌握应用图形元件和影片剪辑元件等制作动画补间动画的方法和技巧。

本任务是一个动画补间动画制作实例，主要通过动画补间动画制作风车旋转、郁金香长大、云飘动和太阳发光效果，如图 3-4-1 所示。要完成本任务，除了熟练掌握动画补间动画的制作方法外，还要学会图形元件和影片剪辑元件在动画中的应用。

图 3-4-1　荷兰风情动画效果图

在通常情况下，动画补间动画是通过改变两个关键帧上元件的大小、颜色、位置或透明度等来实现动画效果的。此外，动画补间动画还可以使对象做旋转运动，方法是：在“属性”面板中设置补间类型为动画后，再选择“旋转”项中的“顺时针”或“逆时针”选项，如图 3-4-2 所示。

图 3-4-2　动画补间动画的“属性”面板

关于“旋转”项的说明如下。

1. 无：对象不旋转。

2. 自动：对象在进行旋转时以最小的角度旋转一次。

3. 顺时针：指定对象按顺时针方向旋转，右边输入框中的数字表示对象旋转的次数，如图 3-4-3 所示。

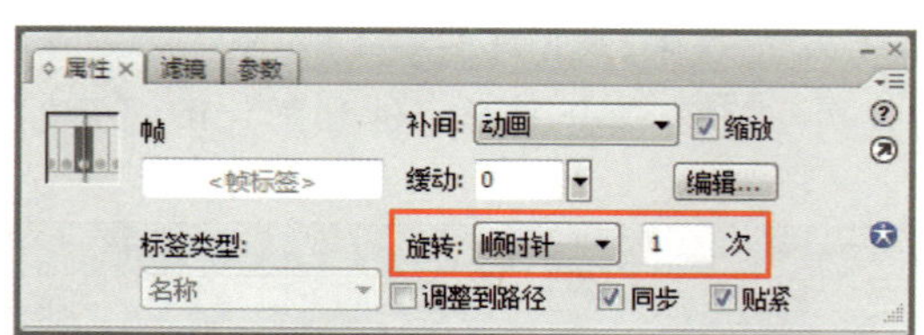

图 3-4-3　指定顺时针旋转 1 次

4. 逆时针：指定对象按逆时针方向旋转，右边输入框中的数字表示对象旋转的次数，如图 3-4-4 所示。

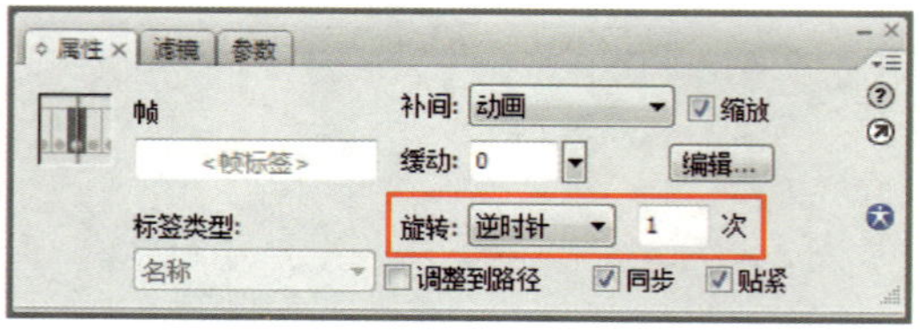

图 3-4-4　指定逆时针旋转 1 次

1. 创建影片文档

新建一个 Flash 文档，设置舞台尺寸为 550×400 像素，背景颜色为蓝色（#0000FF）。

2. 创建背景层

（1）将图层 1 重命名为“背景”，选择矩形工具，设置笔触颜色为无，填充类型为线性，在渐变色控制条上设置左侧颜色滑块为蓝色（#0099FF），右侧颜色滑块为白色（#FFFFFF），在舞台中绘制一个蓝白渐变矩形，使用渐变变形工具调整渐变方向，使用“对齐”面板调整矩形，使其与舞台相匹配，如图 3-4-5 所示。

（2）使用椭圆工具，设置笔触颜色为黑色（#000000），笔触高度为 1，填充颜色为绿色（#009900），在舞台中绘制一个绿色椭圆形，作为背景绿地，如图 3-4-6 所示。

（3）选择矩形工具，在工作区空白处绘制一个笔触颜色为黑色、无填充颜色的矩形，使用“对齐”面板将矩形与舞台相匹配，如图 3-4-7 所示。

（4）使用选择工具选择黑色轮廓外的草地，按“Delete”键删除，同时删除黑色矩形轮廓，背景绘制完成，如图 3-4-8 所示，锁定背景层。

操作演示

图 3-4-5　绘制蓝白渐变矩形

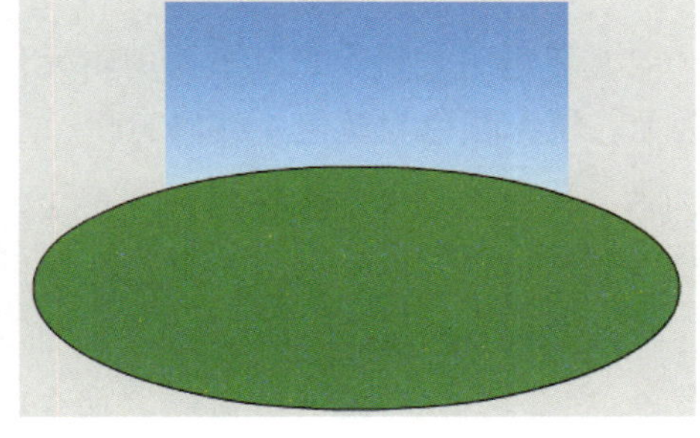

图 3-4-6　绘制绿色椭圆形

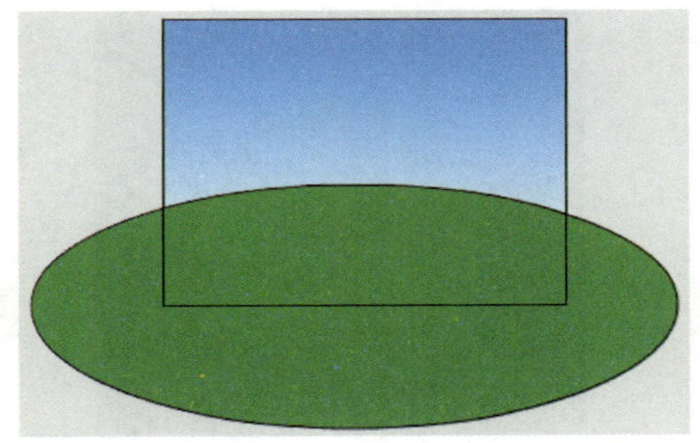

图 3-4-7　绘制矩形

图 3-4-8　背景绘制完成

3. 制作“云飘动”影片剪辑元件

（1）新建“白云”图形元件，使用椭圆工具在元件编辑区中绘制白云，如图 3-4-9 所示。

（2）新建“云飘动”影片剪辑元件，选中图层 1 第 1 帧，将“白云”元件拖动到元件编辑区中，在第 120 帧插入关键帧，在“属性”面板中将 *X* 轴参数增加 600 像素，使白云从舞台左侧向舞台右侧移动，并移出舞台。选中第 1 帧，在“属性”面板中创建动画补间动画，如图 3-4-10 所示。

图 3-4-9　绘制白云

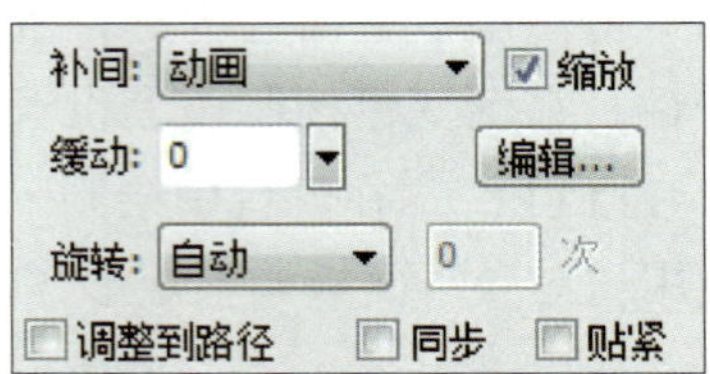

图 3-4-10　“属性”面板

4. 制作“太阳发光”影片剪辑元件

（1）新建“太阳光辉”图形元件，使用椭圆工具，设置笔触颜色为无，填充类型为放射状，在渐变色控制条上设置左侧颜色滑块为黄色（#FFFF00），Alpha 值为 100%；右侧颜色滑块也为黄色（#FFFF00），Alpha 值为 0%；绘制一个圆形作为太阳光辉，如图 3-4-11 所示。

（2）新建“太阳发光”影片剪辑元件，使用椭圆工具在图层 1 绘制一个笔触颜色为无、填充颜色为黄色（#FFFF00）的圆形，在第 50 帧插入帧。

（3）新建图层 2，将其移到图层 1 的下方，从“库”面板中将“太阳光辉”元件拖动到元件编辑区中，使其与图层 1 中的圆形对齐，以完成太阳的绘制，如图 3-4-12 所示。在第 25 帧和第 50 帧处分别插入关键帧，选择第 25 帧的圆形，执行“修改”→“变形”→“缩放和旋转”命令，在弹出的对话框中设置“缩放”值为 150%，将圆形放大到 150%。选中图层 2 的所有帧，在“属性”面板中创建动画补间动画。

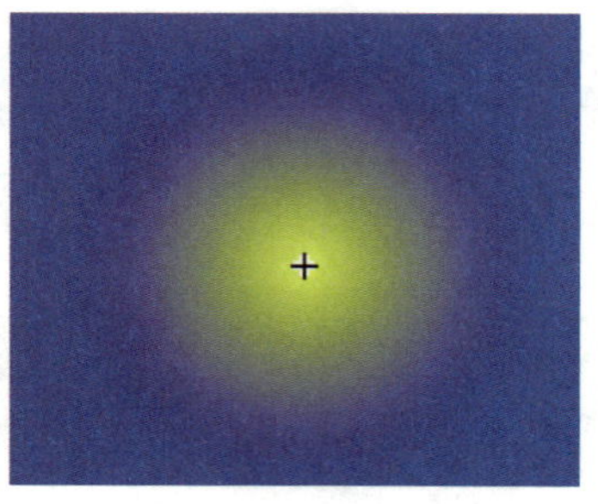

图 3-4-11　绘制太阳光辉

图 3-4-12　绘制太阳

5. 制作“花生长”影片剪辑元件

（1）打开项目一任务 4“美丽的家园 .fla”文件，在对“库”面板中的“郁金香”元件执行“复制”命令后，将其粘贴到新文档的“库”面板中。

（2）新建“花生长”影片剪辑元件，从“库”面板中将“郁金香”图形元件拖动到元件编辑区中，使用任意变形工具将元件的中心点调整到其下端中部，在第 40 帧插入关键帧。选择第 1 帧的郁金香，按住“Shift”键将其缩小，如图 3-4-13 所示。选中第 1 帧，在“属性”面板中创建动画补间动画。

图 3-4-13　第 1 帧的郁金香

（3）选中第 40 帧，单击鼠标右键，从弹出的快捷菜单中选择“动作”命令，打开“动作 – 帧”面板，在“动作 – 帧”面板的编辑窗口中输入“stop ( );”命令，如图 3-4-14 所示。

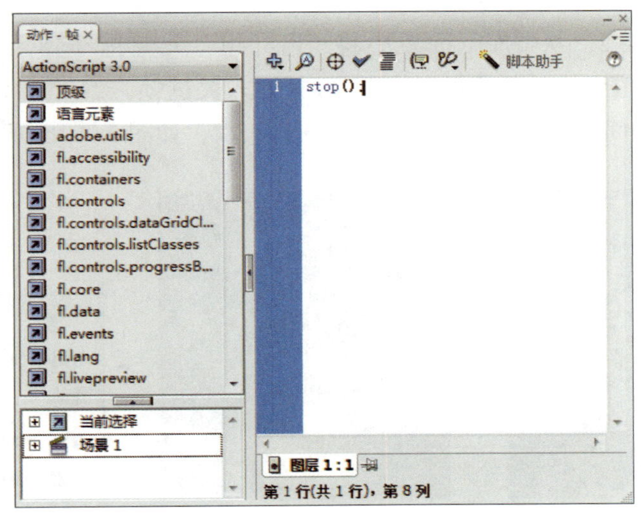

图 3-4-14　“动作 – 帧”面板

（4）关闭“动作 – 帧”面板，返回到元件编辑界面，此时时间轴面板如图 3-4-15 所示。

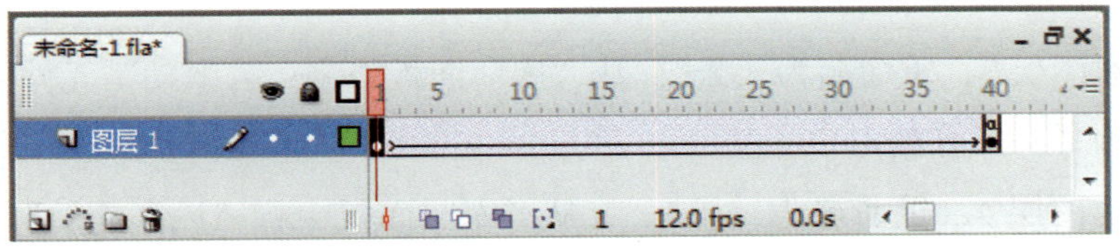

图 3-4-15　时间轴面板

操作演示

小贴士

在第 40 帧中添加的 ActionScript 语句“stop ( );”，可使“花生长”影片剪辑中花的生长过程只播放一次。关于 ActionScript 语句，将在项目九中详细讲解。

6. 制作“风车旋转”影片剪辑元件

（1）打开素材文件“荷兰风情库 .fla”，在对“库”面板中的“风车房子”和“风车扇叶”元件执行“复制”命令后，将其粘贴到新文档的“库”面板中。

（2）新建“扇叶组”图形元件，从“库”面板中将“风车扇叶”元件拖动到元件编辑区中，将元件复制三片，摆放好位置，如图 3-4-16 所示。

（3）新建“风车旋转”影片剪辑元件，从“库”面板中将“风车房子”元件拖动到元件编辑区中，在第 30 帧插入帧。

（4）新建图层 2，从“库”面板中将“扇叶组”元件拖动到元件编辑区中，按图 3-4-17 所示的位置摆放好扇叶。在第 30 帧插入关键帧，然后选中第 1 帧，在“属性”面板中设置补间类型为动画，旋转为顺时针 1 次，如图 3-4-18 所示。

图 3-4-16　组合扇叶

图 3-4-17　扇叶位置

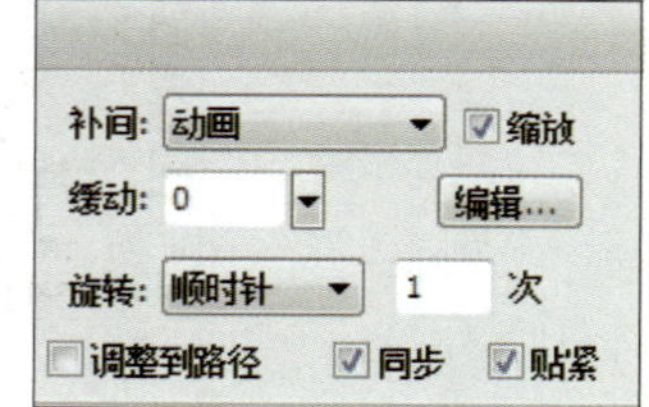

图 3-4-18　“属性”面板

7. 将各元件拖动到舞台

（1）新建图层 2，重命名为“太阳”，从“库”面板中将“太阳发光”元件拖动到舞台，调整其位置和大小。

（2）新建图层 3，重命名为“云”，从“库”面板中将“云飘动”元件拖动到舞台，复制多个，调整其位置和大小。

（3）新建图层 4，重命名为“风车”，从“库”面板中将“风车旋转”元件拖动到舞台，复制两个，调整其位置和大小。

（4）新建图层 5，重命名为“花”，从“库”面板中将“花生长”元件拖动到舞台，复制多个，调整其位置和大小。

至此，荷兰风情动画制作完毕，最终效果如图 3-4-19 所示。

图 3-4-19　荷兰风情动画的最终效果

8. 测试与保存

执行“控制”→“测试影片”命令，观察动画效果，如果对效果满意，执行“文件”→“保存”命令，将文件保存为“荷兰风情 .fla”。

1. 制作端午安康

效果演示

绘制桌面、茶杯和粽子，利用形状补间动画制作端午安康动画，效果如图 3-4-20 所示。

图 3-4-20　端午安康动画效果

2. 制作电子相册

效果演示

利用动画补间动画制作电子相册，效果如图 3-4-21 所示。

图 3-4-21　电子相册效果

项目四
引导层动画制作

引导层动画也是一种基本动画，它需要引导层和被引导层两个图层才能完成。在引导层中绘制对象的运动路径，在被引导层中制作动画补间动画，并分别将运动对象移动到路径的起点和终点上，可产生对象运动的效果。引导层动画可以实现蝴蝶飞舞和星球旋转等多种运动效果。

任务 1　制作雪花飘飘动画

1. 掌握引导层动画的概念、原理和创建方式。

2. 掌握制作引导层动画的步骤和绘制引导线的注意事项，能制作简单的引导层动画。

本任务是一个简单的引导层动画制作实例，主要通过添加运动引导层，形成雪花漫天飞舞的效果，如图 4-1-1 所示。要完成本任务，除了理解引导层和被引导层的概

念，以及引导层动画的原理外，还要掌握引导层动画的制作方法和技巧。

图 4-1-1　雪花飘飘动画效果图

效果演示

一、引导层动画的概念

引导层动画也叫运动引导层动画，它由引导层和被引导层组成。引导层用于放置对象运动的路径，被引导层用于放置运动的对象。引导层动画是 Flash 提供的一种实现对象沿着曲线或不规则路径运动的简便方法。

1. 引导层

引导层位于被引导层的上方，图层图标为 。引导层中的引导线是一个开放的路径，可用钢笔工具 、铅笔工具 或线条工具 绘制。如果使用椭圆工具 或矩形工具 绘制路径，则需要使用橡皮擦工具 进行擦除，使闭合路径变为开放路径。注意，在一个引导效果中只能有一个引导层。

2. 被引导层

被引导层位于引导层的下方，图层图标和普通图层的一样。被引导层中的对象必须是文字、元件或群组对象，它沿着引导层中的引导线运动，并且动画形式只能是动画补间。一个引导层可以引导多个被引导层，有关多层引导动画的知识将在项目四任务 3 中详细介绍。

二、引导层动画的原理

引导层是一种特殊的图层，用于指示对象的运动路径。在播放动画时，引导层中的对象不会显示出来，而被引导层中的对象会沿着引导线运动。

小贴士

引导线在生成动画时是不可见的，若需要显示引导线，可以在引导层上方创建一个新图层，复制引导层中的引导线并将其粘贴在新图层中。

三、引导层动画的创建方式

1. 按钮方式

选中要创建引导层的图层，单击时间轴面板中的“添加运动引导层”按钮即可创建运动引导层，如图 4–1–2 所示。

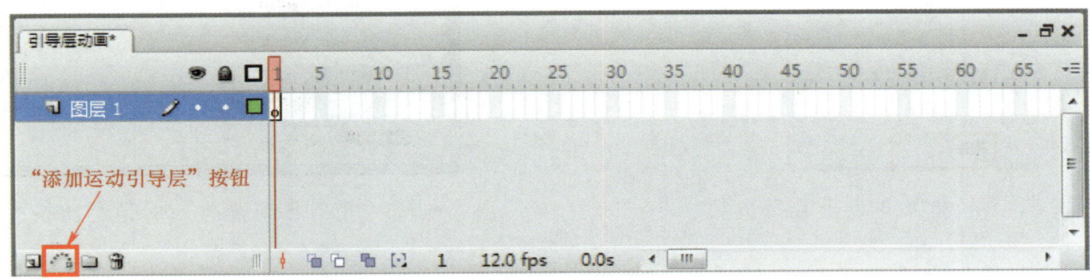

图 4-1-2　用按钮创建运动引导层

2. 命令方式

选中要创建引导层的图层，执行“插入”→“时间轴”→“运动引导层”命令即可创建运动引导层，如图 4–1–3 所示，或者单击鼠标右键，从弹出的快捷菜单中选择“添加引导层”选项，如图 4–1–4 所示。

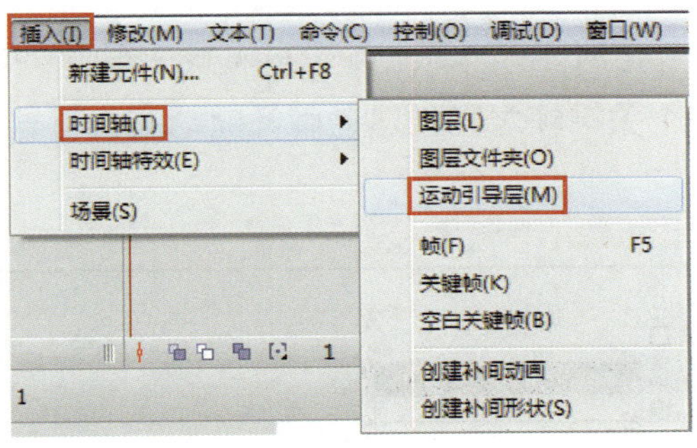

图 4-1-3　用命令创建运动引导层

3. 将普通层转换为引导层

选中要转换为引导层的普通图层，单击鼠标右键，从弹出的快捷菜单中选择“引导层”选项即可转换引导层，如图 4–1–4 所示。或者选择图 4–1–4 中的“属性…”选项，打开“图层属性”对话框，在“类型”项中选择“引导层”单选按钮，单击“确定”按钮，如图 4–1–5 所示。

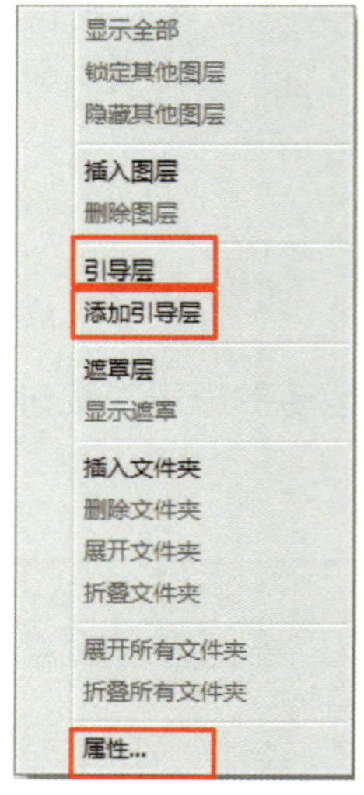

图 4–1–4　用快捷菜单创建运动引导层

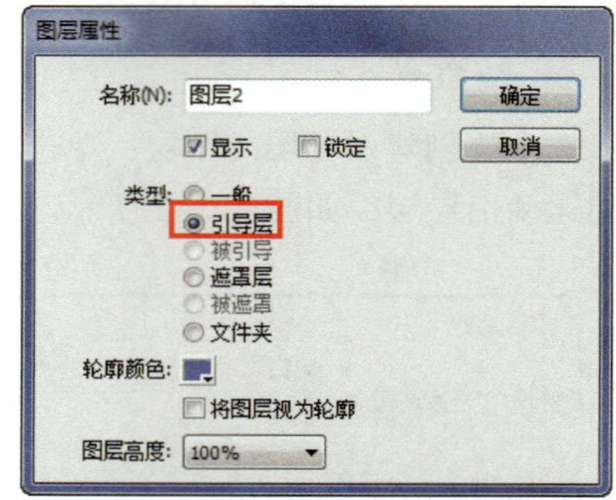

图 4–1–5　用“图层属性”对话框转换引导层

四、制作引导层动画的步骤

1. 在当前层中创建一个对象。

2. 单击时间轴面板中的“添加运动引导层”按钮，在当前层上创建一个引导层，当前层自动变为被引导层。

3. 在引导层中绘制一条路径，然后将引导层中的路径延续到某一帧。

4. 在被引导层中将对象的中心点移动到引导层中路径的起点。

5. 在被引导层的某一帧插入关键帧，并将对象移动到引导层中路径的终点。

6. 在被引导层的两个关键帧之间创建动画补间动画，引导层动画制作完成，时间轴面板如图 4–1–6 所示。

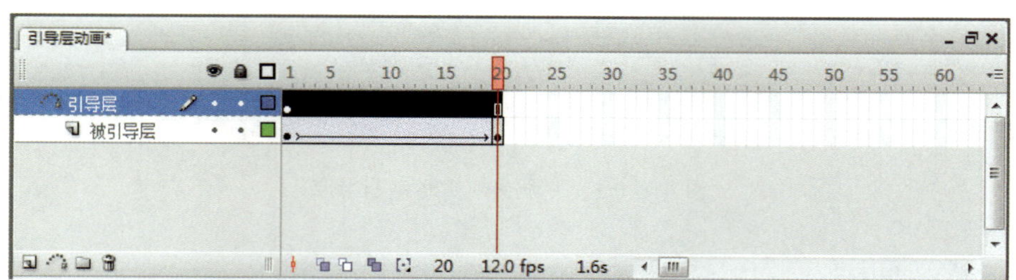

图 4–1–6　引导层动画的时间轴面板

五、绘制引导线的注意事项

1. 引导线是一条流畅的、从头到尾连续的线条，线条中间不能出现断点。

2. 引导线的转折不应过多，并且转折处不应过急。

3. 引导线不能出现交叉或重复的现象。

4. 被引导对象必须准确吸附在引导线上，否则被引导对象将无法沿引导线的路径运动。

1. 创建影片文档

新建一个 Flash 文档，设置舞台尺寸为 550×400 像素，背景颜色为深灰色（#666666）。

2. 创建背景层

将图层 1 重命名为“背景”，将素材库中名为“雪花飘飘 .jpg”的图片导入舞台中。

3. 绘制“雪花”图形元件

（1）新建“雪花”图形元件。选择铅笔工具，设置铅笔模式为平滑，笔触颜色为白色（#FFFFFF），绘制雪花，如图 4-1-7 所示。

（2）选中雪花，将笔触颜色的类型修改为放射状，在渐变色控制条上设置两个颜色滑块均为白色（#FFFFFF），右侧滑块的 Alpha 值为 50%，模糊雪花边缘，如图 4-1-8 所示。

操作演示

图 4-1-7　绘制雪花

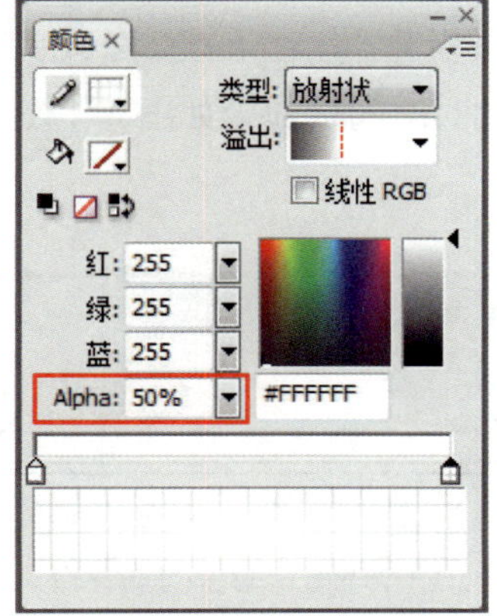

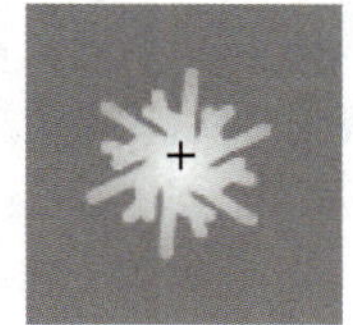

图 4-1-8　调整雪花效果

4. 制作“下雪”影片剪辑元件

（1）新建“下雪”影片剪辑元件。将“库”面板中的“雪花”元件拖动至元件编辑区中图层 1 的第 1 帧。

（2）单击时间轴面板中的“添加运动引导层”按钮，在图层 1 上创建一个引导层。选择铅笔工具，绘制一条引导线，如图 4-1-9a 所示。

（3）在图层 1 中将“雪花”元件的中心点移动到引导线的起点。在第 50 帧插入关键帧，将元件的中心点移动到引导线的终点，如图 4-1-9b 所示。

（4）在引导层的第 50 帧插入帧。

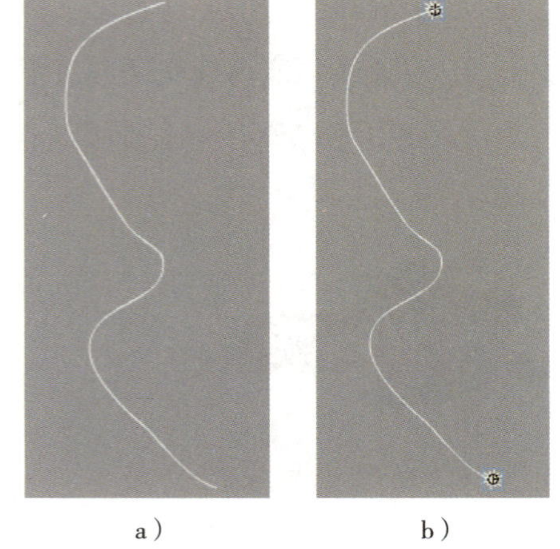
a）　　b）

图 4-1-9　引导线和雪花位置
a）绘制引导线　b）移动中心点

小贴士

启用工具箱中的“紧贴至对象”按钮，在拖动对象时元件的中心点更容易吸附到引导线的起点或终点。

（5）选择图层 1 第 1 帧处的“雪花”元件，执行“修改”→“变形”→“缩放和旋转”命令，在弹出的“缩放和旋转”对话框中设置“缩放”值为 50%，单击“确定”按钮，如图 4-1-10 所示。

（6）在“属性”面板中将 Alpha 值修改为 50%，创建补间动画，此时时间轴面板如图 4-1-11 所示。

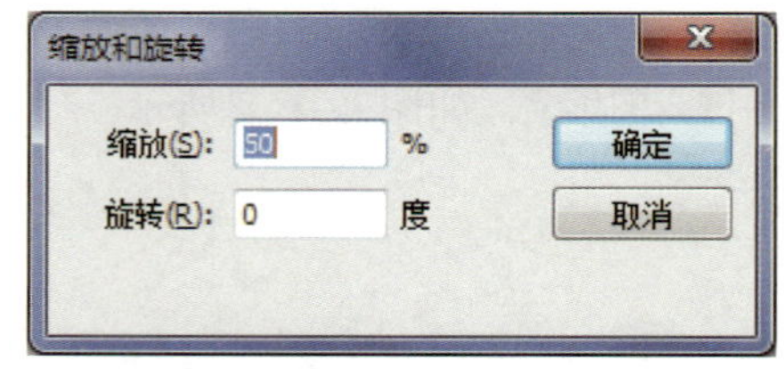

图 4-1-10　“缩放和旋转”对话框

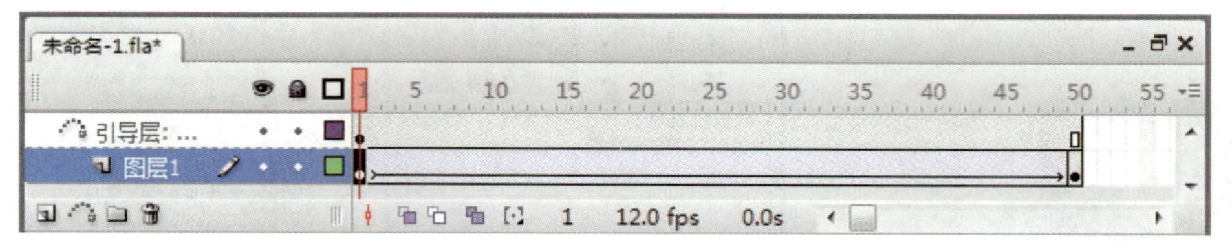

图 4-1-11　“下雪”影片剪辑元件的时间轴面板

操作演示

5. 制作“下雪 1”和“下雪 2”两个影片剪辑元件

仿照步骤 4，再制作两个影片剪辑元件，使雪花能够沿着不同的方向飘落下来。影片剪辑元件中的引导线如图 4-1-12 所示，影片剪辑元件的制作方法同前。

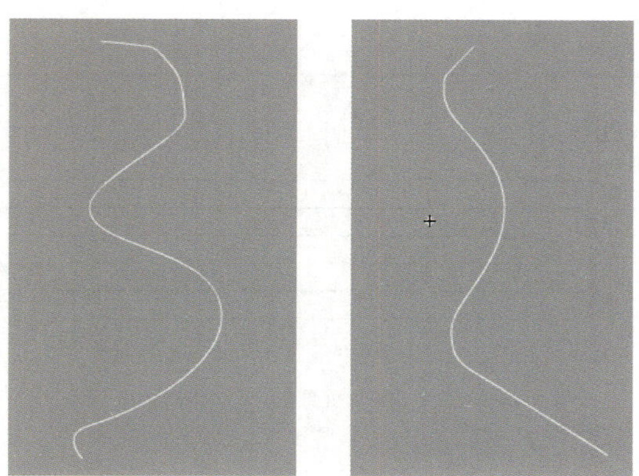

图 4-1-12　引导线

6. 制作雪花飘落场景

（1）返回到场景中，新建图层 2，重命名为“雪花 1”。将“库”面板中的三个影片剪辑元件“下雪”“下雪 1”和“下雪 2”分别拖动到舞台上方的工作区中。每个元件可多拖动几次，并将它们在舞台上方的工作区中错落有致地摆放好，以制作出雪花漫天飞舞的效果，如图 4-1-13 所示。

图 4-1-13　影片剪辑元件在工作区中的分布

（2）新建图层 3，重命名为“雪花 2”。将“雪花 1”图层第 1 帧的内容复制到“雪花 2”图层的第 5 帧中，并将该内容适当向上方调整。

（3）重复第（2）步，分别创建“雪花 3”“雪花 4”和“雪花 5”三个图层，每个

图层的起始帧位置都在上一图层的基础上增加 5 帧。选择所有图层的第 120 帧，单击鼠标右键，从弹出的快捷菜单中选择“插入帧”选项，此时时间轴面板如图 4–1–14 所示。

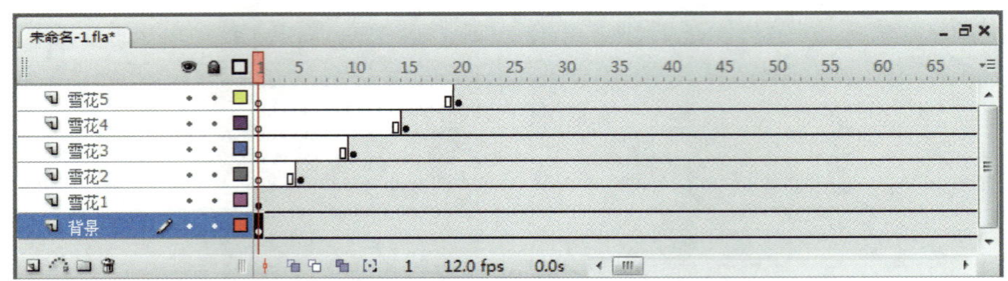

图 4-1-14　雪花飘飘动画的时间轴面板

7. 测试与保存

执行“控制”→“测试影片”命令，观察动画效果，如果对效果满意，执行“文件”→“保存”命令，将文件保存为“雪花飘飘 .fla”。

任务 2　制作飞舞的蝴蝶动画

1. 熟练掌握引导层动画的制作方法和技巧，能制作引导层动画。

2. 能利用“调整到路径”的方法确保运动对象的走向与运动引导线的走向一致。

本任务是一个引导层动画制作实例，主要通过添加运动引导层，实现蝴蝶在花丛中飞舞的效果，如图 4–2–1 所示。要完成本任务，除了掌握引导层动画的原理及引导层动画的制作方法和技巧外，还要重点掌握调整到路径的方法，使蝴蝶运动的方向与引导线的方向保持一致。

效果演示

图 4-2-1　飞舞的蝴蝶动画效果图

相关知识

在制作引导层动画的过程中，被引导层中的对象沿着引导线移动时，会出现运动对象与运动路径的走向不相符的现象。为避免这种情况的发生，在被引导层中创建动画后，可在“属性”面板中勾选“调整到路径”复选框，如图 4-2-2 所示，然后在被引导层的第一个关键帧和最后一个关键帧上调整对象的方向，以确保运动对象的走向与运动路径的走向一致。

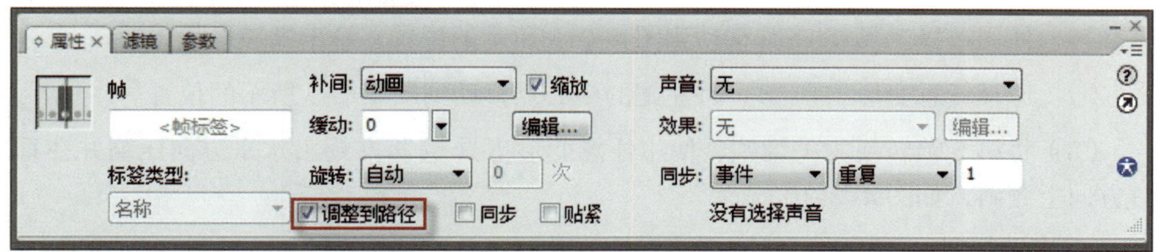

图 4-2-2　“属性”面板

任务实施

1. 创建影片文档

新建一个 Flash 文档，设置舞台尺寸为 550 × 400 像素，背景颜色为白色。

2. 创建背景层

（1）将图层 1 重命名为“背景”，将素材库中名为“飞舞的蝴蝶 .jpg”的图片导入舞台中。

（2）在“背景”图层的第 60 帧插入帧，锁定该图层。

3. 绘制蝴蝶

（1）新建“蝴蝶身体”图形元件，绘制蝴蝶身体，如图 4–2–3 所示。

（2）新建“蝴蝶翅膀”图形元件，绘制蝴蝶翅膀，如图 4–2–4 所示。

4. 制作“蝴蝶飞舞”影片剪辑元件

（1）新建“蝴蝶飞舞”影片剪辑元件，将图层 1 重命名为“身体”。将“库”面板中的“蝴蝶身体”图形元件拖动到元件编辑区中，打开“对齐”面板，选中“相对于舞台”按钮，再依次单击“对齐”选项中的“水平中齐”和“垂直中齐”按钮，使“蝴蝶身体”位于舞台的中心。

（2）在第 6 帧插入帧，锁定图层。

（3）新建“右翅”图层，将“库”面板中的“蝴蝶翅膀”图形元件拖动到元件编辑区中，放置在图 4–2–5 所示的位置。

（4）选择任意变形工具，将右翅的中心点移动到图 4–2–6 所示的位置。

（5）将第 5 帧转换为关键帧，使用任意变形工具将右翅沿水平方向压缩并在垂直方向上倾斜，如图 4–2–7 所示，锁定图层。

（6）新建“左翅”图层，将“库”面板中的“蝴蝶翅膀”图形元件拖动到元件编辑区中，执行“修改”→“变形”→“水平翻转”命令，使“蝴蝶翅膀”图形元件水平翻转。使用选择工具将其移动到图 4–2–8 所示的位置，拼出蝴蝶形状。

（7）选择任意变形工具，将左翅的中心点移动到图 4–2–9 所示的位置。

（8）将第 5 帧转换为关键帧，使用任意变形工具将左翅沿水平方向压缩并在垂直方向上倾斜，如图 4–2–10 所示。

图 4–2–3　绘制蝴蝶身体

图 4–2–4　绘制蝴蝶翅膀

图 4–2–5　制作蝴蝶右翅

图 4-2-6　移动右翅中心点

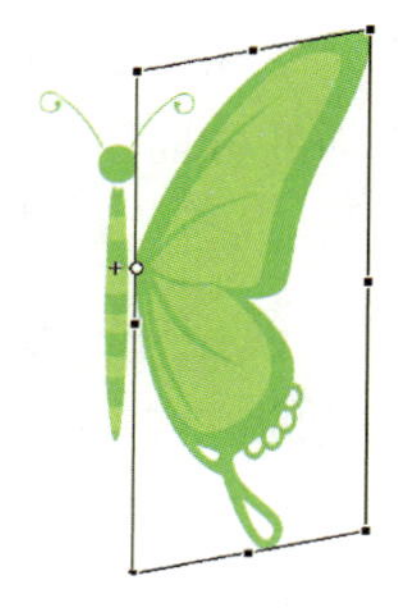
图 4-2-7　使右翅变形

图 4-2-8　移动图形元件

图 4-2-9　移动左翅中心点

图 4-2-10　使左翅变形

操作演示

5. 制作蝴蝶飞舞效果

（1）返回到场景中，新建“蝴蝶 1”图层，将“库”面板中的“蝴蝶飞舞”影片剪辑元件拖动到舞台右侧，使用任意变形工具调整其大小，在“属性”面板中调整色调，如图 4-2-11 所示。

（2）在第 60 帧插入关键帧，将蝴蝶移动到舞台左侧。选中第 1 帧，在“属性”面板中创建动画补间动画，并勾选“调整到路径”复选框。

（3）单击“添加运动引导层”按钮，创建引导层。选择铅笔工具，设置铅笔模式为平滑，绘制一条引导线，如图 4-2-12 所示，锁定引导层。

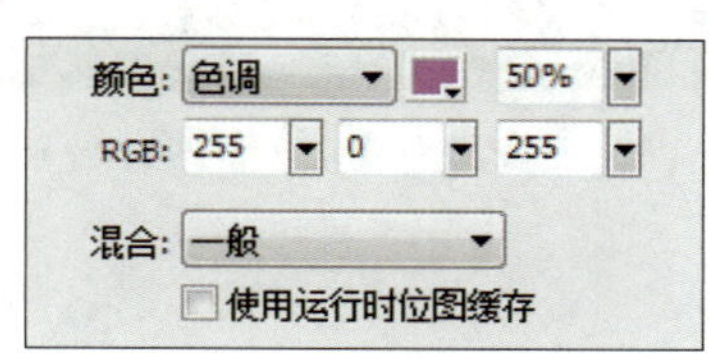

图 4-2-11　调整色调

图 4-2-12　绘制引导线

（4）选择“蝴蝶 1”图层的第 1 帧，使用任意变形工具将“蝴蝶飞舞”影片剪辑元件移到引导线的起点上，调整元件的方向，使其与引导线的方向保持一致，如图 4–2–13 所示。

（5）选择“蝴蝶 1”图层的第 60 帧，使用任意变形工具将“蝴蝶飞舞”影片剪辑元件移到引导线的终点上，调整元件的方向，使其与引导线的方向保持一致，如图 4–2–14 所示。

图 4–2–13　第 1 帧中的蝴蝶

图 4–2–14　第 60 帧中的蝴蝶

（6）在“引导层”图层的上方新建“蝴蝶 2”图层，重复步骤（1）~ 步骤（5），制作另一只飞舞的蝴蝶。第一只蝴蝶飞舞的路径是由一朵花到另一朵花，第二只蝴蝶从空中与第一只蝴蝶相向而飞，如图 4–2–15 所示。

（7）在所有图层的第 100 帧插入帧，让第一只蝴蝶在花朵上停留一段时间，使所有画面保持同步，最终效果如图 4–2–16 所示。

操作演示

图 4–2–15　蝴蝶飞行路径

图 4–2–16　飞舞的蝴蝶动画的最终效果

6. 测试与保存

执行“控制”→“测试影片”命令，观察动画效果，如果对效果满意，执行“文件”→“保存”命令，将文件保存为“飞舞的蝴蝶 .fla”。

任务 3　制作元旦快乐动画

掌握多层引导动画的制作方法和技巧，能制作多层引导动画。

本任务是一个多层引导动画制作实例，在一个引导层中绘制了多条引导线，一条引导线引导一个文字层中的文字运动，如图 4-3-1 所示。要完成本任务，除了理解引导层和被引导层的概念以及引导层动画的原理外，还要掌握多层引导动画的制作方法和技巧。

效果演示

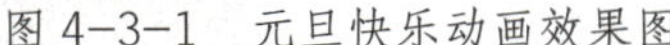
图 4-3-1　元旦快乐动画效果图

一、分散到图层

“分散到图层”命令可把一个关键帧上的所有分组或元件按现有的前后关系分布到每一个图层上显示。

二、多层引导动画

多层引导动画是由一个引导层引导多个被引导层中的对象在不同的图层上运动的动画。制作多层引导动画时，如果想把引导层上方的普通图层转换为被引导层，可直接拖动普通图层到引导层的下方；如果需要被引导的图层在引导层的下方，双击该图层图标，在弹出的“图层属性”对话框中将“类型”改为“被引导”即可；如果需要断开被引导关系，双击该图层图标，在弹出的“图层属性”对话框中将“类型”改为“一般”即可。

1. 创建影片文档

新建一个 Flash 文档，设置舞台尺寸为 550×400 像素，背景颜色为白色。

2. 创建背景层

（1）将图层 1 重命名为“背景”，将素材库中名为“元旦快乐 .jpg”的图片导入舞台中。

（2）在“背景”图层的第 121 帧插入帧，锁定该图层。

3. 利用“分散到图层”命令制作多个文字层

（1）新建图层 2。选择文本工具 T，在“属性”面板上设置字体为“方正舒体”，字体大小为 120，文本颜色为黑色（#000000），切换粗体，输入文字“元旦快乐”，如图 4-3-2 所示。

图 4-3-2　输入文字

（2）选中输入的文字，执行“修改”→“分离”命令，将文字打散。在打散的文字上单击鼠标右键，从弹出的快捷菜单中选择“分散到图层”选项，“元”“旦”“快”“乐”四个字将分散在四个图层上，并以对应文字命名图层，此时时间轴面板如图 4-3-3 所示。

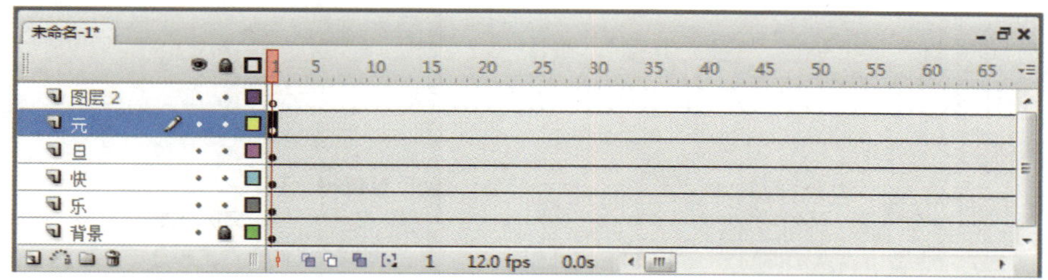

图 4-3-3　将文字分散到图层

4. 绘制引导线

（1）将图层 2 重命名为“引导线”，选择铅笔工具，绘制一条引导线，如图 4-3-4 所示。

（2）选中绘制的引导线，在按住“Alt”键的同时按住鼠标左键并拖动，以复制出三条相同的引导线。使用“对齐”面板，调整好引导线的位置，如图 4-3-5 所示。

图 4-3-4　绘制引导线

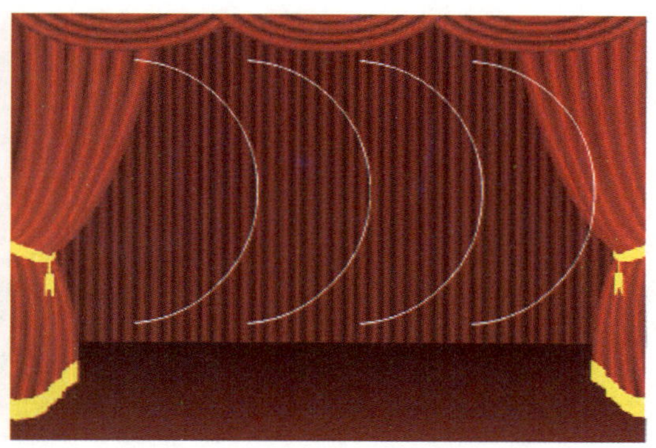

图 4-3-5　调整舞台中四条引导线的位置

（3）选中“引导线”图层，单击鼠标右键，从弹出的快捷菜单中选择“引导层”选项，将普通图层转换为引导层。此时时间轴面板如图 4-3-6 所示。

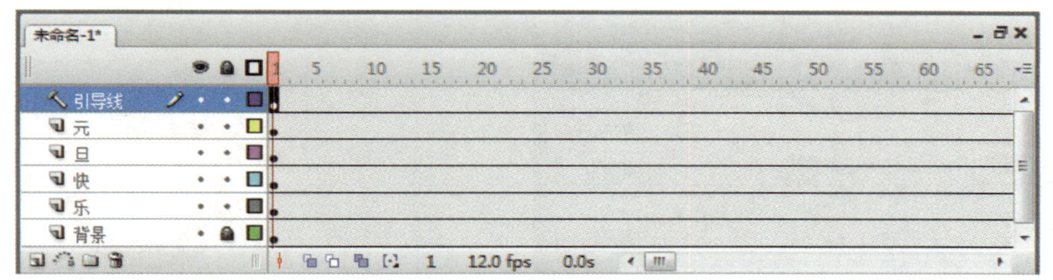

图 4-3-6　将普通图层转换为引导层

操作演示

5. 设置多个被引导层

（1）选中“元”图层，单击鼠标右键，从弹出的快捷菜单中选择“属性…”选项，打开“图层属性”对话框，在“类型”项中选择“被引导”单选按钮，单击“确定”按钮，如图 4-3-7 所示。

（2）仿照步骤（1），分别将“旦”“快”和“乐”图层设置为被引导层，此时时间轴面板如图 4-3-8 所示。

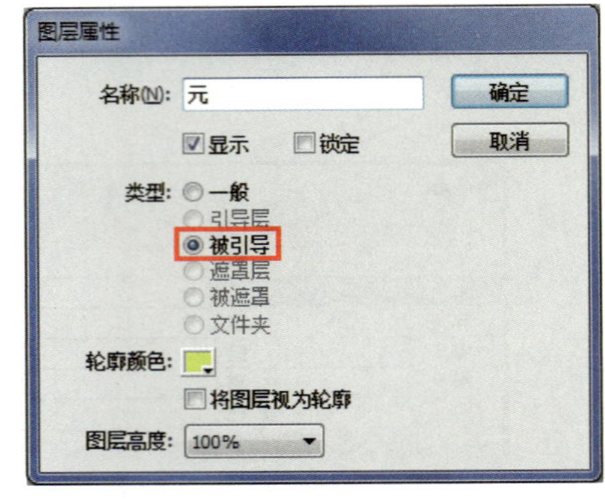

图 4-3-7 “图层属性”对话框

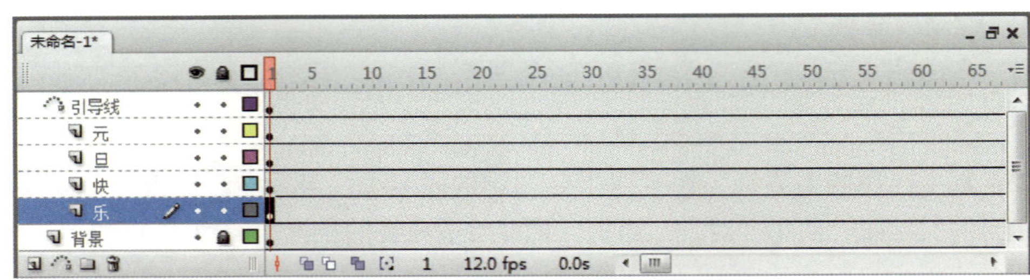

图 4-3-8 多层引导动画的时间轴面板

6. 制作“元字”影片剪辑元件

（1）选中“元”图层的第 1 帧，执行“修改”→“转换为元件”命令，打开“转换为元件”对话框，将“名称”改为“元字”，在“类型”项中选择“影片剪辑”单选按钮，单击“确定”按钮，如图 4-3-9 所示。

（2）双击“元字”影片剪辑元件，进入元件的编辑界面，执行“修改”→“分离”命令，再次打散文字。打开“颜色”面板，设置笔触颜色为无，填充类型为线性，在渐变色控制条上设置颜色从左到右分别为 #FFFF00 和 #FF0000。使用颜料桶工具自上而下填充文字图形，如图 4-3-10 所示。

（3）返回到场景中，单击“元”图层第 1 帧，在舞台中选择“元字”影片剪辑元件，打开“滤镜”面板，添加“投影”滤镜，设置颜色为 #CCCCCC，如图 4-3-11 所示。

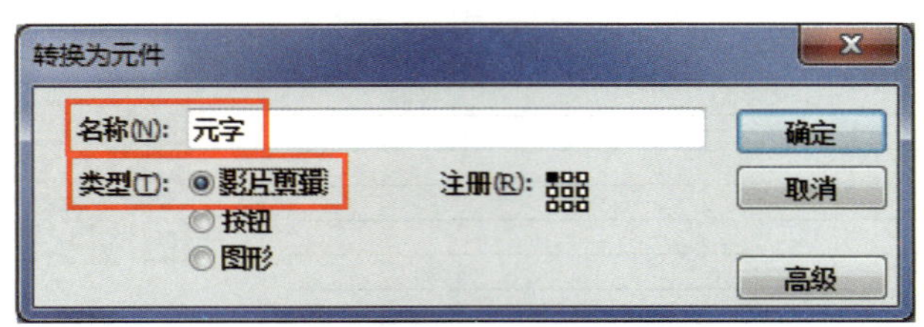

图 4-3-9 “转换为元件”对话框

图 4-3-10 设置文字颜色

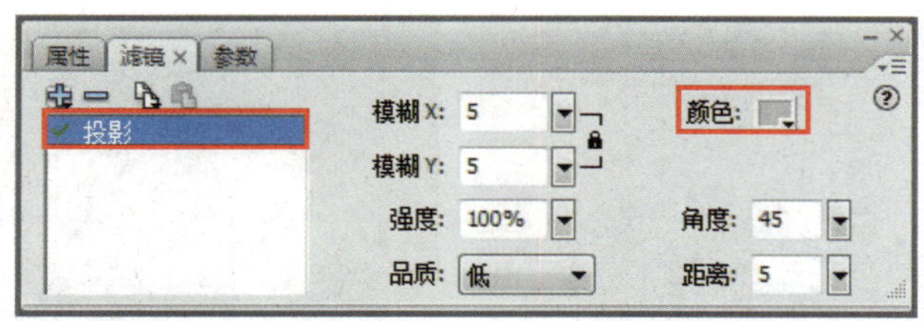

图 4-3-11　添加“投影”滤镜

（4）隐藏其余的文字图层，舞台效果如图 4–3–12 所示。

7. 制作其余文字的影片剪辑元件

仿照步骤 6，分别制作“旦字”“快字”和“乐字”影片剪辑元件，如图 4–3–13 所示。

图 4-3-12　“元”图层内容

图 4-3-13　制作舞台中的影片剪辑元件

8. 制作被引导层动画

（1）在“元”图层的第 35 帧插入关键帧。选中第 1 帧，打开“变形”面板，设置旋转角度为 –60.0°，取消“约束”选项，设置宽度为 2%，按“Enter”键确认，“变形”面板的设置如图 4–3–14 所示。

（2）在时间轴面板中选择第 1 帧，将舞台中的“元字”影片剪辑元件拖动到第一条引导线的起点位置，如图 4–3–15 所示。

（3）在时间轴面板中选择第 35 帧，将舞台中的“元字”影片剪辑元件拖动到第一条引导线的终点位置，如图 4–3–16 所示。

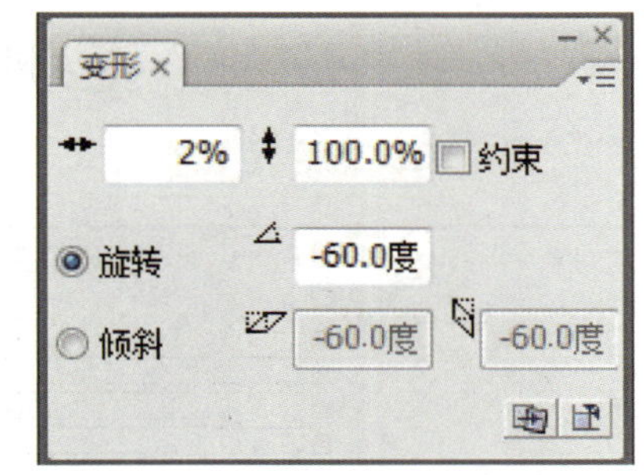

图 4-3-14　“变形”面板的设置

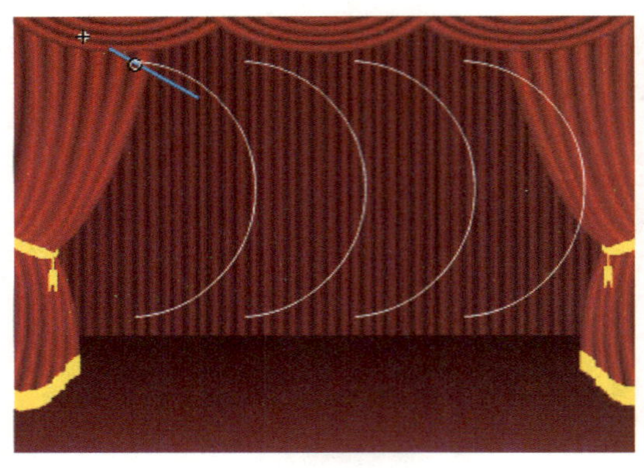

图 4-3-15　起点位置　　　　图 4-3-16　终点位置

（4）复制第 35 帧，将其粘贴到该图层的第 67 帧上；复制第 1 帧，将其粘贴到该图层的第 102 帧上。分别在第 1 ~ 35 帧、第 67 ~ 102 帧之间创建补间动画，并选择“属性”面板中的“调整到路径”复选框。此时时间轴面板如图 4-3-17 所示。

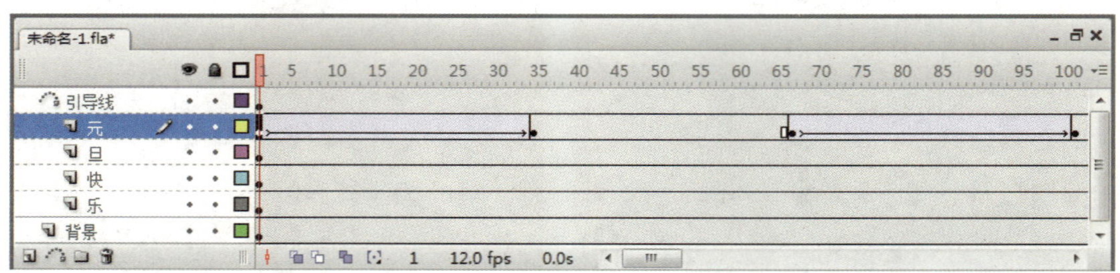

图 4-3-17　单个被引导层动画的时间轴面板

（5）删除最后一个关键帧后面的所有帧。

（6）仿照步骤（1）~ 步骤（5），分别制作“旦”“快”和“乐”图层中的动画效果。在制作过程中，每个图层上第 1 个关键帧的位置都应在上一图层的基础上后移 6 帧左右，使“元”“旦”“快”和“乐”四个文字依次出现在舞台中。此时时间轴面板如图 4-3-18 所示。

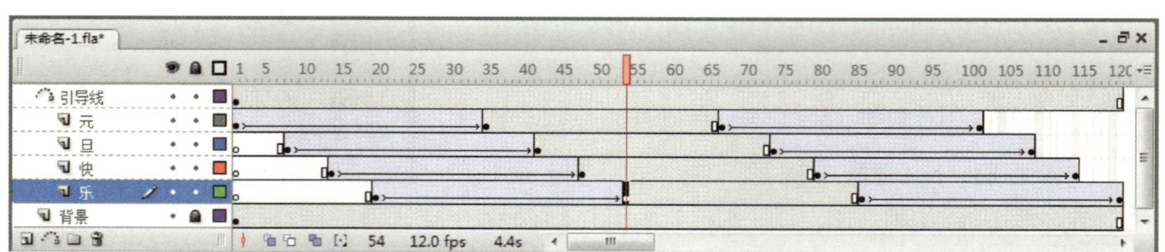

图 4-3-18　多个被引导层动画的时间轴面板

9. 放大“元字”影片剪辑元件

（1）双击“库”面板中的“元字”影片剪辑元件，按“Ctrl+A”组合键以全选元件，执行“修改”→“变形”→“缩放和旋转”命令，打开“缩放和旋转”对话框，在对话框中设置缩放为150%，如图4–3–19所示，单击“确定”按钮。

（2）返回场景中，调整“元字”影片剪辑元件在舞台中的位置，最终效果如图4–3–20所示。

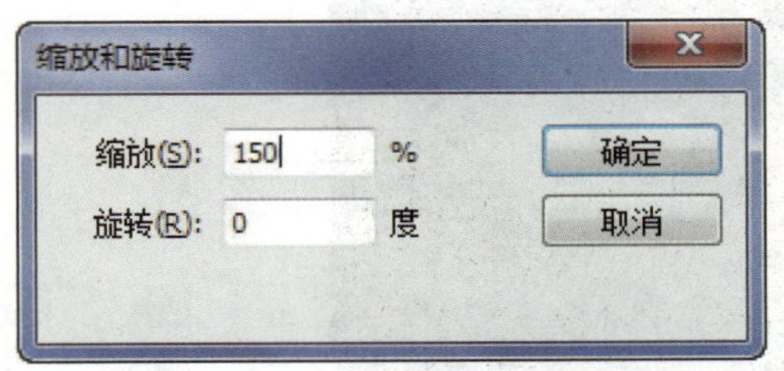

图4–3–19 “缩放和旋转”对话框

图4–3–20 元旦快乐动画的最终效果

10. 测试与保存

执行“控制”→“测试影片”命令，观察动画效果，如果对效果满意，执行“文件”→“保存”命令，将文件保存为“元旦快乐.fla”。

任务4　制作浩瀚星空动画

1. 掌握闭合路径引导动画的制作方法和技巧，能制作闭合路径引导动画。
2. 深入理解引导层动画的制作原理。

本任务是一个引导层动画制作实例，主要通过添加运动引导层来实现月球绕地球、地球绕太阳旋转的效果，如图 4–4–1 所示。要完成本任务，除了掌握实现圆形运动路径的方法外，还要进一步掌握引导层动画的制作方法和技巧。

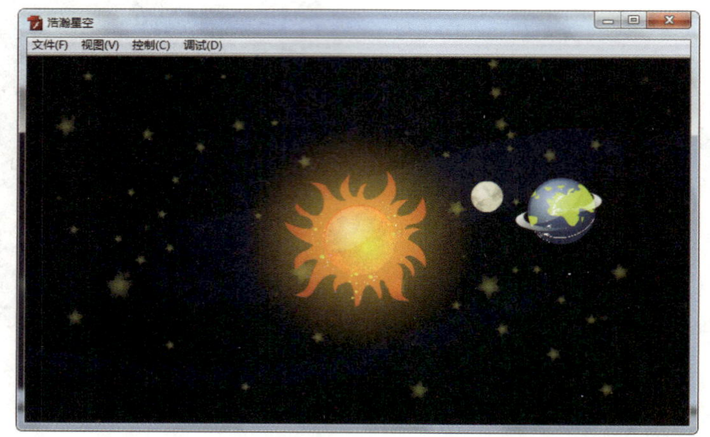

图 4–4–1　浩瀚星空动画效果图

在制作引导层动画时，引导线只能是开放路径，不能是闭合路径。因此，要制作圆形或方形等闭合路径的引导层动画时，需要采用一定的处理方法。例如，在本例中当月球围绕地球旋转时，将圆形路径擦除一小部分，因为擦除的部分相对于整个路径较小，所以播放时画面不会受到太大的影响。当地球围绕太阳旋转时，将圆形路径切割成两部分，即上、下两个半圆形路径，这样就可以做引导层动画了。

1. 创建影片文档

新建一个 Flash 文档，设置舞台尺寸为 700 × 400 像素，背景颜色为黑色。

2. 创建背景层

（1）将图层 1 重命名为“背景”，将素材库中名为“浩瀚星空 .jpg”的图片导入舞台中。

（2）在“背景”图层的第 200 帧插入帧，锁定该图层。

3. 复制“浩瀚星空库 . fla”中的元件

打开素材文件“浩瀚星空库 .fla”，将“浩瀚星空库 .fla”中的所有元件复制到当前文档的“库”面板中备用。

4. 制作“月球绕地球转”影片剪辑元件

（1）新建“月球绕地球转”影片剪辑元件，将图层 1 重命名为“地球”。把“库”面板中的“地球”元件拖动到元件编辑区中，打开“对齐”面板，选中“相对于舞台”按钮，再依次单击“对齐”选项中的“水平中齐”和“垂直中齐”按钮，使“地球”元件正好处于元件编辑区的中心。

（2）在第 40 帧插入帧，锁定图层。

（3）新建“月球”图层，将“库”面板中的“月球”元件拖动到元件编辑区中。在第 40 帧插入关键帧，选中第 1 帧，在“属性”面板中创建动画补间动画。

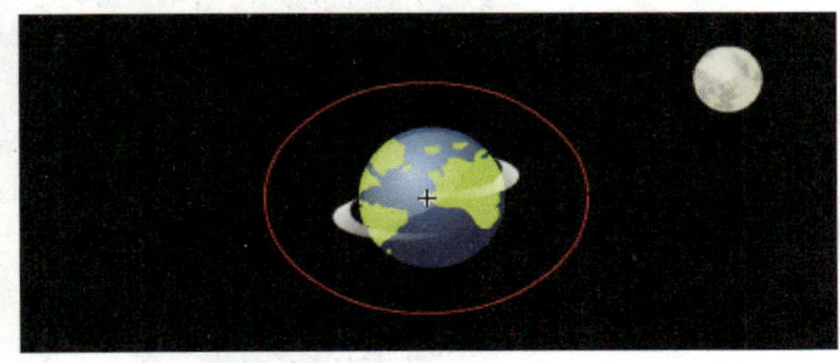

图 4-4-2　绘制椭圆形引导线

（4）单击“添加运动引导层”按钮，创建引导层。选择椭圆工具，绘制图 4-4-2 所示的椭圆形引导线。

（5）将显示比例设置为 400%，如图 4-4-3 所示。选择橡皮擦工具，在“橡皮擦形状”中选择较小的正方形，在椭圆形引导线的右侧擦出一个小缺口，如图 4-4-4 所示。

图 4-4-3　显示比例

图 4-4-4　擦出右侧小缺口

（6）使用选择工具，选中“月球”图层的第 1 帧，将“月球”元件的中心与小缺口的上端对齐，如图 4-4-5 所示。

（7）选中“月球”图层的第 40 帧，将“月球”元件的中心与小缺口的下端对齐，如图 4-4-6 所示。

（8）将显示比例设置为“符合窗口大小”，返回到场景 1 中。

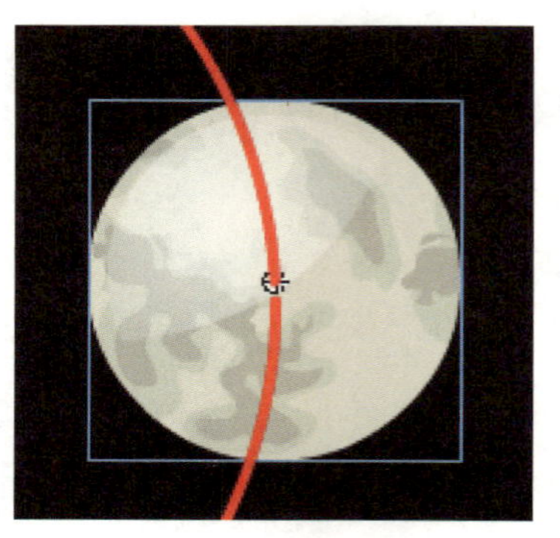
图 4-4-5　第 1 帧月球的位置

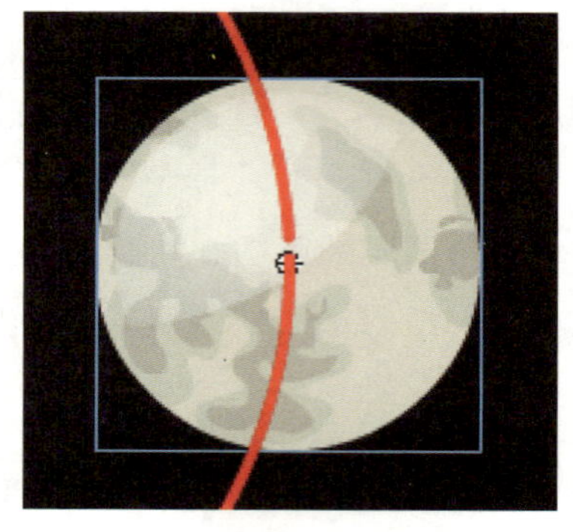
图 4-4-6　第 40 帧月球的位置

操作演示

5. 创建“太阳”图层

（1）在“背景”图层的上方新建“太阳”图层。

（2）将“库”面板中的“太阳”元件拖动到舞台中，打开“对齐”面板，调整“太阳”元件的位置，使其正好处于舞台的中心，如图 4-4-7 所示，锁定该图层。

图 4-4-7　“太阳”图层

6. 制作围绕太阳转动的效果

（1）在“背景”图层的上方新建“地球下”图层，选中第 1 帧，将“库”面板中的“月球绕地球转”影片剪辑元件拖动到舞台中，在第 200 帧插入关键帧。选中第 1 帧，在“属性”面板中创建动画补间动画。

小贴士

为了保证对象运动的连贯性，“地球下”图层的总帧数一定要是“月球绕地球转”影片剪辑元件总帧数的整数倍。

（2）为“地球下”图层添加运动引导层，选择椭圆工具，绘制图 4–4–8 所示的椭圆形。使用“对齐”面板进行调整，使椭圆形与舞台的中心对齐。

图 4–4–8　绘制椭圆形引导线

（3）分别在“背景”和“太阳”图层的第 400 帧插入帧。

（4）在“太阳”图层的上方新建“地球上”图层，在第 201 帧插入关键帧，将“库”面板中的“月球绕地球转”影片剪辑元件拖动到舞台中，在第 400 帧插入关键帧。选中第 201 帧，在“属性”面板中创建动画补间动画。

（5）为“地球上”图层添加运动引导层，在运动引导层的第 201 帧插入关键帧。

（6）选中“地球下”图层的运动引导层的第 1 帧，选择线条工具，设置笔触颜色为白色，笔触高度为 1，绘制一条长度与舞台宽度相近的水平直线。

（7）使用选择工具选中所绘直线，打开“对齐”面板，选中“相对于舞台”按钮，再依次单击“对齐”选项中的“水平中齐”和“垂直中齐”按钮，这样直线就将椭圆形分割成了两部分，如图 4–4–9 所示。

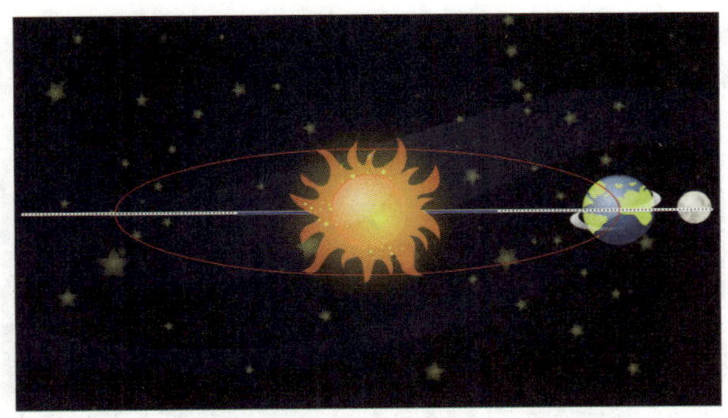

图 4–4–9　用直线分割椭圆形

（8）选中椭圆形的下半部分，按“Ctrl+X”组合键进行剪切，选择“地球上”图层的运动引导层的第 201 帧，按“Ctrl+Shift+V”组合键将其粘贴到当前位置，如图 4–4–10 所示。

图 4-4-10 “地球上”图层的运动引导层的第 201 帧

（9）删除“地球下”图层的运动引导层中的直线，锁定两个运动引导层。

（10）选择“地球下”图层的第 1 帧，调整“月球绕地球转”影片剪辑元件的位置，使其中心与引导线的右端点对齐，如图 4-4-11 所示。

图 4-4-11 “地球下”图层的第 1 帧

（11）选择“地球下”图层的第 200 帧，调整“月球绕地球转”影片剪辑元件的位置，使其中心与引导线的左端点对齐，如图 4-4-12 所示。

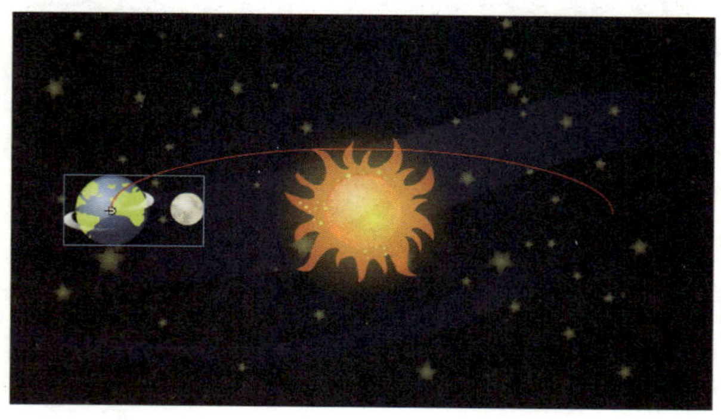

图 4-4-12 “地球下”图层的第 200 帧

（12）选择“地球上”图层的第 201 帧，调整“月球绕地球转”影片剪辑元件的位置，使其中心与引导线的左端点对齐，如图 4-4-13 所示。

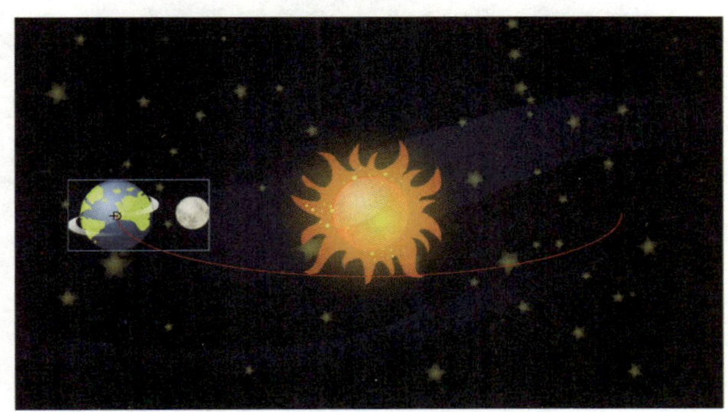

图 4-4-13　“地球上”图层的第 201 帧

（13）选择“地球上”图层的第 400 帧，调整“月球绕地球转”影片剪辑元件的位置，使其中心与引导线的右端点对齐，如图 4-4-14 所示。

操作演示

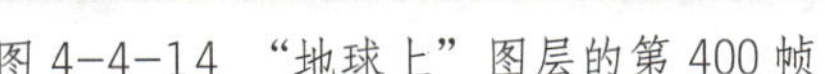

图 4-4-14　“地球上”图层的第 400 帧

7. 测试与保存

执行“控制”→“测试影片”命令，观察动画效果，如果对效果满意，执行“文件”→“保存”命令，将文件保存为“浩瀚星空 .fla”。

1. 制作鼹鼠打洞动画

绘制鼹鼠，使其尾巴摆动起来，利用引导层动画实现鼹鼠沿着字母路径穿梭打洞的动画（见图 4-4-15）。

效果演示

图 4-4-15　制作鼹鼠打洞动画

2. 制作极速赛车动画

绘制跑道，利用引导层动画制作极速赛车动画（见图 4-4-16）。

效果演示

图 4-4-16　制作极速赛车动画

项目五
遮罩动画制作

遮罩动画是 Flash 中重要的动画类型，很多动画特效都是通过遮罩来完成的。遮罩动画和引导层动画一样，最少需要两个图层，它透过遮罩层上对象的形状来显示被遮罩层中的内容。使用遮罩动画可以实现水波、卷轴、百叶窗和放大镜等效果。

任务 1　制作春暖花开动画

1. 理解遮罩动画的概念和原理。

2. 掌握被遮罩层运动的遮罩动画的制作方法和技巧，能制作简单的遮罩动画。

本任务是一个简单的遮罩动画制作实例，主要透过遮罩层上文字的形状观看被遮罩层中的图片移动效果，如图 5–1–1 所示。要完成本任务，除了理解遮罩层和被遮罩层的概念，以及遮罩动画的原理外，还要掌握遮罩动画的制作方法和技巧。

效果演示

图 5-1-1　春暖花开动画效果图

一、遮罩动画的概念

在 Flash 作品中，经常会看到一些炫目神奇的效果，其中很多就是用最简单的“遮罩”完成的，如水波、百叶窗、放大镜和卷轴等效果。遮罩动画和引导层动画一样，最少需要两个图层。与普通图层不同的是，在遮罩动画中只能透过遮罩层上对象的形状来观看被遮罩层中的内容。遮罩层上对象的形状是一个“视窗”，“视窗”内的对象会显示出来，“视窗”外的对象不会显示。在播放动画时，“视窗”也不会显示。

二、遮罩层和被遮罩层

1. 遮罩层

遮罩动画中位于上方的图层是遮罩层，一个遮罩动画只能有一个遮罩层。遮罩层中的对象必须是图形、位图、文字、影片剪辑元件或按钮，不能是线条。如果要使用线条，可以将线条转化为“填充”。

2. 被遮罩层

遮罩动画中位于下方的图层是被遮罩层。被遮罩层中的对象可以是图形、位图、文字、影片剪辑元件、按钮或线条。在一个遮罩效果中，被遮罩层可以有多个。

三、制作遮罩动画的步骤

1. 在时间轴面板中创建两个普通图层，在图层中可以导入位图、绘制对象或者制作动画。

2. 在位于上方的图层上单击鼠标右键，从弹出的快捷菜单中选择“遮罩层”选项，创建遮罩动画，如图 5-1-2 所示。此时，遮罩层的图标由 变为 ，被遮罩层的图标变

图 5-1-2　“遮罩层”选项

为，被遮罩层自动缩进，时间轴面板如图 5-1-3 所示。

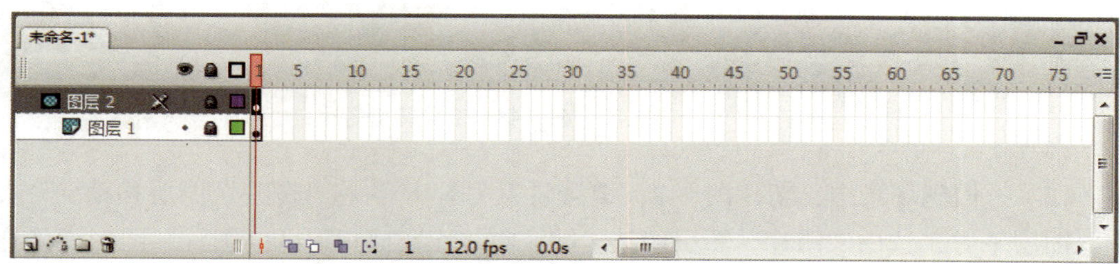

图 5-1-3　遮罩动画的时间轴面板

四、遮罩动画的用途

遮罩动画有两种用途：一种是遮罩整个场景或一个特定区域，使场景外的对象或特定区域外的对象不可见；另一种是遮罩某一元件的一部分，从而实现一些特殊的效果。

1. 创建影片文档

新建一个 Flash 文档，设置舞台尺寸为 650×200 像素，背景颜色为白色。

2. 创建“文字”图层

（1）将图层 1 重命名为“文字”，选择文本工具，设置字体为“华文琥珀”，字体大小为 150，字体颜色为黑色，输入文字“春暖花开”，如图 5-1-4 所示。

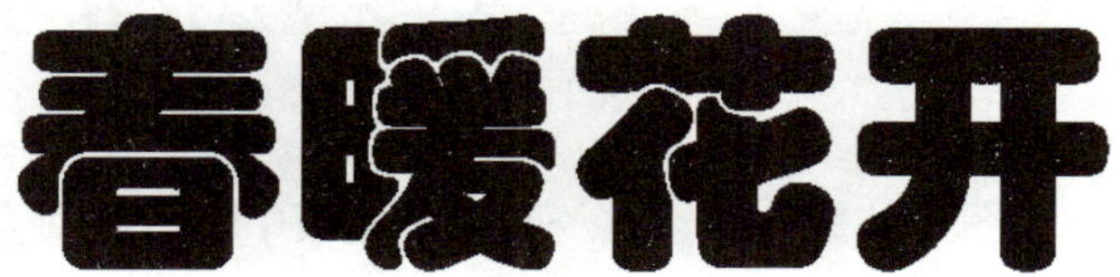

图 5-1-4　输入文字

（2）打开“对齐”面板，选中“相对于舞台”按钮，依次单击“对齐”选项中的“水平中齐”和“垂直中齐”按钮，使文字位于舞台的中央。

（3）在第 100 帧处插入帧，使“文字”图层延续到第 100 帧。

3. 创建“图片”图层

（1）新建“图片”图形元件，将素材库中名为“春暖花开 .jpg”的图片导入元件编辑区中，再复制出两张新的图片，使图片按图 5-1-5 所示位置摆放。

图 5-1-5　导入图片并复制出两张新的图片

（2）返回到场景中，新建图层 2，重命名为“图片”。将“图片”图层移动到“文字”图层下方，选中“图片”图层的第 1 帧，将“库”面板中的“图片”图形元件拖动到舞台中。

（3）选中“图片”图形元件，打开“对齐”面板，选中“相对于舞台”按钮，再依次单击“对齐”选项中的“右对齐”和“垂直中齐”按钮，调整第 1 帧图片的对齐设置，如图 5-1-6 所示。

图 5-1-6　调整第 1 帧图片的对齐设置

（4）在第 100 帧处插入关键帧，在“对齐”面板的“对齐”选项中单击“左对齐”按钮，调整第 100 帧图片的对齐设置，如图 5-1-7 所示。

图 5-1-7　第 100 帧图片的对齐设置

（5）选择“图片”图层的第 1 帧，在“属性”面板中设置补间类型为动画，建立第 1～100 帧之间的补间动画。

操作演示

4. 创建遮罩动画

选中“文字”图层，单击鼠标右键，在弹出的快捷菜单中选择“遮罩层”选项，创建遮罩动画。此时时间轴面板如图 5-1-8 所示，舞台效果如图 5-1-9 所示。

5. 为文字添加边框

为使遮罩效果更加美观，可为舞台中的文字添加修饰边框，方法如下。

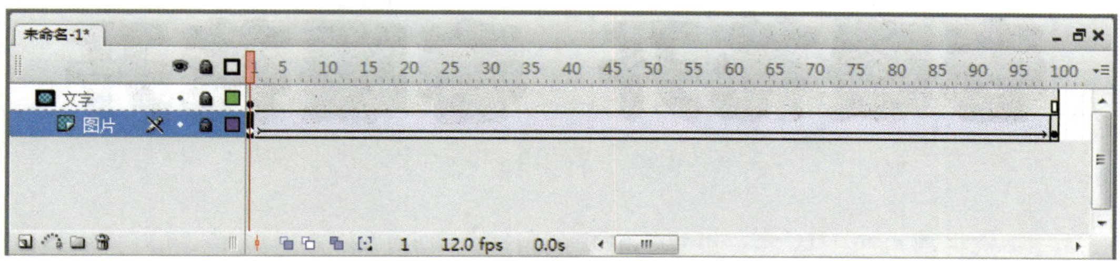

图 5-1-8　遮罩动画的时间轴面板

图 5-1-9　遮罩动画的舞台效果

（1）选择“文字”图层的第 1 帧，单击鼠标右键，从弹出的快捷菜单中选择“复制帧”选项。

（2）新建图层 3，在第 1 帧上单击鼠标右键，从弹出的快捷菜单中选择“粘贴帧”选项，将“春暖花开”文字复制到图层 3 的第 1 帧中，图层属性也会跟着复制过来，如图 5-1-10 所示。

（3）在复制的“文字”图层上单击鼠标右键，从弹出的快捷菜单中选择“属性…”选项，打开“图层属性”对话框，将名称改为“边框”，类型改为“一般”，如图 5-1-11 所示。

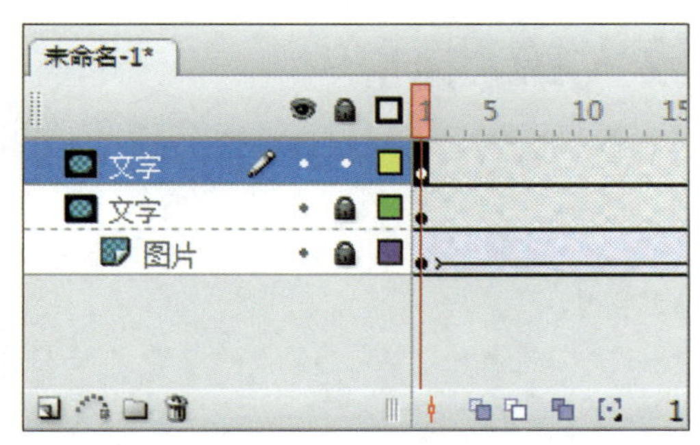

图 5-1-10　复制遮罩层

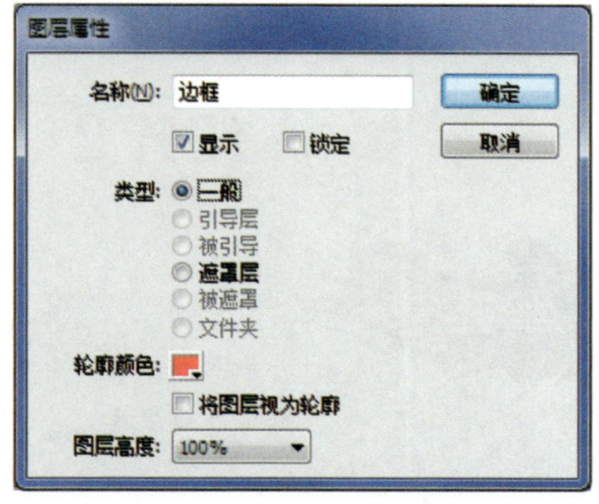

图 5-1-11　修改图层属性

（4）执行“修改”→“分离”命令两次，将文字打散，如图 5-1-12 所示。

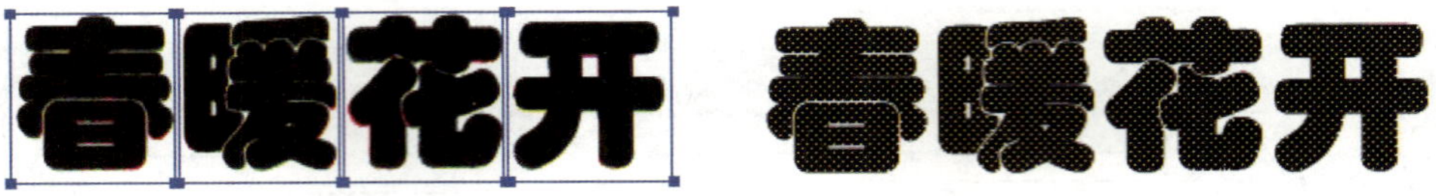

图 5-1-12　打散文字

（5）选择墨水瓶工具，设置笔触颜色为红色（#FF00000）、黄色（#FFFF00）和绿色（#00FF00）三种颜色的线性渐变，并设置笔触高度为 6，在文字的边缘单击以添加渐变色边框，如图 5-1-13 所示。

（6）使用选择工具选择文字的填充部分，按“Delete”键删除，如图 5-1-14 所示。至此，春暖花开动画制作完毕。

图 5-1-13　给文字添加渐变色边框

图 5-1-14　春暖花开动画的最终效果

6. 测试与保存

执行“控制”→“测试影片”命令，观察动画效果，如果对效果满意，执行“文件”→“保存”命令，将文件保存为“春暖花开 .fla”。

任务 2　制作放大镜动画

1. 熟悉遮罩动画中可以使用的动画类型。
2. 掌握遮罩层运动的遮罩动画的制作方法和技巧，能制作简单的遮罩动画。

本任务是一个遮罩动画制作实例，遮罩层中的镜片在舞台上移动，透过镜片的形状可观看被遮罩层中被放大后的文字，效果如图 5-2-1 所示。要完成本任务，除了进一步理解遮罩层和被遮罩层的概念及遮罩动画的原理外，还要熟悉遮罩动画中的动画类型，熟练掌握遮罩动画的制作方法和技巧。

图 5-2-1 放大镜动画效果图

效果演示

1. 创建影片文档

新建一个 Flash 文档，设置舞台尺寸为 400 × 700 像素，背景颜色为白色。

2. 创建“背景”图层

（1）将图层 1 重命名为“背景”，将素材库中名为“放大镜 .jpg”的图片导入舞台中。

（2）选择文本工具 T，在“属性”面板中设置字体为“黑体”，字体大小为 50，字体颜色为紫色（#990099），切换粗体，并设置字母间距为 10，改变文本方向为垂直，在舞台的左侧输入“注意坐姿保护视力”，如图 5-2-2 所示。

图 5-2-2 输入文本

（3）在第 50 帧处插入帧，使“背景”图层延续到第 50 帧。

3. 创建“视力表”图层

（1）新建图层，重命名为“视力表”。选择文本工具 T，设置字体为 Arial，字体大小为 50，字体颜色为黑色，切换粗体，在舞台的上方输入大写字母“E”，让其作为视力表中的第一行字母。

（2）制作视力表的第二行字母，重新设置字体大小为 40，保持其他选项不变，输入大写字母“E”，在“变形”面板中设置旋转角度为 -90.0°，按“Enter”键确认。复制此文字，在“变形”面板中设置旋转角度为 180.0°，按“Enter”键确认，调整字母的位置，如图 5-2-3 所示。

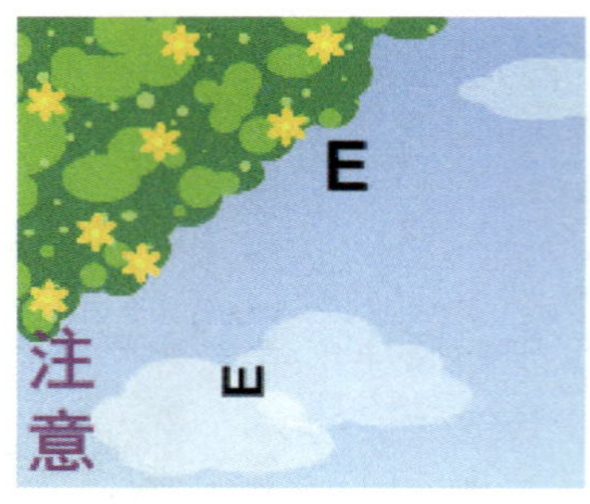

图 5-2-3　输入视力表中的字母

（3）仿照步骤（2）的方法，分别制作视力表的第三行字母和第四行字母，其中，第三行字母的字体大小为 30，第四行字母的字体大小为 20。此时视力表如图 5-2-4 所示。

（4）在第 50 帧处插入帧，使“视力表”图层延续到第 50 帧。

4. 创建“大视力表”图层

（1）新建图层，重命名为“大视力表”。选择文本工具 T，设置字体为 Arial，字体大小为 150，字体颜色为黑色，切换粗体，在舞台的上方输入大写字母“E”，使字母“E”与“视力表”图层中第一行的字母“E”相对应，如图 5-2-5 所示。

（2）仿照步骤 3 中步骤（2）、（3）的方法，制作“大视力表”图层中的其他字母，其中，第二行字母的字体大小为 130，第三行字母的字体大小为 100，第四行字母的字体大小为 80。调整字母的位置，此时大视力表如图 5-2-6 所示。

（3）在第 50 帧处插入帧，使“大视力表”图层延续到第 50 帧。

图 5-2-4　视力表

图 5-2-5　大小字母对应

图 5-2-6　大视力表

5．绘制“卡通放大镜”元件

（1）新建“卡通放大镜”图形元件，在图层 1 中绘制放大镜的手柄。选择矩形工具，设置笔触颜色为无，填充颜色为暗红色（#993300），绘制一个矩形，调整矩形形状，如图 5–2–7 所示。

（2）新建图层 2，绘制放大镜的镜头。选择椭圆工具，设置笔触颜色为黑色（#000000），笔触高度为 5，填充类型为放射状，在渐变色控制条上设置两个颜色滑块从左到右分别为白色（#FFFFFF）和蓝色（#78C9FE），绘制一个宽和高均为 150 的圆形，其“属性”面板如图 5–2–8 所示。调整镜头的位置，组合成卡通放大镜，如图 5–2–9 所示。

图 5–2–7　调整矩形形状

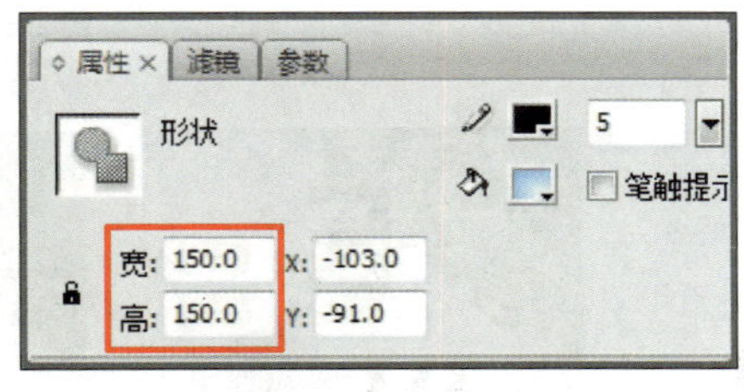

图 5–2–8　在“属性”面板中设置对象的宽和高

图 5–2–9　卡通放大镜

小贴士

镜头大小的设置以能遮盖住“大视力表”图层中最大的字母为宜，这样做才能使动画效果更真实。

6．将卡通放大镜拖进舞台

返回场景中，在“视力表”图层的上方新建图层，将其重命名为“放大镜”。将“库”面板中的“卡通放大镜”元件拖动到舞台中摆放好，如图 5–2–10 所示。

7．制作镜片运动效果

（1）在“大视力表”图层的上方新建图层，将其重命名为“镜片”。选择椭圆工具，设置笔触颜色为无，填充颜色为蓝色（#0000FF），绘制一个比“卡通放大镜”元件中的镜头略小的圆形，如图 5–2–11 所示。

（2）分别在“镜片”图层的第 10 帧、第 20 帧、第 25 帧、第 35 帧、第 40 帧和第 50 帧插入关键帧，调整好每一个关键帧中镜片的位置，如图 5–2–12 所示。

（3）在“镜片”图层的每两个关键帧之间创建形状补间动画。

图 5-2-10　场景中的卡通放大镜

图 5-2-11　绘制镜片

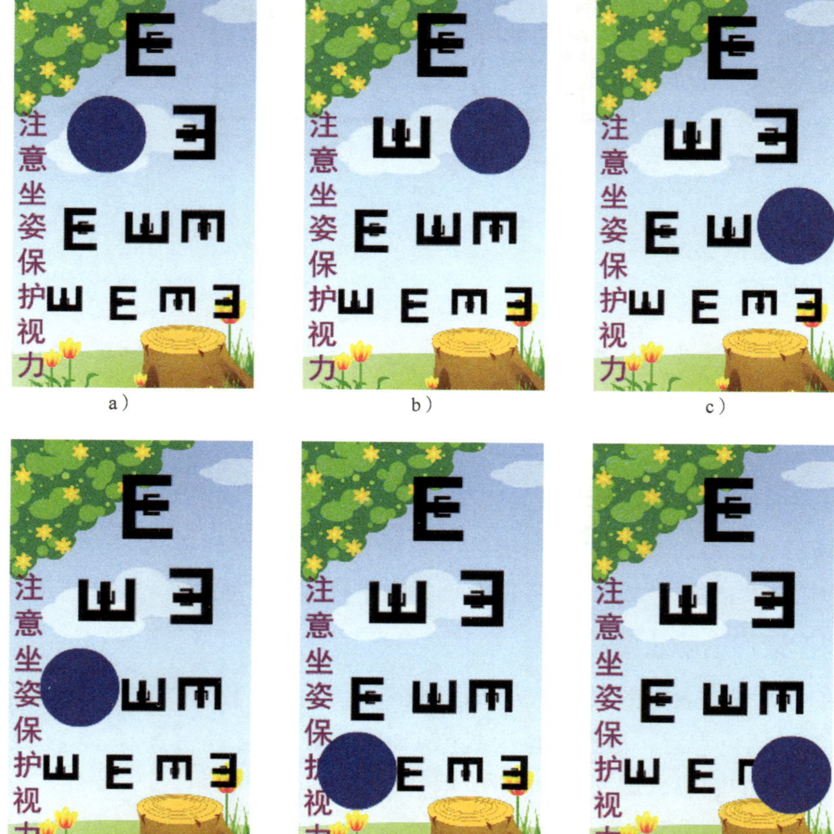

图 5-2-12　镜片在各个关键帧中的位置

a）第 10 帧　b）第 20 帧　c）第 25 帧　d）第 35 帧　e）第 40 帧　f）第 50 帧

（4）选中“镜片”图层，单击鼠标右键，从弹出的快捷菜单中选择“遮罩层”选项，此时时间轴面板如图 5-2-13 所示。

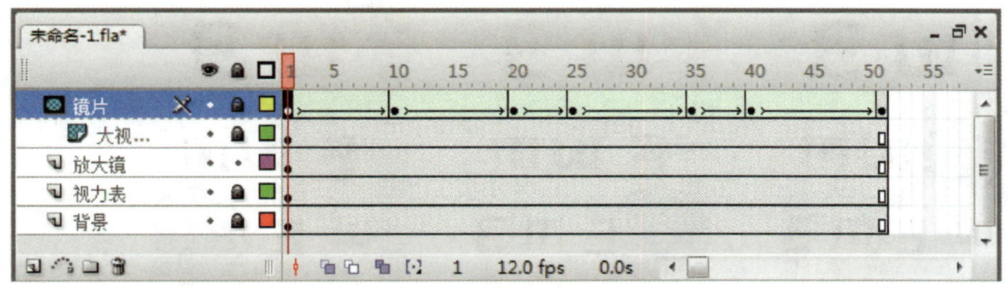

图 5-2-13　遮罩动画的时间轴面板

操作演示

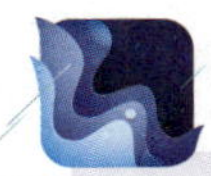

小贴士

在遮罩动画中，遮罩层和被遮罩层可以分别或同时使用形状补间动画和动画补间动画，使遮罩动画变成一个施展才华、发挥想象力的创作空间。

8. 制作卡通放大镜运动效果

（1）分别在“放大镜”图层的第 10 帧、第 20 帧、第 25 帧、第 35 帧、第 40 帧和第 50 帧插入关键帧，调整每一个关键帧中卡通放大镜的位置，使其与“镜片”图层中的镜片位置一致，如图 5-2-14 所示。

a）

b）

c）

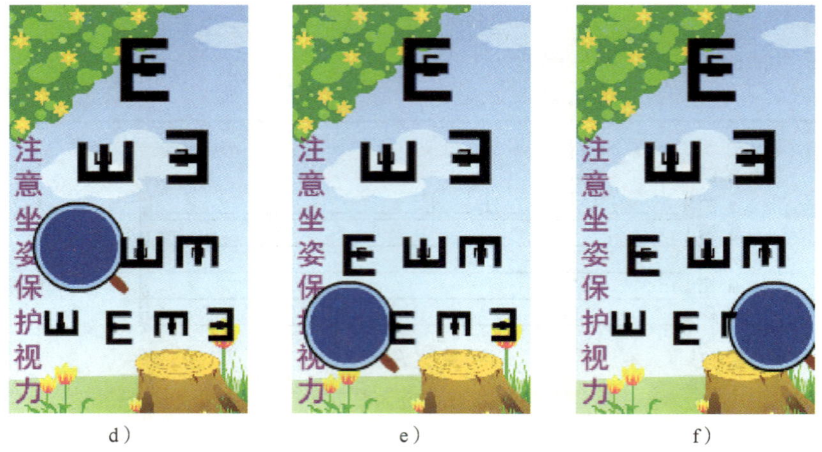

d）　　e）　　f）

图 5-2-14　卡通放大镜在各个关键帧中的位置

a）第 10 帧　b）第 20 帧　c）第 25 帧　d）第 35 帧　e）第 40 帧　f）第 50 帧

（2）在“放大镜”图层的每两个关键帧之间创建动画补间动画，此时时间轴面板如图 5-2-15 所示。

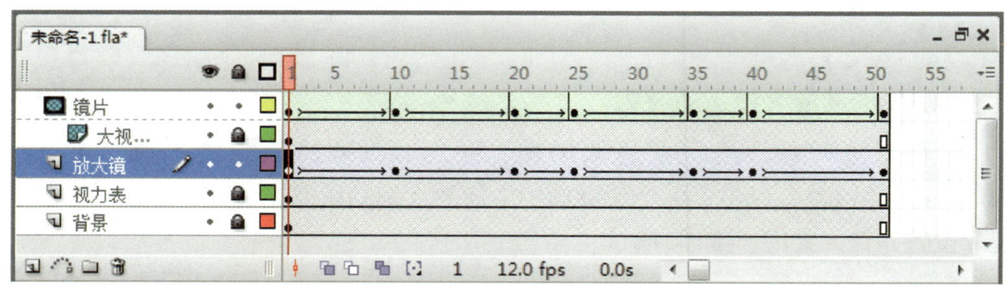

图 5-2-15　放大镜动画的时间轴面板

9. 测试与保存

执行“控制”→“测试影片”命令，观察动画效果，如果对效果满意，执行“文件”→“保存”命令，将文件保存为“放大镜 .fla”。

任务 3　制作心为你动动画

1. 进一步熟悉遮罩动画的基本原理。

2. 掌握遮罩层和被遮罩层同时运动的遮罩动画的制作方法和技巧，能熟练制作遮罩动画。

本任务是一个基本的遮罩动画制作实例，动画中给两个反向旋转的线条组合制作遮罩，以形成闪动的效果，如图 5-3-1 所示。要完成本任务，除了进一步理解遮罩动画的基本原理外，还要熟练掌握遮罩动画的制作方法和技巧。

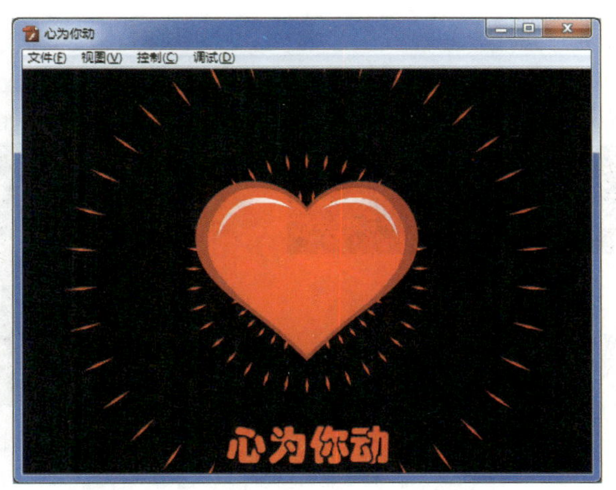

效果演示

图 5-3-1　心为你动动画效果图

遮罩动画一般有以下三种基本形式。

1. 遮罩层是静止的，被遮罩层是运动的。如项目五任务 1 制作春暖花开动画中的动画效果。

2. 遮罩层是运动的，被遮罩层是静止的。如项目五任务 2 制作放大镜动画中的动画效果。

3. 遮罩层和被遮罩层都是运动的。本任务将采用这种形式来制作动画效果。

1. 创建影片文档

新建一个 Flash 文档，设置舞台尺寸为 550×400 像素，背景颜色为黑色（#000000）。

2. 绘制“线条”元件

（1）新建“线条”图形元件，选择矩形工具，设置笔触颜色为无、填充颜色为红色（#FF0000），在舞台中绘制一条水平线段。使用选择工具选中该线段，在“属性”面板中修改其大小：宽为 300、高为 4，再修改其位置：X 为 –20、Y 为 –20，如图 5-3-2 所示。

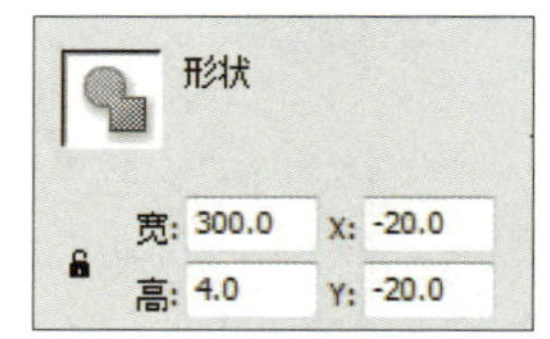

图 5-3-2 设置线段属性

（2）使用任意变形工具选中线段，将线段的中心点移到元件编辑区中心点的十字形标记上，如图 5-3-3 所示。

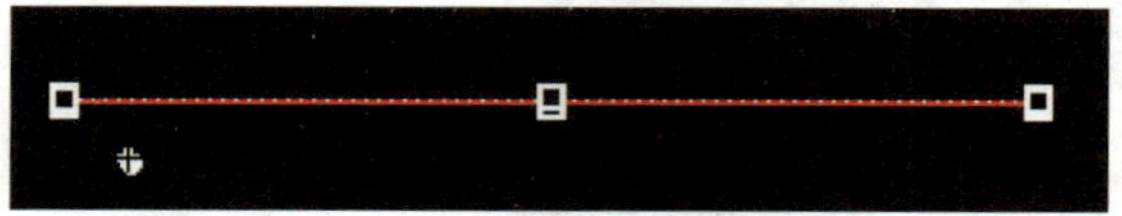
图 5-3-3 移动线段的中心点

操作演示

（3）打开“变形”面板，设置旋转角度为 10.0°，单击“复制并应用变形”按钮 35 次，复制出图 5-3-4 所示的线条组合。

图 5-3-4 线条组合

3. 制作遮罩效果

（1）新建“遮罩”影片剪辑元件，选择图层 1 的第 1 帧，从“库”面板中将“线条”元件拖动到元件编辑区中。打开“对齐”面板，使用“水平中齐”和“垂直中齐”按钮将“线条”元件调整到元件编辑区的中央。

（2）在第 30 帧插入关键帧。选择图层 1 的第 1 帧，在“属性”面板中设置补间类型为动画、旋转为顺时针 1 次。

（3）新建图层 2，选择第 1 帧，从“库”面板中再次将“线条”元件拖动到元件编辑区中，并将其放置在元件编辑区的中央，使两个图层中的图形完全重合，然后执行“修改”→“变形”→“水平翻转”命令，此时线条组合如图 5-3-5 所示。

（4）在第 30 帧插入关键帧。选择图层 2 的第 1 帧，在“属性”面板中设置补间类型为动画，旋转为逆时针 1 次。

（5）选择图层 2，单击鼠标右键，从弹出的快捷菜单中选择“遮罩层”选项，遮罩效果制作完毕，如图 5-3-6 所示。

4. 制作“心动”影片剪辑元件

（1）新建“心”图形元件，绘制图 5-3-7 所示的心形。

图 5-3-5 图层 2 中的线条组合

图 5-3-6 遮罩效果

图 5-3-7 绘制心形

（2）新建“心动”影片剪辑元件，从“库”面板中将“心”图形元件拖动到元件编辑区的中心，在第 10 帧和第 13 帧分别插入关键帧。选中第 10 帧的心形，执行“修改”→“变形”→“缩放和旋转”命令，在弹出的“缩放和旋转”对话框中设置“缩放”值为 130%，单击“确定”按钮，使心形放大。选中第 13 帧的心形，执行相同的命令，在弹出的“缩放和旋转”对话框中设置“缩放”值为 160%，单击“确定”按钮，放大心形。选择第 10 帧，将第 10 帧的内容复制到第 15 帧中。选择第 1 帧，将第 1 帧的内容复制到第 25 帧中。

（3）在时间轴面板中单击图层 1，图层 1 中的所有帧都会被选中，在“属性”面板中设置补间类型为动画，“心动”影片剪辑元件制作完毕，此时时间轴面板如图 5-3-8 所示。

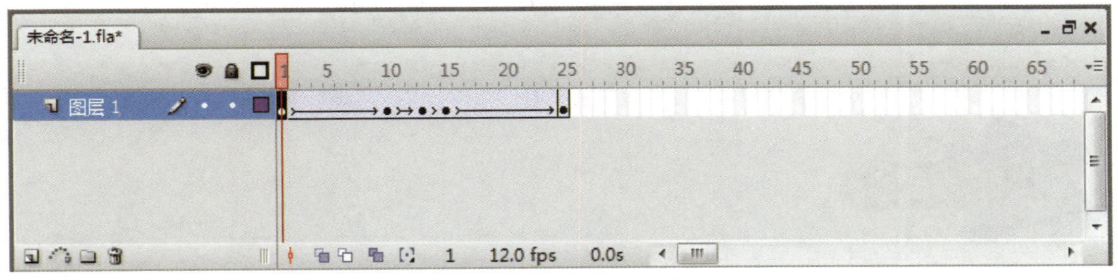

图 5-3-8 “心动”影片剪辑元件的时间轴面板

5. 将元件拖进舞台

（1）返回场景中，将图层 1 重命名为“遮罩”，从“库”面板中将“遮罩”影片剪辑元件拖动到舞台中央。

（2）新建图层 2，重命名为“心动”，从“库”面板中将“心动”影片剪辑元件拖动到舞台中央。

6. 输入文字

新建图层 3，重命名为“文字”，选择文本工具 T，设置字体为华文琥珀，字体大小为 40，文本颜色为红色（#FF0000），在舞台底部输入“心为你动”。至此，心为你动动画制作完毕，最终效果如图 5-3-9 所示。

图 5-3-9　心为你动动画的最终效果

7. 测试与保存

执行“控制”→“测试影片”命令，观察动画效果，如果对效果满意，执行“文件”→“保存”命令，将文件保存为“心为你动 .fla”。

任务 4　制作飞流直下动画

1. 掌握多层遮罩动画叠加的制作方法和技巧，能熟练制作多层遮罩动画。
2. 掌握调整遮罩层形状与被遮罩物体之间关系的方法。

本任务是一个综合的遮罩动画制作实例，动画中将瀑布和溪水分成两部分，分别

添加了遮罩动画，生成水流动的动画效果，再加上鸭子们在水上游动，组成“潺潺流水、鸭游溪上”的美好画面，如图 5-4-1 所示。要完成本任务，除了进一步熟练掌握遮罩动画的制作方法和技巧外，还要掌握遮罩动画与其他形式动画相融合的制作方法。

效果演示

图 5-4-1　飞流直下动画效果图

相关知识

在较为复杂的动画制作实例中，遮罩动画可与其他形式的动画结合使用，只要熟练掌握各种动画的制作方法，再结合元件操作和图层操作，就可以制作出各种形象、生动的动画效果。

应用遮罩动画时要注意：并非所有的可显示对象都可以在遮罩层中产生孔，并使被遮罩层中的对象透过来。例如，使用线条工具、铅笔工具、钢笔工具和墨水瓶工具制作的矢量线条就不能在遮罩层中产生孔，需要选中线条并执行“修改”→“形状”→“将线条转换为填充”命令后，才能在遮罩层中产生孔。

任务实施

1. 创建影片文档

新建一个 Flash 文档，设置舞台尺寸为 550 × 400 像素，背景颜色为白色。

2. 导入背景

（1）选中图层 1，将其重命名为“背景”，在第 1 帧处将素材库中名为“瀑布背景 .jpg”的图片导入舞台中，如图 5-4-2 所示。

图 5-4-2　导入背景图片

（2）在第 90 帧处，单击鼠标右键选择“插入帧”选项。

3. 制作被遮罩区域

（1）选中“背景”图层的第 1 帧，按“Ctrl+C”组合键进行复制。新建图层 2，选择第 1 帧，按“Ctrl+Shift+V”组合键在当前位置粘贴“瀑布背景 .jpg”图片。锁定“背景”图层。

（2）选中图层 2 中的“瀑布背景 .jpg”图片，执行“修改”→“位图”→“转换位图为矢量图”命令，在弹出的对话框中设置颜色阈值为 40，最小区域为 2 像素，曲线拟合为像素，角阈值为较多转角，如图 5-4-3 所示，单击“确定”按钮后，“瀑布背景 .jpg”就被转换为矢量图。

（3）使用橡皮擦工具将瀑布和溪水以外的部分擦除，如图 5-4-4 所示。

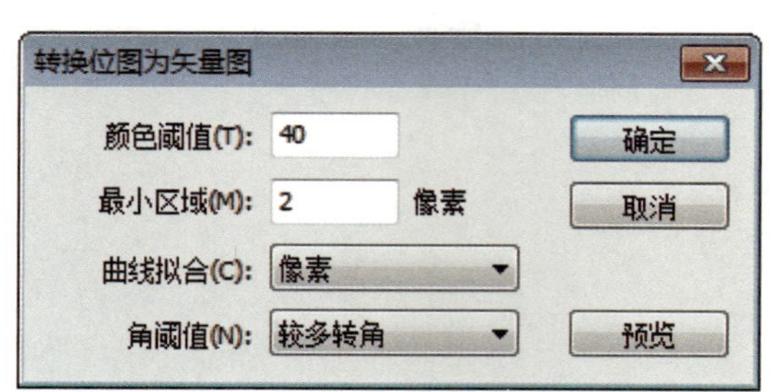

图 5-4-3　“转换位图为矢量图”对话框

图 5-4-4　擦除瀑布和溪水以外的部分

（4）新建图层 3，复制图层 2 的第 1 帧，将其粘贴到图层 3 的第 1 帧。将图层 2 重命名为“溪水”，将图层 3 重命名为“瀑布”。

操作演示

（5）使用橡皮擦工具擦除“溪水”图层中的瀑布部分，如图 5–4–5 所示，再擦除“瀑布”图层中的溪水部分，如图 5–4–6 所示。

图 5–4–5　擦除“溪水”图层中的瀑布部分

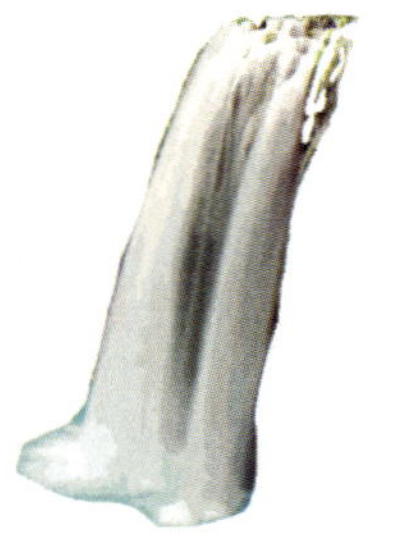
图 5–4–6　擦除“瀑布”图层中的溪水部分

4. 制作溪水遮罩动画

（1）新建图层 4，将其重命名为“溪水遮罩”。选择线条工具，设置笔触颜色为红色，笔触高度为 8，绘制一条直线段，使用选择工具将其调整成曲线段，如图 5–4–7 所示。

（2）选中该曲线段，在按下“Alt”键的同时向右拖动鼠标，以复制出多条曲线段，并保持每条曲线段相隔一定距离且不相交，如图 5–4–8 所示。

图 5–4–7　调整曲线段

图 5–4–8　复制曲线段

（3）选中所有曲线段，分别单击“对齐”面板中“对齐”项的“垂直中齐”按钮、“间隔”项的“水平平均间隔”按钮，使每条曲线段之间的距离一致，如图 5–4–9 所示。

（4）选中所有曲线段，执行“修改”→“形状”→“将线条转换为填充”命令，使曲线段变成具有遮罩作用的图形。

（5）选中第 90 帧，单击鼠标右键，插入关键帧，向左拖动遮罩条，如图 5–4–10 所示。

图 5-4-9　对齐曲线段

图 5-4-10　向左拖动遮罩条

（6）选中第 1 帧 ~ 第 90 帧之间的任意一帧，添加形状补间动画。

（7）调整图层顺序，使“溪水遮罩”图层处于“溪水”图层上方，单击鼠标右键，选择“遮罩层”选项以生成遮罩动画，按“Enter”键播放动画，可以看到溪水向左边流动，如图 5-4-11 所示。如果效果不明显，可以选择“溪水”图层的第 1 帧，单击“选择工具”按钮，按“←”键若干下，使被遮罩内容与背景层内容错位，效果就更加明显了。

图 5-4-11　溪水遮罩动画

（8）锁定并隐藏“溪水遮罩”图层和“溪水”图层。

5. 制作瀑布遮罩动画

（1）新建图层 5，将其重命名为“瀑布遮罩”。选择线条工具，设置笔触颜色为粉色，笔触高度为 8，绘制一条直线段，使用选择工具将其调整成曲线段，如图 5-4-12 所示。

（2）选中该曲线段，在按下“Alt”键的同时向上拖动鼠标，以复制出多条曲线段，并保持每条曲线段相隔一定距离且不相交，如图 5-4-13 所示。

图 5-4-12　调整曲线段

图 5-4-13　复制曲线段

小贴士

因为瀑布的流动比溪水的流动要快一些，所以需要多复制几条曲线段，来体现在相同的时间内瀑布流动的水量大。同理，后面制作鸭子们游动的动画时，添加缓动值也是为了表现瀑布流动得更快一些。

（3）选中所有曲线段，分别单击“对齐”面板中“对齐”项的“水平中齐”按钮、“间隔”项的“垂直平均间隔”按钮，使每条曲线段之间的距离一致，并用任意变形工具调整曲线段组的方向，使之与瀑布水流的方向一致，如图 5–4–14 所示。

（4）选中所有曲线段，执行“修改”→“形状”→“将线条转换为填充”命令，使曲线段变成具有遮罩作用的图形。

（5）选中第 90 帧，单击鼠标右键插入关键帧，向下拖动遮罩条，如图 5–4–15 所示。

（6）选中第 1 帧 ~ 第 90 帧之间的任意一帧，添加形状补间动画。

（7）调整图层顺序，使“瀑布遮罩”图层处于“瀑布”图层上方，单击鼠标右键选择“遮罩层”选项以生成遮罩动画，按“Enter”键播放动画，可以看到瀑布向下边流动，如图 5–4–16 所示。如果效果不明显可以选择“瀑布”图层的第 1 帧，单击“选择工具”按钮，按“↓”键若干下，使被遮罩内容与背景层内容错位，效果就更加明显了。

操作演示

（8）锁定并隐藏“瀑布遮罩”图层和“瀑布”图层。

图 5–4–14　对齐曲线段

图 5–4–15　向下拖动遮罩条

图 5–4–16　瀑布遮罩动画

6. 制作鸭子动画

（1）打开“飞流直下库 .fla”文档，将“库”面板中的“鸭妈妈”和“小鸭子”图

形元件复制到本文档的“库”面板中。

（2）新建图层 6，将其重命名为“鸭妈妈”，选中第 1 帧，将“库”面板中的“鸭妈妈”图形元件拖动到舞台中。

（3）新建引导层，选择钢笔工具，绘制一条从瀑布顶端到溪水左侧的曲线段，如图 5-4-17 所示。

图 5-4-17 绘制引导层曲线段

（4）选中“鸭妈妈”图层的第 1 帧，使用任意变形工具将“鸭妈妈”图形元件的中心点调整到“鸭妈妈”的肚子下方，使用选择工具将“鸭妈妈”图形元件移动到曲线段右端，并将中心点与曲线段对齐，如图 5-4-18 所示。

（5）选中第 80 帧，插入关键帧，使用选择工具将“鸭妈妈”图形元件移动到曲线段左端，并将其中心点和曲线段对齐，如图 5-4-19 所示。

图 5-4-18 将中心点与曲线段右端对齐

图 5-4-19 将中心点与曲线段左端对齐

（6）选中第 1 帧 ~ 第 80 帧之间的任意一帧，添加动画补间动画，在“属性”面板中设置缓动值为 40，勾选“调整到路径”复选框，如图 5-4-20 所示。

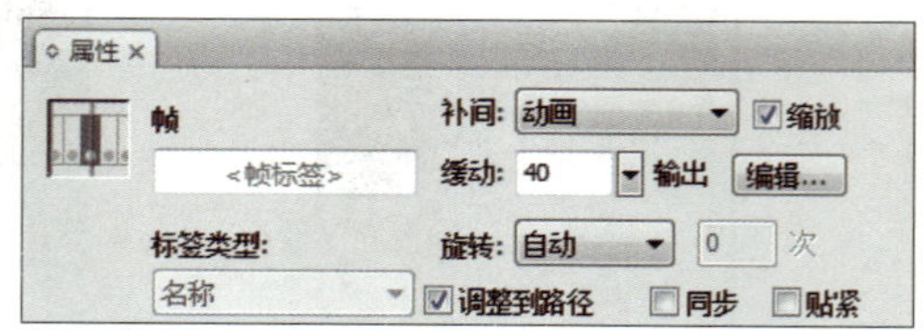

图 5-4-20 调整“属性”面板

（7）在第 90 帧插入帧，锁定“鸭妈妈”图层。

（8）新建图层 7，将其重命名为“小鸭子”，按照制作“鸭妈妈”引导层动画的方法在第 4 ~ 84 帧之间制作动画补间动画，要注意“小鸭子”元件与“鸭妈妈”元件在第

84 帧中要保持一定距离，如图 5-4-21 所示。在第 90 帧插入帧，锁定“小鸭子”图层。

（9）新建图层 8，将其重命名为“小鸭子 2”，按照同样的方法，在第 8～88 帧之间制作动画补间动画，注意在第 88 帧处两个小鸭子之间要保持一定距离，如图 5-4-22 所示。在第 90 帧插入帧，锁定“小鸭子 2”图层。

图 5-4-21　第 84 帧

图 5-4-22　第 88 帧

7. 导入树图片

（1）新建图层 9，将其重命名为“树”，选中第 1 帧，将素材库中名为“树 .png”的图片导入舞台中。

（2）打开“对齐”面板，选中“相对于舞台”按钮，依次单击“对齐”项中的“水平中齐”和“垂直中齐”，“匹配大小”项中的“匹配宽度”和“匹配高度”按钮，使“树 .png”图片与“瀑布背景 .jpg”图片对齐，如图 5-4-23 所示。

图 5-4-23　对齐图片

对齐“树 .png”图片后，鸭子们经过树所在的位置时，就会被“树”图层遮挡，避免出现鸭子们在树上游动的现象。

8. 测试与保存

执行“控制”→“测试影片”命令，观察动画效果，如果对效果满意，执行“文件”→“保存”命令，将文件保存为“飞流直下 .fla”。

1. 制作水波纹动画

利用遮罩动画制作水波纹动画（见图 5-4-24）。

效果演示

图 5-4-24　制作水波纹动画

2. 制作百叶窗动画

利用遮罩动画制作百叶窗动画（见图 5-4-25）。

效果演示

图 5-4-25　制作百叶窗动画

项目六
电子贺卡制作

前五个项目侧重介绍 Flash 动画基本制作技巧，从本项目开始，将侧重介绍应用技巧。Flash 可以采用多场景的形式制作各式各样的贺卡，本项目以儿童节贺卡和春节贺卡为例，介绍元件、实例、库，以及多场景动画的制作等。

任务 1　制作儿童节贺卡

1. 掌握元件的制作技巧，以及实例和库的应用技巧。
2. 能综合应用动画技术制作电子贺卡。

本任务是综合应用动画技术制作儿童节贺卡，效果如图 6-1-1 所示。要完成本任务，除了掌握贺卡的制作方法外，还要掌握元件、实例和库在动画中的应用技巧。

效果演示

图 6-1-1　儿童节贺卡效果图

一、元件

1. 元件的类型

元件是构成动画的基础，是可以被重复使用、不必反复制作的对象。每个元件是一个小的动画片段，有自己独立的时间轴、舞台和图层。在 Flash 动画中使用元件可减小文件的大小。元件分为图形元件、影片剪辑元件和按钮元件三种类型。

（1）图形元件

图形元件是制作动画的基本元件之一，用于创建可被反复使用的静态图形或与主时间轴关联的动画片段，它可以是静止的图片，也可以是由多帧组成的动画。不能给图形元件的实例设置名称，因此也不能用 ActionScript 语句对图形元件进行控制。图形元件不能应用混合技术及滤镜效果，但可以通过“属性”面板中的颜色选项对其亮度、色调和透明度进行设置。

（2）影片剪辑元件

影片剪辑元件是制作动画最重要的元件，是动画中的动画。它有自己的时间轴，而且不受主时间轴的控制。它可以包含交互组件、图形、声音或其他影片剪辑实例。当播放主动画时，影片剪辑元件也在循环播放。影片剪辑元件的实例可以设置名称，可以用 ActionScript 语句对其进行控制。在影片剪辑元件时间轴上的关键帧可以包含程序代码。可以通过“属性”面板中的颜色选项对影片剪辑元件的亮度、色调和透明度进行设置，还可以应用混合技术及滤镜效果。

（3）按钮元件

按钮元件用于创建交互式控制按钮，其可以感知并响应鼠标的动作。有关按钮元件的知识将在本项目任务 2 中介绍。

三种元件的图标如图 6–1–2 所示。

图 6–1–2 “库”面板中三种元件的图标

2. 元件的创建与复制

（1）创建新元件

1）执行“插入”→“新建元件”命令或按“Ctrl+F8”组合键，打开“创建新元件”对话框，如图 6–1–3 所示。

2）在“名称”输入框中输入名称，在“类型”选项组中选择类型，单击“确定”按钮。

3）Flash 自动进入元件编辑区，在编辑区中进行编辑。

图 6–1–3 “创建新元件”对话框

4）制作完成后，单击“场景”图标，返回到场景中。

（2）将对象转换为元件

1）在舞台中选中对象，按“F8”键打开“转换为元件”对话框，如图 6–1–4 所示。

2）在“名称”输入框中输入名称，在“类型”选项组中选择类型，单击“确定”按钮。

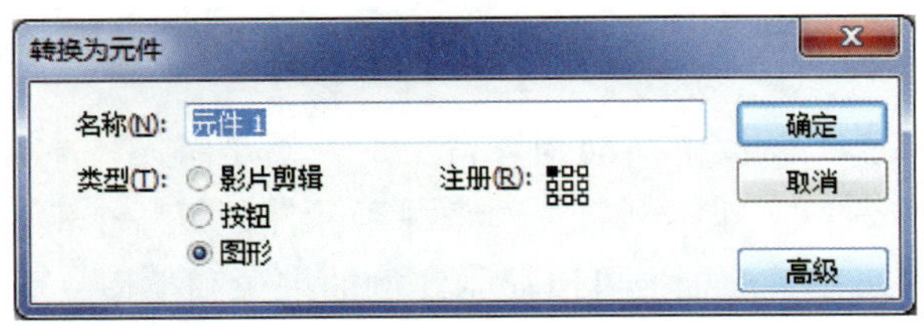

图 6–1–4 “转换为元件”对话框

（3）将动画转换为元件

1）选取时间轴面板上的所有帧，单击鼠标右键，从弹出的快捷菜单中选择“复制帧”选项。

2）按“Ctrl+F8”组合键，打开“创建新元件”对话框，在对话框内输入元件名称并设置元件类型为影片剪辑，单击“确定”按钮，创建一个空的影片剪辑元件，进入元件编辑区中。

3）选择空元件的第 1 帧，单击鼠标右键，从弹出的快捷菜单中选择“粘贴帧”选项，单击“场景”图标，返回到主场景中，这样就把动画转换成了元件。

（4）复制元件

在“库”面板中选中要复制的元件，单击鼠标右键，从弹出的快捷菜单中选择“直接复制”选项，打开“直接复制元件”对话框，如图 6–1–5 所示，在对话框中修改元件名称并单击“确定”按钮，即可完成元件的复制。

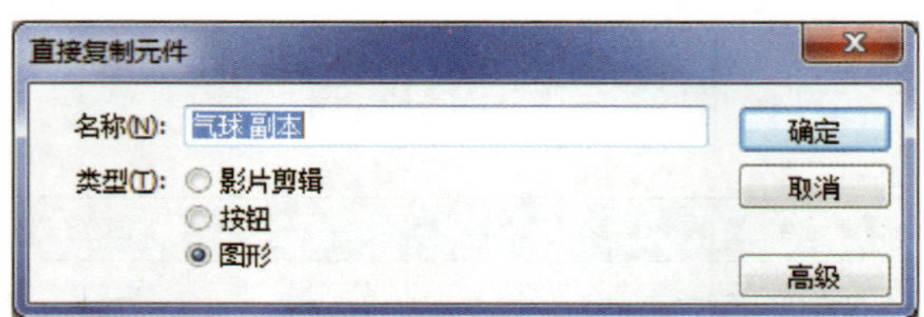

图 6–1–5 “直接复制元件”对话框

3. 元件的编辑

创建好的元件可以通过以下两种方法进行修改。

（1）双击“库”面板中需要修改的元件，即可进入元件的编辑区，在元件的编辑区中进行修改。

（2）把需要修改的元件拖动到舞台上，选中元件，单击鼠标右键，在弹出的快捷菜单中选择“编辑”选项，进入元件的编辑区进行修改。

编辑完元件后，单击“场景”图标，退出元件的编辑模式。

二、实例

1. 实例的概念

把一个元件从“库”面板中拖动到舞台上，并不是将元件本身放置在舞台上，而是创建了元件的一个副本，即实例。实例来源于元件，每一个实例都有自身的、独立于元件的属性。在“属性”面板上可以显示实例的来源和类型，可以修改实例的大小、位置和透明度等。影片剪辑元件和按钮元件实例的“属性”面板上还有“实例名称”输入框，用于修改其名称，如图 6–1–6 所示。

图 6-1-6　影片剪辑元件实例的“属性”面板

2. 实例的属性

在创建元件实例后，可以通过“属性”面板的“颜色”下拉列表中的选项对元件实例进行编辑，如调整亮度、色调和 Alpha 等。

（1）亮度

从“颜色”下拉列表中选择“亮度”选项，可以调整实例的亮度，在“亮度”选项的右边有一个输入框，可以直接输入数值，如图 6-1-7 所示，也可以通过点击输入框右侧的倒三角形按钮，调节右侧弹出的滑杆来改变数值的大小。亮度数值的取值范围是 -100% ~ 100%，数值越大，亮度越高；数值越小，亮度越低。

图 6-1-7　调整元件实例的亮度

（2）色调

色调用于调整实例的颜色。在“颜色”下拉列表中选择“色调”选项，在右侧的颜色拾取器中可以选择一种颜色，还可以在 RGB 输入框中直接输入数值来调节实例本身的 RGB 颜色，如图 6-1-8 所示。

图 6-1-8　调整元件实例的色调

（3）Alpha

从“颜色”下拉列表中选择“Alpha”选项，可以调整实例的透明度，在“Alpha”选项的右侧有一个输入框，可以直接输入数值，如图 6-1-9 所示。也可以通过点击输入框右侧的倒三角形按钮，调节右侧弹出的滑杆来改变数值的大小。Alpha 数值的取值范围是 0% ~ 100%，数值越大，不透明度越高；数值越小，不透明度越低。

图 6-1-9　调整元件实例的 Alpha 值

（4）高级

在“高级”选项中，可以同时调整实例的颜色和透明度，“高级”选项的“属性”面板如图 6-1-10 所示。单击“高级”选项右侧的“设置”按钮，可以打开“高级效果”对话框，如图 6-1-11 所示，在“高级效果”对话框中可以调整实例的红色、绿色和蓝色的比例和 Alpha 值。

3. 实例的转换

（1）三种元件类型间的转换

可以通过改变实例的类型来重新定义它在 Flash 中的行为。例如，可以将图形实例重新定义为影片剪辑实例，具体操作步骤如下。

1）在舞台上选中图形实例，执行“窗口”→“属性”命令，打开“属性”面板。

2）在“属性”面板左上角的下拉菜单中重新选择元件类型，如图 6-1-12 所示。

图 6-1-10　用“高级”选项调整元件实例的属性

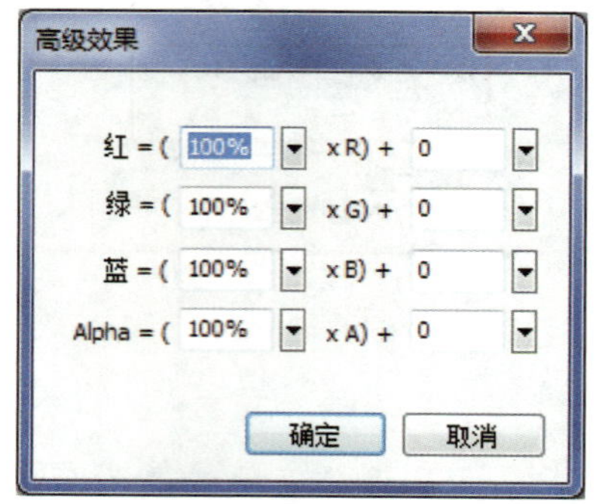

图 6-1-11　“高级效果”对话框

图 6-1-12　选择元件类型

（2）为实例指定不同的元件

在舞台上创建实例后，也可以为实例指定另外的元件，让舞台上出现一个完全不同的实例，而不是改变原来实例的属性。

为实例指定不同元件的步骤如下。

1）在舞台上选中实例，在“属性”面板中单击“交换”按钮 交换... ，弹出图 6-1-13 所示的“交换元件”对话框。

图 6-1-13　“交换元件”对话框

2）在“交换元件”对话框中，选择一个元件来替换当前实例的元件。若要直接复制选定的元件，可单击对话框底部的“直接复制元件”按钮 。

3）单击“确定”按钮，舞台上实例的元件将被新的元件替换。

三、库

1. 认识库

在 Flash 中，所有可以重复使用的元素都放在库中，这些可以重复使用的元素包括从外部导入的图像和声音，以及创建的图形元件、按钮元件和影片剪辑元件。库是存放素材的地方，也是资源共享的场所。

（1）公用库

执行“窗口”→“公用库”命令，可以打开系统提供的公用库，如图 6-1-14 所示。

公用库中包括已经设计并制作好的按钮、学习交互，以及类的实例。用户可以直接将公用库中的元素拖动到舞台上使用，在舞台上正在使用的公用库中的元素会被自动放置到“库”面板中。

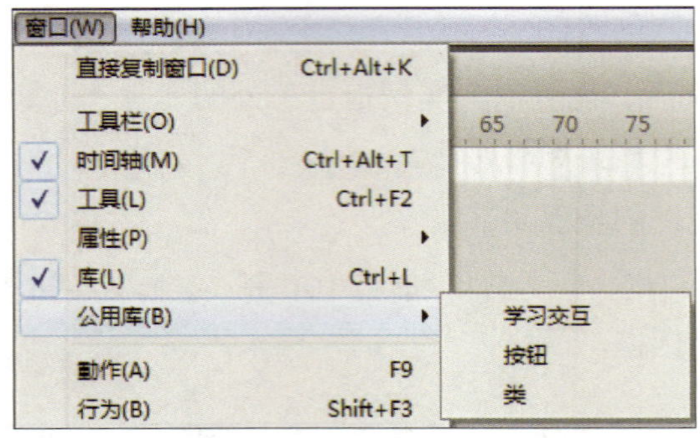

图 6-1-14　打开公用库

（2）库

每个 Flash 文件都含有一个元件库，用于存放动画中的元件、图片、声音和视频等文件，在动画制作过程中需要的素材可以直接导入到库中备用。

由于每个动画使用的素材和元件不同，“库”面板中的内容也不相同。在“库”面板中选中一个元件时，在预览窗口中将显示该元件的内容，如图 6-1-15 所示。

图 6-1-15　库的预览窗口

2. 管理库

在制作大文件时，库中的元件会越来越多，因而会显得杂乱无章，这时需要对库资源进行管理。“库”面板中有许多命令按钮，利用这些命令按钮可以管理库资源。

（1）“新建元件”按钮：单击该按钮，将打开“创建新元件”对话框。

（2）“新建文件夹”按钮：单击该按钮，将创建一个文件夹，可以把相关的元件放在同一个文件夹中。

（3）“属性”按钮：单击该按钮，将打开“元件属性”对话框，如图 6-1-16 所示。在该对话框中可以对元件的名称、类型及内容进行编辑和修改。

图 6-1-16　“元件属性”对话框

（4）“删除”按钮：单击该按钮，将“库”面板中选中的元件或文件夹删除。

（5）“切换排序顺序”按钮：单击该按钮，使“库”面板中元件的排列顺序颠倒。

（6）“宽库视图”按钮：单击该按钮，展宽“库”面板，显示出各元件的名称、类型和使用次数等内容。

（7）“窄库视图”按钮：单击该按钮，使展开的“库”面板变窄，减小其在屏幕上占用的空间。

1．创建儿童节贺卡文档

新建一个 Flash 文档，设置舞台尺寸为 550×400 像素，背景颜色为蓝色（#3399FF），将文档保存为“儿童节贺卡 .fla”。

2．制作贺卡片头部分

（1）绘制素材

1）新建“闪光”影片剪辑元件，在第 1 帧使用线条工具绘制一条线条，旋转线条，连接线条末端，以组成一个完整图形，用蓝色（#3399FF）和绿色（#00FF00）交替填充该图形，如图 6–1–17 所示。

2）删除图形边线，如图 6–1–18 所示。

3）在第 3 帧插入关键帧，将填充的颜色互换，如图 6–1–19 所示。在第 4 帧插入帧。

4）新建“六一儿童节”图形元件，选择文本工具，设置字体为“华文琥珀”，字体大小为 70，文本颜色为橘黄色，切换加粗，在元件编辑区的中心输入“六一儿童节”，如图 6–1–20 所示。

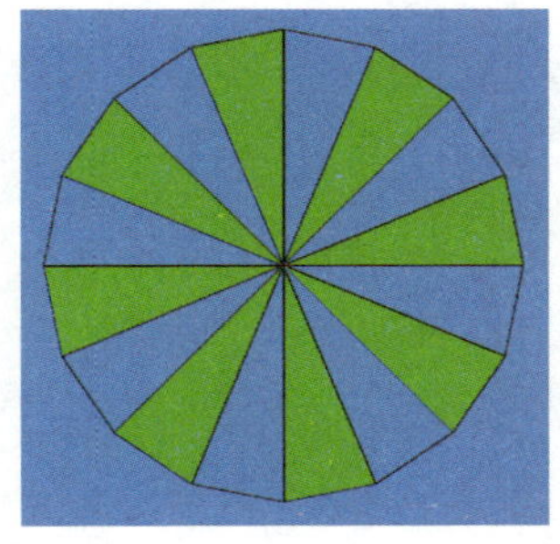
图 6–1–17　第 1 帧图形

图 6–1–18　删除第 1 帧图形的边线

图 6–1–19　第 3 帧图形

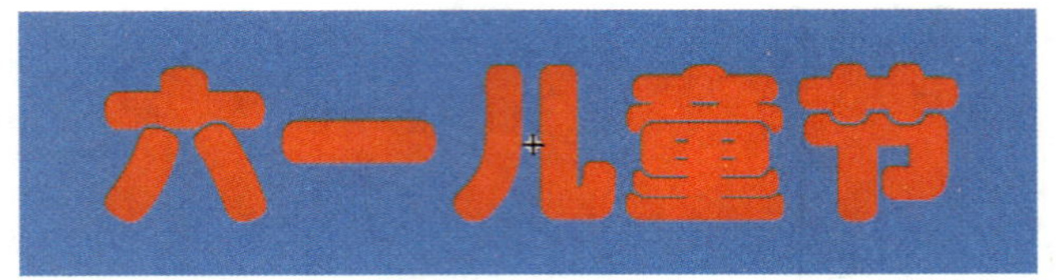

图 6-1-20　输入文字

（2）制作动画

1）新建“片头”影片剪辑元件。将图层 1 重命名为“闪光消失”，在第 1 帧将“库”面板中的“闪光”影片剪辑元件拖动到元件编辑区的中心。

2）分别在第 25 帧和第 45 帧插入关键帧。

3）选择第 45 帧，在“属性”面板中将元件的 Alpha 值设为 30%。在第 25 帧 ~ 第 45 帧之间创建动画补间动画。

4）新建图层 2，重命名为“六一儿童节消失”，在第 1 帧将“库”面板中的“六一儿童节”图形元件拖动到元件编辑区的中心，重复步骤 2）、步骤 3）中的操作，为“六一儿童节”图形元件创建动画补间动画，此时时间轴面板如图 6-1-21 所示。

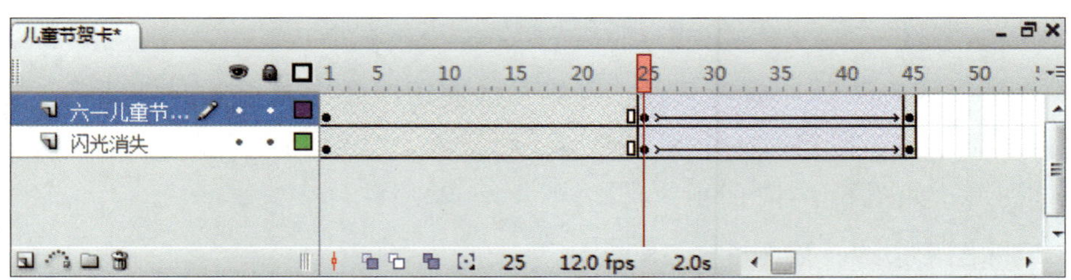

图 6-1-21　“片头”影片剪辑元件的时间轴面板

5）返回到场景 1 中，将图层 1 重命名为“片头”，在第 1 帧将“片头”影片剪辑元件拖动到舞台的中心。在第 45 帧插入帧。

6）锁定并隐藏“片头”图层。

7）在“库”面板中新建“片头”文件夹，将“闪光”“六一儿童节”和“片头”三个元件拖进“片头”文件夹中，如图 6-1-22 所示。

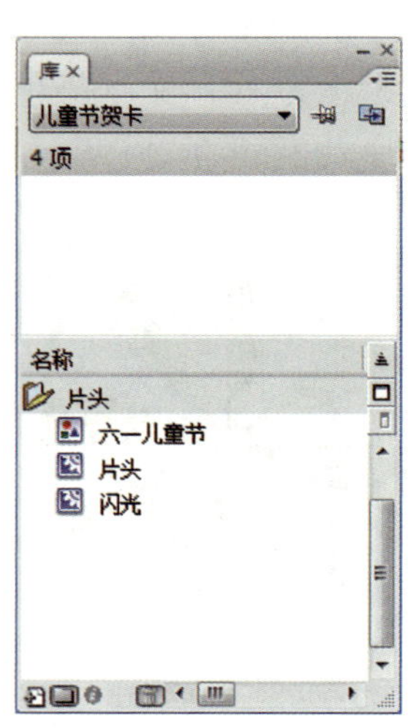

图 6-1-22　管理库中的元件

3. 制作游乐场背景组

（1）准备素材

1）打开“儿童节贺卡库 .fla”文件，将“库”面板中的“儿童节贺卡素材”文件夹中的素材复制到当前文档的

“库”面板中备用。

2）在“库”面板中选中“摩天轮”图形元件，单击鼠标右键，在弹出的快捷菜单中选择“类型”下拉菜单中的“影片剪辑”，将“摩天轮”图形元件转换为影片剪辑元件，如图 6–1–23 所示。

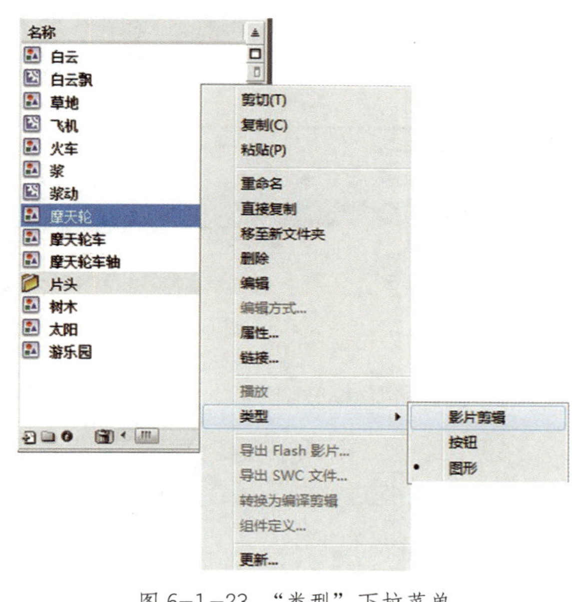

图 6-1-23　“类型”下拉菜单

3）双击“摩天轮”元件，进入元件编辑窗口，在“车架”图层的第 60 帧插入帧，在“车轴”图层的第 60 帧插入关键帧，创建动画补间动画，并使车轴顺时针旋转 1 次。

（2）创建游乐场动画

1）新建“游乐场背景”影片剪辑元件，绘制尺寸为 550 × 800 像素的背景，为其填充蓝色至浅蓝色的线性渐变。

2）将“游乐园”“草地”“树木”“太阳”“摩天轮”和“白云飘”元件拖动到元件编辑区中并摆放好位置，调整元件的大小和前后顺序，如图 6–1–24 所示。

图 6-1-24　游乐场背景

3）返回到场景 1 中，新建“背景”图层，在第 35 帧插入关键帧，将“游乐场背景”元件拖动到舞台中，使元件的下半部分与舞台下边缘对齐。

4）在第 55 帧插入关键帧。选择第 35 帧，在“属性”面板中将其 Alpha 值设为 30%，在第 35 帧 ~ 第 55 帧之间创建动画补间动画，此时时间轴面板如图 6–1–25 所示。

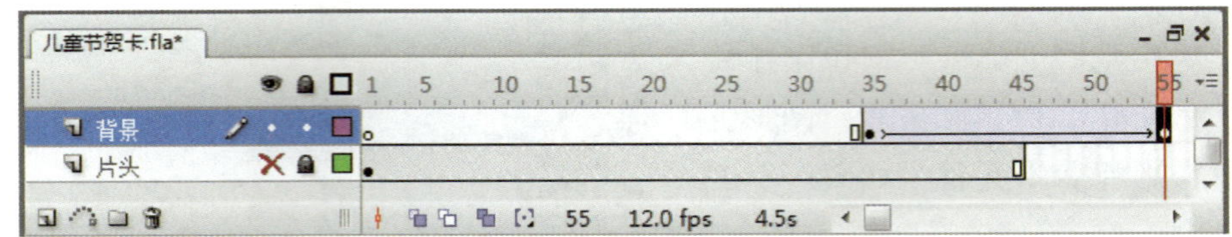

图 6–1–25 “背景”图层的时间轴面板

5）锁定并隐藏该图层。

操作演示

6）在“库”面板中新建“游乐场背景组”文件夹，将“背景”图层中相关的元件拖进“游乐场背景组”文件夹中。

（3）制作火车动画

1）新建“火车烟”影片剪辑元件，在第 1 帧绘制一个 Alpha 值为 50% 的白色椭圆形；在第 3 帧插入关键帧，绘制一个稍大一点的椭圆形；在第 6 帧插入关键帧，绘制一个更大一点的椭圆形，如图 6–1–26 所示。在第 10 帧插入空白关键帧，此时时间轴面板如图 6–1–27 所示。

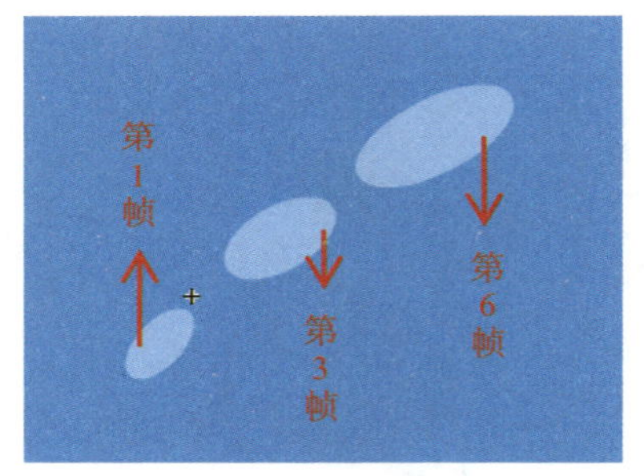

图 6–1–26 绘制椭圆形

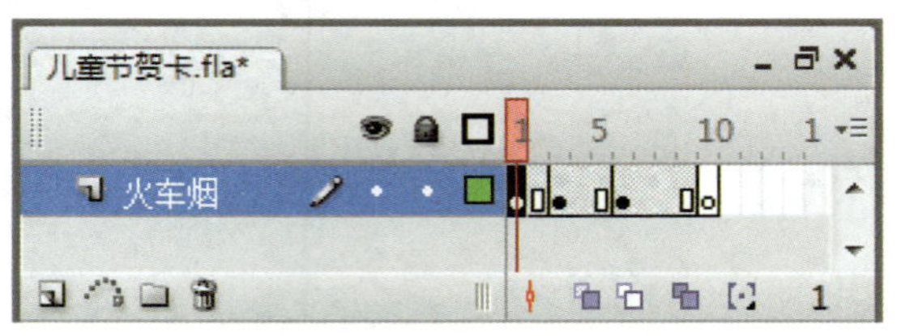

图 6–1–27 “火车烟”影片剪辑元件的时间轴面板

2）在“库”面板中选中“火车”图形元件，单击鼠标右键，在弹出的快捷菜单中选择“类型”下拉菜单中的“影片剪辑”，将“火车”图形元件转换为影片剪辑元件。

3）双击“火车”影片剪辑元件，进入元件编辑窗口。新建图层，将其重命名为“火车烟”，将“火车烟”影片剪辑元件拖动到火车烟囱的上方，如图 6–1–28 所示。

图 6–1–28 摆放“火车烟”

4）返回到场景 1 中，显示“背景”图层，在该图层的第 200 帧插入帧。

5）新建“火车”图层，在第 80 帧插入关键帧，把“火车”元件移动到舞台外的右侧；在第 200 帧插入关键帧，把“火车”元件移动到舞台外的左侧；在第 80 帧 ~ 第 200 帧之间创建动画补间动画。

6）锁定并隐藏该图层。

7）在“库”面板中新建“火车组”文件夹，将“火车”和“火车烟”元件拖进“火车组”文件夹中。

4. 制作气球飞效果

（1）导入气球

1）打开项目一任务 1 中保存的“彩色气球 .fla”文件，选中其中一个气球，对其进行修饰后，将其转换为“气球”图形元件，如图 6-1-29 所示。

2）对“彩色气球 .fla”文件的“库”面板中的“气球”图形元件执行“复制”命令，将其粘贴到“儿童节贺卡 .fla”文件的“库”面板中。

（2）制作“气球组”元件

新建“气球组”图形元件，将“气球”图形元件拖动进来并复制多个，调整气球的颜色，将它们组成一组，如图 6-1-30 所示。

图 6-1-29　“气球”图形元件

图 6-1-30　“气球组”图形元件

（3）制作“气球飞”影片剪辑元件

1）新建“气球飞”影片剪辑元件，将图层 1 重命名为“气球 1”，将“气球组”元件拖动到元件编辑区中心的下方，在第 25 帧插入关键帧，将气球上移约 800 个像素。在第 1 帧 ~ 第 25 帧之间创建动画补间动画。

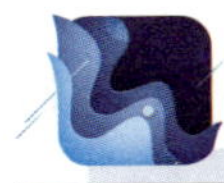

小贴士

在元件编辑状态下，舞台的轮廓不显示。为了保证气球第 1 帧在舞台的下方、最后 1 帧在舞台的上方，可以新建一个背景层，在背景层中绘制一个尺寸为 550×400 像素的矩形作为参考，制作完成后删除背景层即可。

2）新建“气球 2”图层，复制“气球 1”图层的第 1 帧，将其粘贴到“气球 2”图层的第 10 帧上，将气球适当水平左移，如图 6-1-31 所示。

3）在第 35 帧插入关键帧，将气球上移约 800 个像素，在第 10 帧 ~ 第 35 帧之间创建动画补间动画。

4）新建“气球 3”图层，复制“气球 1”图层的第 1 帧，将其粘贴到“气球 3”图层的第 15 帧上，将气球适当水平右移，如图 6-1-32 所示。

图 6-1-31 “气球 2”图层的第 10 帧

图 6-1-32 “气球 3”图层的第 15 帧

5）在第 40 帧插入关键帧，也将气球上移约 800 个像素，在第 15 帧 ~ 第 40 帧之间创建动画补间动画。此时，“气球飞”元件的时间轴面板如图 6-1-33 所示。

（4）制作“气球群”元件

新建“气球群”图形元件，将“气球”元件拖动到元件编辑区中，复制出多个气球，摆放好位置，如图 6-1-34 所示。

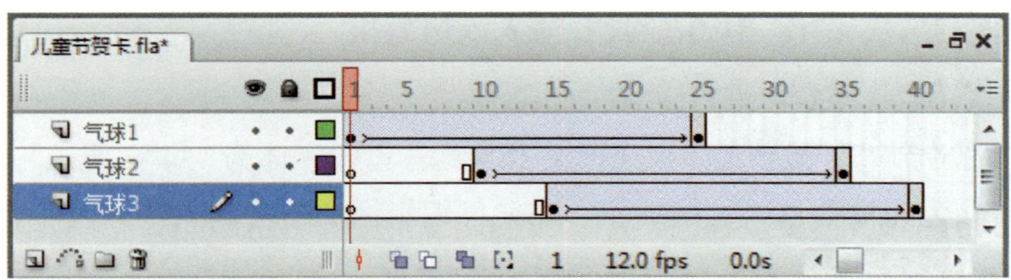

图 6-1-33　“气球飞”元件的时间轴面板

图 6-1-34　气球群

（5）在场景中制作气球上升效果

1）返回到场景 1 中，在“背景”图层的第 240 帧插入帧。

2）新建“气球飞”图层，在第 201 帧插入关键帧，将“气球飞”影片剪辑元件拖动到舞台的正下方，在第 240 帧处插入空白关键帧。

3）新建“气球群”图层，在第 230 帧插入关键帧，将“气球群”图形元件拖动到舞台的正下方，在第 240 帧插入关键帧，将“气球群”图形元件移动到舞台中间，在第 230 帧 ~ 第 240 帧之间创建动画补间动画。

4）选择“背景”图层，在第 240 帧和第 265 帧分别插入关键帧，选择第 265 帧，让“游乐场背景”元件相对于舞台对齐。在第 240 帧 ~ 第 265 帧之间创建动画补间动画，在第 310 帧插入帧。

5）选择“气球群”图层，在第 265 帧和第 310 帧分别插入关键帧，选择第 310 帧，将“气球群”元件垂直移出舞台，在第 265 帧 ~ 第 310 帧之间创建动画补间动画。

6）分别锁定并隐藏“气球飞”和“气球群”图层。

7）在“库”面板中新建“气球”文件夹，将“气球”“气球飞”“气球组”和“气球群”元件拖进“气球”文件夹中。

操作演示

5. 制作“放飞希望　快乐成长”淡入淡出效果

（1）制作“放飞希望”元件

新建“放飞希望”图形元件，选择文本工具，设置字体为“华文琥珀”，字体大小为 55，文本颜色为橘黄色，切换加粗，在元件编辑区的中心输入“放飞希望　快乐成长”，如图 6–1–35 所示。

图 6–1–35　输入文字

（2）制作“放飞希望淡入淡出”元件

1）新建“放飞希望淡入淡出”影片剪辑元件，将“放飞希望”图形元件拖动到元件编辑区的中心，分别在第 20 帧、第 40 帧和第 60 帧插入关键帧。

2）将第 1 帧和第 60 帧中元件的 Alpha 值设为 0%，分别在第 1 帧 ~ 第 20 帧、第 40 帧 ~ 第 60 帧之间创建动画补间动画。

（3）在场景中制作“放飞希望　快乐成长”淡入淡出效果

1）返回到场景 1 中，在“背景”图层的第 370 帧插入帧。

2）新建“放飞希望”图层，在第 311 帧插入关键帧，把“放飞希望淡入淡出”影片剪辑元件拖动到舞台的中心。

3）锁定并隐藏该图层。

4）在“库”面板中新建“放飞希望”文件夹，将“放飞希望”和“放飞希望淡入淡出”元件拖进“放飞希望”文件夹中。

6. 制作飞机飞过天空效果

（1）制作“飘带”影片剪辑元件

1）新建“飘带”影片剪辑元件，绘制飘带，如图 6–1–36 所示。

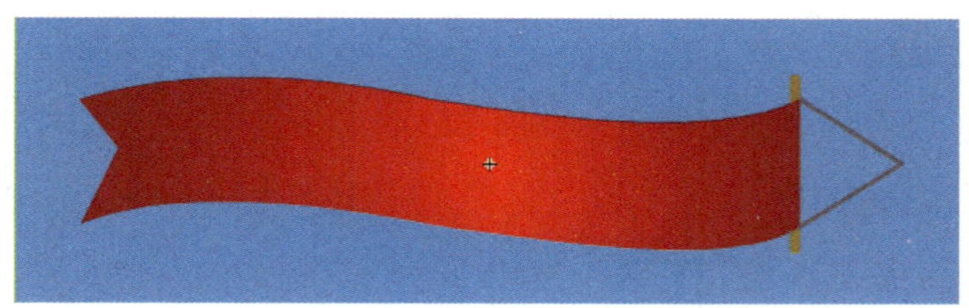

图 6–1–36　绘制飘带

2）选择文本工具，设置字体为“迷你简萝卜体”、文本颜色为白色，在飘带上输入“祝小朋友们儿童节快乐”，注意文字要由右至左输入，如图 6–1–37 所示。

图 6–1–37　在飘带上输入文字

3）在第 4 帧插入关键帧，选中飘带部分，执行“修改”→“变形”→“垂直翻转”命令，如图 6–1–38 所示。在第 6 帧插入帧。

图 6–1–38　翻转飘带

（2）制作“飞机飘带”影片剪辑元件

1）新建“飞机飘带”影片剪辑元件，将“飞机”和“飘带”影片剪辑元件拖动到元件编辑区的左侧，调整好位置，组合对象，如图 6–1–39 所示。

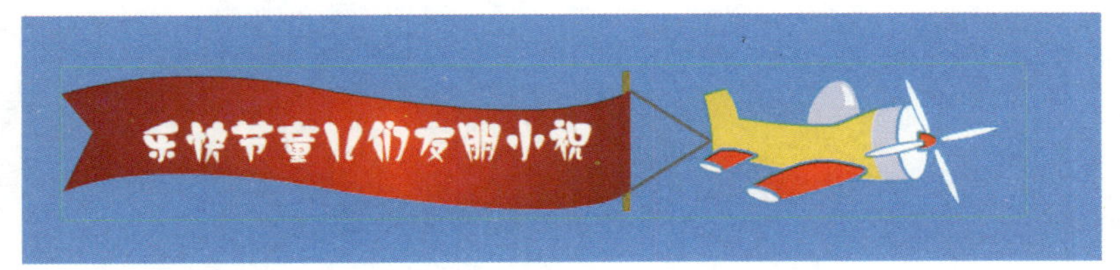

图 6–1–39　组合飞机和飘带

2）在第 80 帧插入关键帧，将“飞机”和“飘带”元件水平右移约 800 像素。在第 1 帧 ~ 第 80 帧之间创建动画补间动画。

操作演示

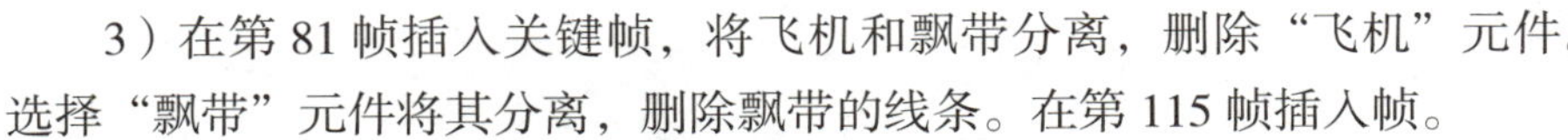

3）在第 81 帧插入关键帧，将飞机和飘带分离，删除“飞机”元件。选择“飘带”元件将其分离，删除飘带的线条。在第 115 帧插入帧。

（3）在场景中制作飞机飞过天空的效果

1）返回到场景 1 中，在“背景”图层的第 480 帧插入帧。

2）新建“飞机飘带”图层，在第 371 帧插入关键帧，把“飞机飘带”影片剪辑元件拖动到舞台外的左侧。

3）锁定并隐藏该图层。

4）在“库”面板中新建“飞机组”文件夹，将相关元件拖进“飞机组”文件夹中。

7. 帧的补充

（1）解除“气球飞”图层的锁定与隐藏，复制第 201 帧，将其粘贴到第 310 帧，将该帧中“气球飞”影片剪辑元件的 Alpha 值设为 30%，在第 380 帧插入帧。这样，当场景切换到天空以后，仍有气球在飘动。

（2）各图层的顺序如图 6-1-40 所示。

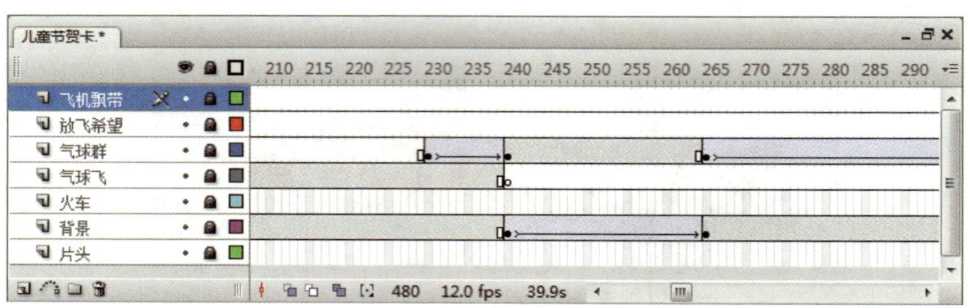

图 6-1-40 各图层的顺序

8. 测试与保存

执行“控制”→“测试影片”命令，观察动画效果，如果满意，执行“文件”→“保存”命令，保存文件。

任务 2 制作春节贺卡

1. 掌握按钮元件的制作和应用技巧。
2. 掌握多场景动画的制作技巧，能综合应用动画技术制作电子贺卡。

本任务是综合应用动画技术制作春节贺卡，效果如图 6-2-1 所示。要完成本任务，除了熟练掌握按钮元件、实例和库的应用技巧外，还要掌握多场景动画的制作技巧。

图 6-2-1　春节贺卡效果图

效果演示

一、按钮元件

1. 按钮元件的作用和时间轴

按钮元件用于创建交互式控制按钮，其可以感知并响应鼠标的动作。按钮元件的时间轴上有四帧，分别为“弹起”“指针经过”“按下”和“点击”，它们的作用如下。

（1）弹起：鼠标指针没有移到按钮上时按钮的状态。

（2）指针经过：鼠标指针移到按钮上时按钮的状态。

（3）按下：鼠标单击按钮时按钮的状态。

（4）点击：鼠标事件的响应范围。如果按钮没有设置“点击”状态的区域，鼠标事件的响应范围应该由“弹起”状态的按钮外观区域决定。“点击”帧的图形不会在影片中显示。

按钮元件与影片剪辑元件一样可以设置实例名称，以便在程序中进行调用；可以通过“属性”面板中的颜色选项对其亮度、色调和透明度进行设置。按钮元件可以嵌套在影片剪辑元件和图形元件中，也可以包含文件和声音。按钮元件与影片剪辑元件的不同之处在于其语句不能加在按钮元件的时间轴上。

2. 创建按钮

方法一：使用公用库中的按钮，操作步骤如下。

执行“窗口”→“公用库”→“按钮”命令，打开“库 –Buttons”窗口，选择一个按钮并将其拖动到舞台中，即可完成按钮的创建，如图 6–2–2 所示。

方法二：新建按钮元件，操作步骤如下。

（1）执行“插入”→“新建元件”命令或按“Ctrl+F8”组合键，打开“创建新元件”对话框。

（2）在“名称”输入框中输入名称，在“类型”中选择“按钮”，单击“确定”按钮，如图 6–2–3 所示。

（3）Flash 自动进入元件编辑区，可分别在“弹起”“指针经过”“按下”和“点击”帧中绘制图形。按钮元件的时间轴面板如图 6–2–4 所示。

（4）制作完成后，单击“场景”图标 场景 1 ，退出元件编辑模式。

图 6–2–2 “库 –Buttons”窗口

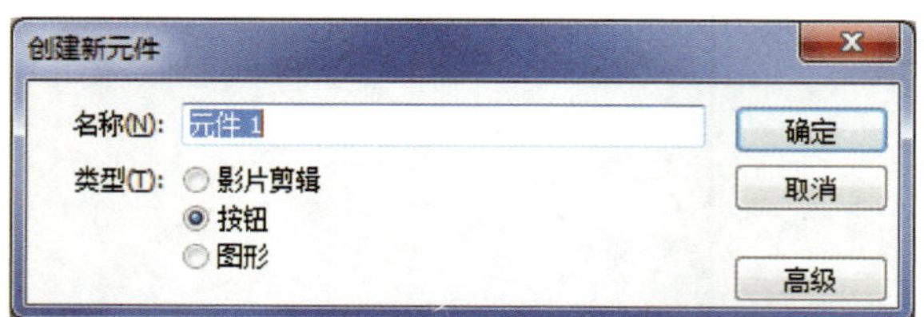

图 6–2–3 “创建新元件”对话框

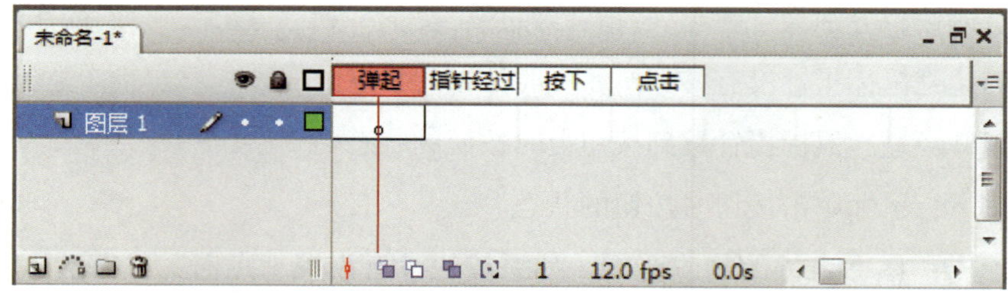

图 6–2–4 按钮元件的时间轴面板

二、场景

利用场景可以将整个Flash影片分成一段段独立的、易于管理的组。每个场景都是一段短影片，按照其在“场景”面板中的先后顺序一个接一个地播放，在场景间没有任何停顿和闪烁。

可以通过“场景”面板访问场景，“场景”面板不仅显示了影片场景的数量和组织情况，还允许用户复制、删除和移动场景，此外，还可以通过时间轴上的编辑栏来访问场景。编辑栏显示的是当前场景，当切换到另一个场景时，编辑栏会相应地更改显示。

1. 建立场景

在制作复杂的Flash动画时，随着影片越来越大、越来越复杂，需要添加更多的场景来更好地控制影片的组织结构。

方法一：执行“插入”→“场景”命令，即可建立一个新场景，如图6–2–5所示。

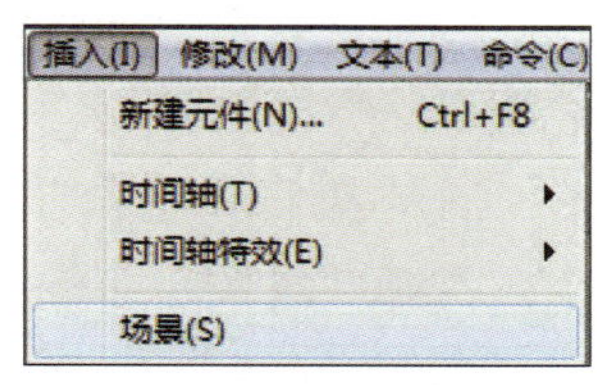

图6–2–5　“场景”命令

方法二：利用“场景”面板添加场景，操作步骤如下。

（1）执行“窗口”→“其他面板”→“场景”命令，打开“场景”面板。

（2）单击位于“场景”面板右下角的“添加场景”按钮，Flash会在影片中添加一个新场景，新场景会默认添加到当前场景的下面，如图6–2–6所示。

2. 删除场景

（1）执行“窗口”→“其他面板”→“场景”命令，打开“场景”面板。

（2）选择要删除的场景，单击位于“场景”面板右下角的“删除场景”按钮，即可删除场景，如图6–2–7所示。

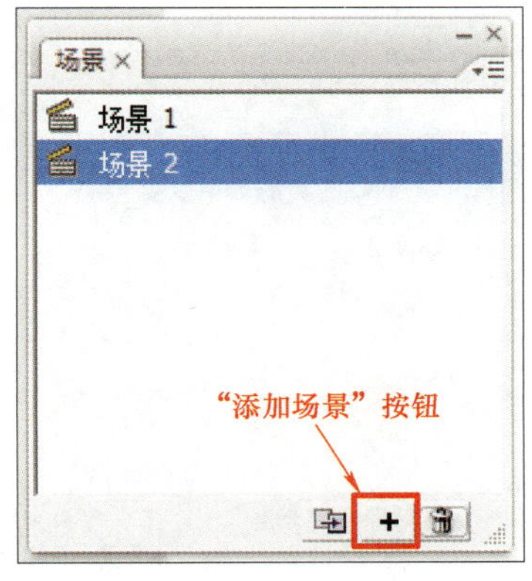

图6–2–6　添加场景

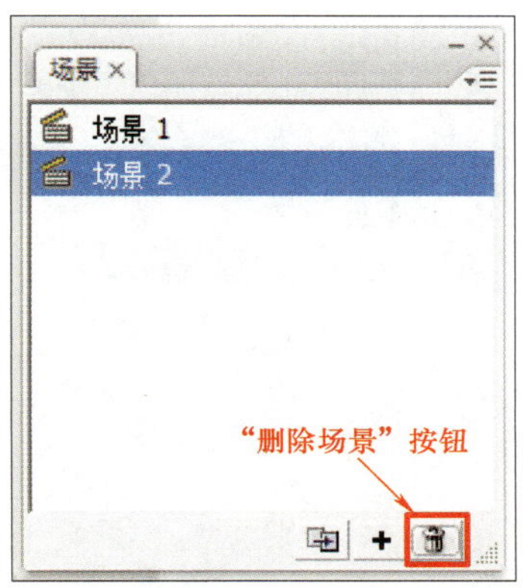

图6–2–7　删除场景

3．复制场景

（1）执行“窗口”→“其他面板”→“场景”命令，打开“场景”面板。

（2）选择要复制的场景，单击位于“场景”面板右下角的“直接复制场景”按钮，在“场景”面板中将会出现选定场景的副本，其名称是在原来的名称上添加“副本”字样，如图 6–2–8 所示。

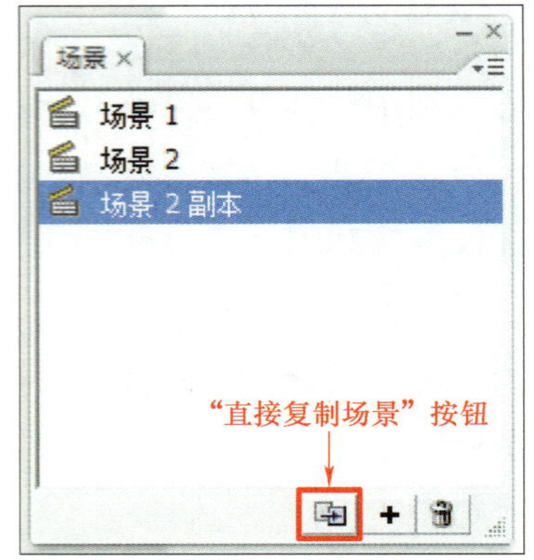

图 6–2–8　复制场景

4．更改场景名称

对于大型动画来说，使用 Flash 默认的场景名称很不方便，有必要给动画中的所有场景重新命名，操作步骤如下。

（1）执行“窗口”→“其他面板”→“场景”命令，打开“场景”面板。

（2）双击要重命名的场景，在输入新的名称后按“Enter”键确认即可，如图 6–2–9 所示。

图 6–2–9　更改场景名称

5．改变场景播放顺序

场景是按照它们在“场景”面板中的排列顺序先后播放的，如果要更改场景的播放顺序，直接在“场景”面板中更改其排列顺序即可，操作步骤如下。

（1）执行“窗口”→“其他面板”→“场景”命令，打开“场景”面板。

（2）选中场景并将其拖动到合适的位置。在拖动场景时，鼠标指针附近将出现一条蓝色的线，显示场景将要被放置的位置，如图 6–2–10 所示。

（3）移动场景到合适的位置，释放鼠标左键即可改变场景的顺序，如图 6–2–11 所示。

图 6–2–10　拖动场景

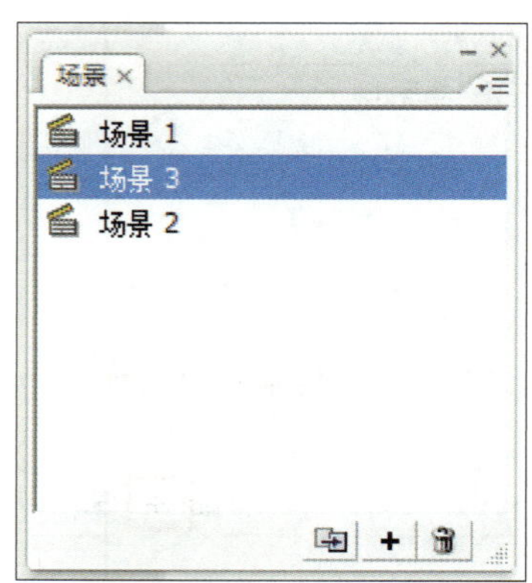

图 6–2–11　改变场景的顺序

1. 创建春节贺卡文档

新建一个 Flash 文档（ActionScript 2.0），设置舞台尺寸为 550×400 像素，背景颜色为淡蓝色（#99CCFF），将文档保存为“春节贺卡 .fla”。

小贴士

在 ActionScript 3.0 文件中无法给按钮添加动作，在本任务中要通过按钮来控制动画的播放，所以新建的 Flash 文档要选择 ActionScript 2.0 文件。

2. 制作场景 1 动画

（1）制作下雪效果

1）打开项目四任务 1 的“雪花飘飘 .fla”文件，将“库”面板中的“雪花”“下雪”“下雪 1”和“下雪 2”元件复制到当前文档的“库”面板中。

2）在当前文档中新建“下雪组合”影片剪辑元件，将“下雪”“下雪 1”和“下雪 2”元件拖动到元件编辑区中并复制多个，改变元件的大小和透明度，组合元件，组合后元件的大小约为 550×720 像素，以保证持续的下雪效果，如图 6-2-12 所示。

3）返回到场景 1 中，选中图层 1 的第 1 帧，将“下雪组合”影片剪辑元件拖动到舞台中，放在图 6-2-13 所示的位置。

图 6-2-12 “下雪组合”影片剪辑元件

图 6-2-13 “下雪组合”元件在舞台中的位置

4）在“库”面板中新建“下雪组”文件夹，将“雪花”“下雪”“下雪 1”“下雪 2”和“下雪组合”元件拖进“下雪组”文件夹中。

（2）制作“元宝动”影片剪辑元件

1）新建“元宝 1”图形元件，绘制图 6-2-14 所示的图形。

2）新建“元宝 2”图形元件，绘制图 6-2-15 所示的图形。

图 6-2-14　元宝 1

图 6-2-15　元宝 2

3）新建“元宝动”影片剪辑元件，进入元件编辑区。选中图层 1 的第 1 帧，将“元宝 1”图形元件放置在元件编辑区的中心。在第 4 帧插入空白关键帧，将“元宝 2”图形元件放置在元件编辑区的中心。在第 6 帧插入帧。“元宝动”元件的时间轴面板如图 6-2-16 所示。

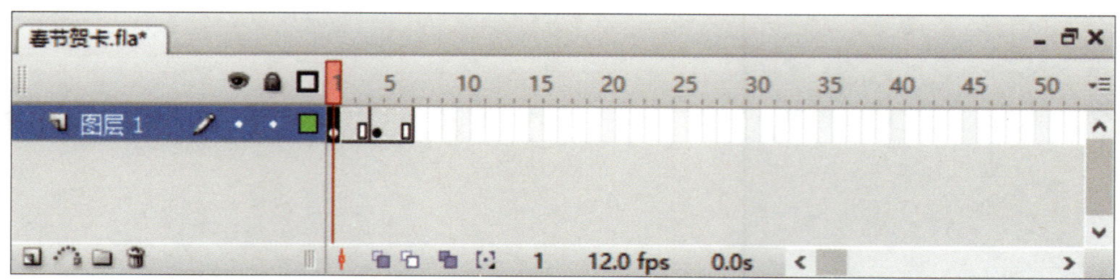

图 6-2-16　“元宝动”元件的时间轴面板

（3）制作进度条

1）绘制“黄色进度条”元件。新建“黄色进度条”图形元件，选择矩形工具，设置矩形边角半径为 20，为其填充黄色、浅黄色、黄色的线性渐变，绘制一个图 6-2-17 所示的进度条。复制“黄色进度条”元件的第 1 帧。

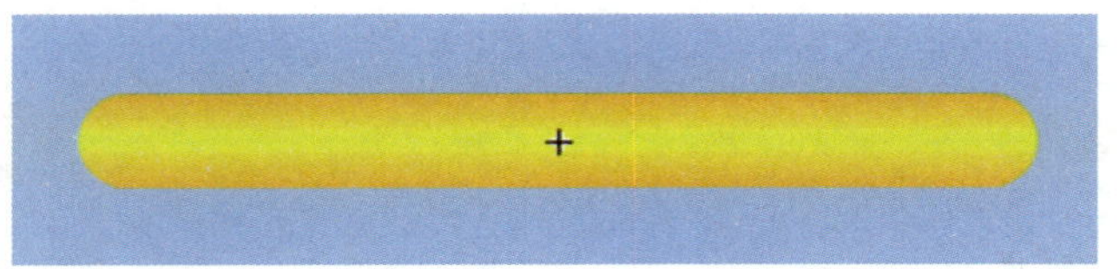

图 6-2-17　黄色进度条

2）绘制“白色进度条”元件。新建“白色进度条”图形元件，选中图层 1 的第 1 帧，执行“编辑”→“粘贴到当前位置”命令，将黄色进度条粘贴到元件编辑区的当前位置上，并为其填充白色、黄色到白色的线性渐变，如图 6-2-18 所示。

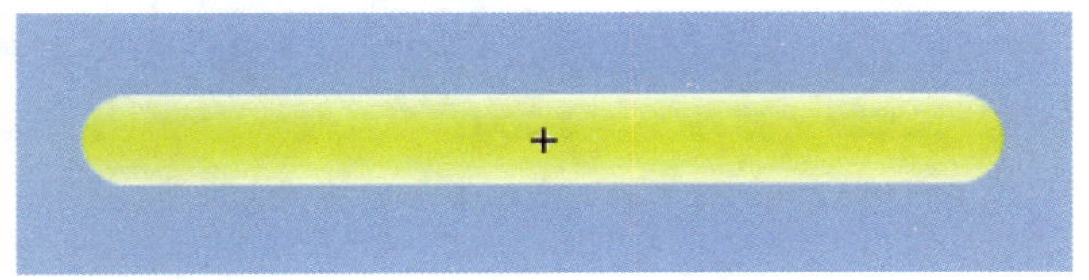

图 6-2-18　白色进度条

3）制作“进度条进度”元件

①新建“进度条进度”影片剪辑元件，将图层 1 重命名为“文字”，在元件编辑区中心的正下方输入“1%”，如图 6-2-19 所示。

②在第 2 帧插入关键帧，将“1%”改为“2%”，如图 6-2-20 所示。

图 6-2-19　第 1 帧　　图 6-2-20　第 2 帧

③依照以上方法一直制作到第 100 帧为止。在第 100 帧中输入“100%”，锁定图层。

④新建“白色”图层，将“库”面板中的“白色进度条”元件拖动到元件编辑区的中心，如图 6-2-21 所示，锁定该图层。

⑤新建“黄色”图层，将“库”面板中的“黄色进度条”元件拖动到元件编辑区的中心，使其与“白色进度条”元件重合，如图 6-2-22 所示，锁定该图层。

⑥新建“遮罩层”图层，在第 1 帧将“库”面板中的“黄色进度条”元件拖动到元件编辑区的左侧，使其与“黄色”图层中的黄色进度条水平对齐，如图 6-2-23 所示。

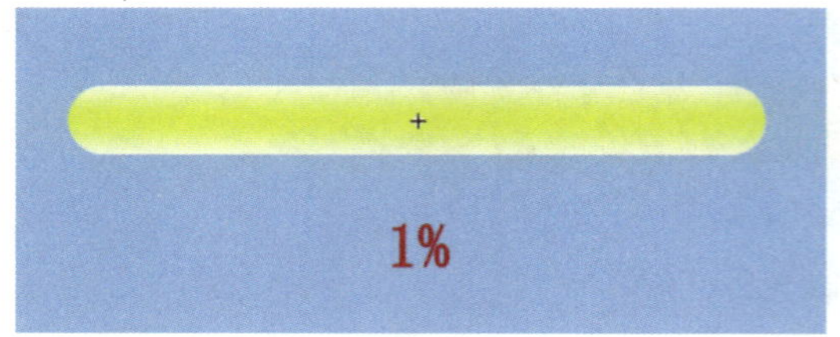

图 6-2-21 “白色”图层中的白色进度条

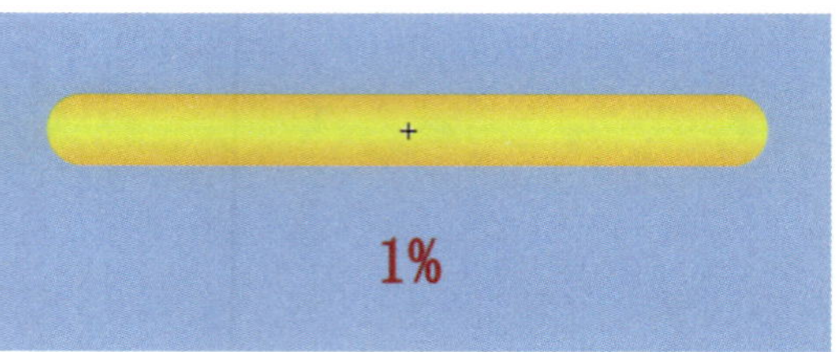

图 6-2-22 “黄色”图层中的黄色进度条

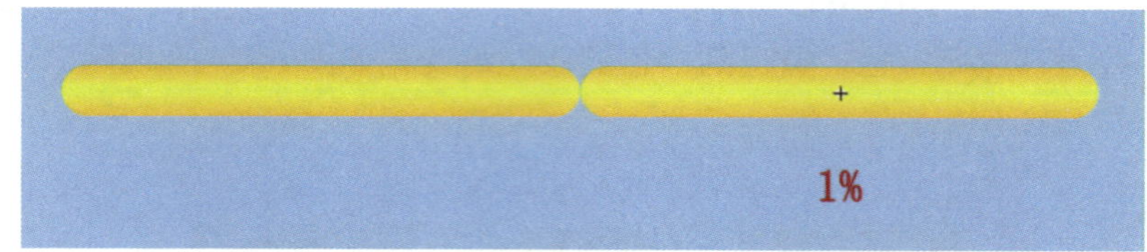

图 6-2-23 “遮罩层”图层第 1 帧的黄色进度条

⑦将“遮罩层”图层的第 100 帧转换为关键帧，将该帧上的黄色进度条水平右移，使之与“黄色”图层中的黄色进度条重合，如图 6-2-24 所示。

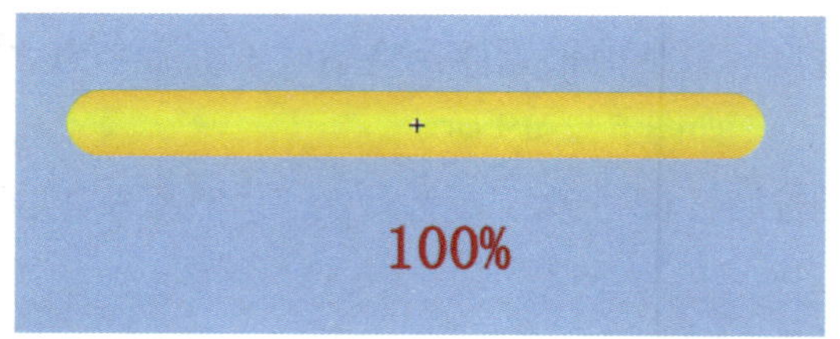

图 6-2-24 “遮罩层”图层第 100 帧的黄色进度条

⑧在第 1 帧 ~ 第 100 帧之间创建动画补间动画，将“遮罩层”图层设置为遮罩层。“进度条进度”元件的时间轴面板如图 6-2-25 所示。

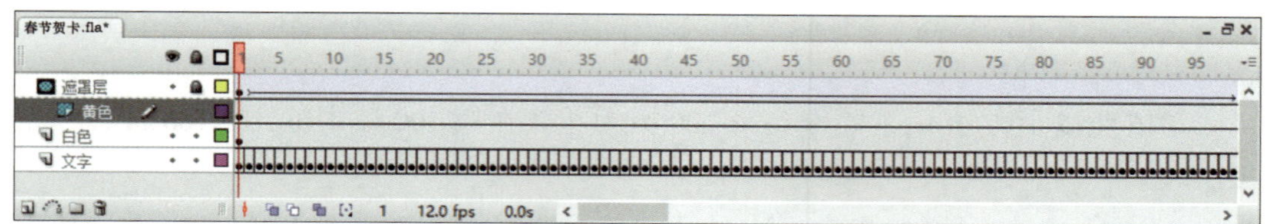

图 6-2-25 “进度条进度”元件的时间轴面板

（4）布置场景 1

1）返回到场景 1 中，选中图层 1 的第 1 帧，将“进度条进度”和“元宝动”两个影片剪辑元件拖动到舞台中，其位置如图 6-2-26 所示。在第 100 帧插入帧。

图 6-2-26　布置场景 1

2）在“库”面板中新建“场景 1”文件夹，将“元宝 1”“元宝 2”“元宝动”“白色进度条”“黄色进度条”和“进度条进度”元件拖进“场景 1”文件夹中。

3. 制作场景 2 动画

（1）制作年兽滑雪效果

1）执行“插入”→“场景”命令，新建场景 2。

2）新建“年兽跳跃”影片剪辑元件，绘制年兽跳跃效果，如图 6-2-27 所示。

图 6-2-27　年兽跳跃

3）制作“年兽滑雪”元件

①新建“年兽滑雪”影片剪辑元件，将图层 1 重命名为“背景”，将素材库中名为“新年背景 .jpg”的图片导入元件编辑区中，使其处于元件编辑区中心水平向右约 75 像素的位置，如图 6-2-28 所示。在第 180 帧插入帧，锁定该图层。

图 6-2-28　背景图片位置

②新建“年兽”图层，将“库”面板中的“年兽跳跃”元件拖动到元件编辑区中背景图片的左侧，在第 120 帧插入关键帧，将“年兽跳跃”元件移动到房屋门口，在第 1 帧 ~ 第 120 帧之间创建动画补间动画，并勾选“属性”面板中的“调整到路径”复选框。

③在“年兽”图层上方添加运动引导层，绘制引导线，如图 6-2-29 所示，锁定引导层。

图 6-2-29　绘制引导线

④选择“年兽”图层的第 1 帧，拖动“年兽跳跃”元件，将其中心点放在引导线的起点位置，旋转该元件，使其与引导线的方向保持一致，如图 6-2-30 所示。

⑤选择“年兽”图层的第 120 帧，拖动“年兽跳跃”元件，将其中心点放在引导线的终点位置，旋转该元件，使其与引导线的方向保持一致，如图 6-2-31 所示。

图 6-2-30 “年兽”图层的第 1 帧

图 6-2-31 “年兽”图层的第 120 帧

（2）制作背景变化效果

1）返回到场景 2 中，将图层 1 重命名为“背景”，选中“背景”图层的第 1 帧，将“库”面板中的“年兽滑雪”影片剪辑元件拖动到舞台中，使该影片剪辑元件中的“新年背景”图片与舞台的左侧对齐，如图 6–2–32 所示。

图 6-2-32 “背景”图层的第 1 帧

2）分别在第 30 帧和第 120 帧插入关键帧，选中第 120 帧，将“年兽滑雪”影片剪辑元件与舞台的右侧对齐，在第 30 帧 ~ 第 120 帧之间创建动画补间动画。

小贴士

在“年兽滑雪”影片剪辑元件中，年兽滑到雪山中间时在时间轴上大约处于第 30 帧位置，为了保证年兽和背景能够同时移动，应在第 30 帧插入关键帧。

3）在第 150 帧插入关键帧，将舞台中的“年兽滑雪”元件放大，保证年兽和房屋处于舞台的中间，在第 120 帧 ~ 第 150 帧之间创建动画补间动画，在第 180 帧插入帧。

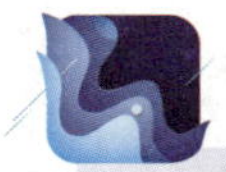

小贴士

在第 120 帧 ~ 第 150 帧之间创建的动画实现了镜头拉近的效果。

4）在“库”面板中新建“场景 2”文件夹，将“年兽跳跃”“年兽滑雪”元件和“新年背景 .jpg”图片拖进“场景 2”文件夹中。

（3）制作下雪效果

新建“下雪”图层，选中“下雪”图层的第 1 帧，将“库”面板中的“下雪组合”影片剪辑元件拖动到舞台中，其摆放位置参考场景 1 中的“下雪组合”元件。

（4）制作文字过渡效果

1）新建“文字”图层，在第 150 帧插入空白关键帧。选择文本工具，设置字体为“方正舒体”，切换粗体，输入文字“来吃年夜饭啦”。

2）将文字分离一次，分别调整每个字的位置、颜色和大小。再次分离文字，选择墨水瓶工具，设置笔触高度为 1，为文字添加白色边线，如图 6-2-33 所示。

图 6-2-33　分离后的文字

3）分别在第 151、152、153、154 和 155 帧插入关键帧，选中第 150 帧，保留“来”字，删除其他文字；选中第 151 帧，保留“来”字和“吃”字，删除其他文字；依此方法，顺序删除第 152、153 和 154 帧中的相应文字。场景 2 的时间轴面板如图 6-2-34 所示。

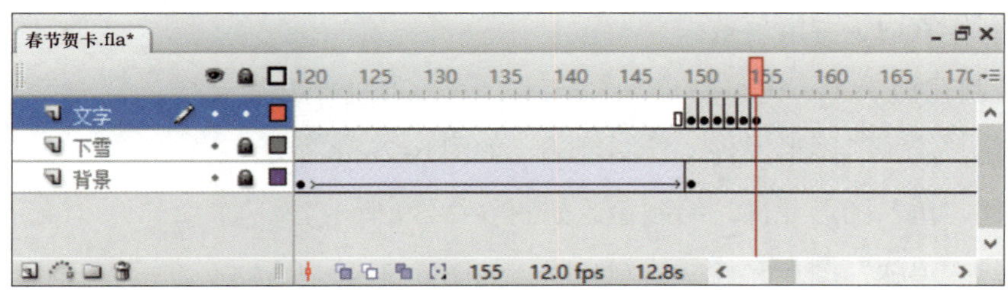

图 6-2-34　场景 2 的时间轴面板

4. 制作场景 3 动画

（1）制作新年彩灯闪烁效果

1）新建“新年彩灯闪烁背景”影片剪辑元件，将图层 1 重命名为“背景”。

2）将素材库中名为“新年室内 .jpg”的图片导入元件编辑区中，使其与元件编辑区中心对齐，如图 6–2–35 所示。

3）新建“闪烁”图层，参照项目二的项目实训，制作新年彩灯闪烁的效果，如图 6–2–36 所示。

图 6-2-35　背景图片位置

图 6-2-36　新年彩灯闪烁效果

4）“新年彩灯闪烁背景”影片剪辑元件的时间轴面板如图 6–2–37 所示。

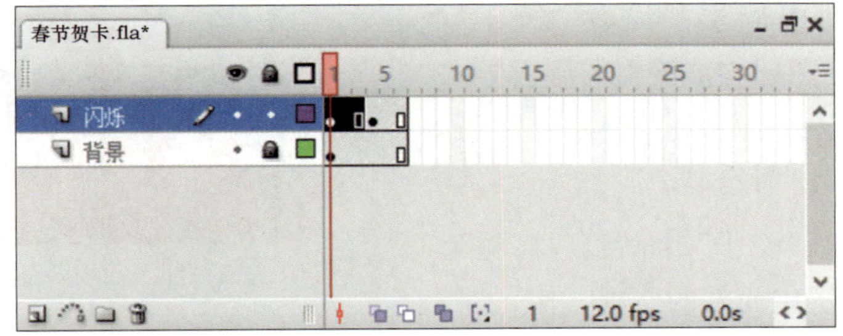

图 6-2-37　“新年彩灯闪烁背景”影片剪辑元件的时间轴面板

（2）制作室内饭菜滑落效果

1）绘制礼物

①新建“饺子”图形元件，绘制饺子，如图 6–2–38 所示。

②新建“鱼”图形元件，绘制鱼，如图 6–2–39 所示。

③新建“鸡腿”图形元件，绘制鸡腿，如图 6–2–40 所示。

图 6–2–38　饺子

图 6–2–39　鱼

图 6–2–40　鸡腿

2）制作“室内饭菜滑落”元件

①新建“室内饭菜滑落”影片剪辑元件，将图层 1 重命名为“背景”，将“库”面板中的“新年彩灯闪烁背景”影片剪辑元件拖动到元件编辑区的中心位置，在第 80 帧插入帧，锁定该图层。

②新建“饺子”图层，在第 10 帧插入空白关键帧，将“库”面板中的“饺子”图形元件拖动到元件编辑区中，放在“新年彩灯闪烁背景”元件的上方。在第 40 帧插入关键帧，将“饺子”元件移动到背景图片的上面。在第 10 帧 ~ 第 40 帧之间创建动画补间动画。

③仿照步骤②的方法，在“饺子”图层的上方新建“鸡腿”图层，制作“鸡腿”元件的滑落效果，在第 25 帧 ~ 第 55 帧之间创建动画补间动画。

④仿照步骤②的方法，在“鸡腿”图层的上方新建“鱼”图层，制作“鱼”元件的滑落效果，在第 40 帧 ~ 第 70 帧之间创建动画补间动画。

⑤新建运动引导层，设置“饺子”“鸡腿”和“鱼”图层均被该引导层引导。在第 10 帧插入空白关键帧，绘制三条引导线，如图 6–2–41 所示。

⑥分别调整“饺子”图层、“鸡腿”图层和“鱼”图层中元件的位置，使元件能够沿着绘制的引导线运动。

图 6–2–41　绘制引导线

⑦新建“控制”图层，在第 80 帧插入空白关键帧，按“F9”键打开“动作－帧”面板，输入“stop ( );”命令，如图 6–2–42 所示。

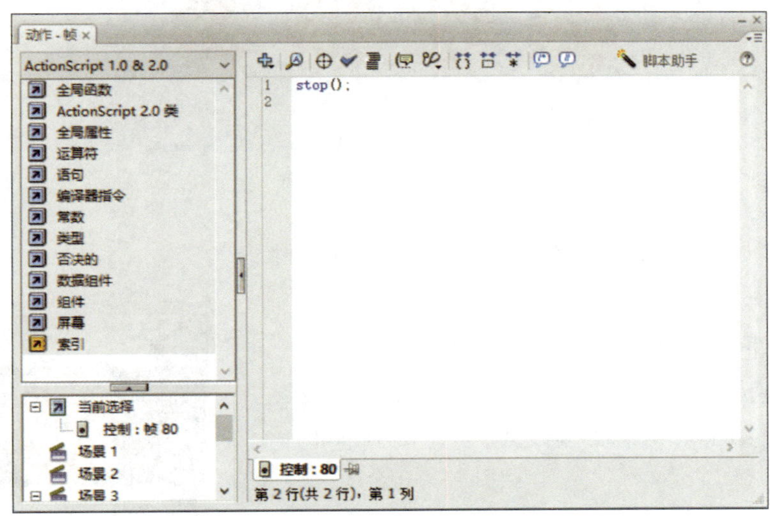

图 6–2–42 在“动作－帧”面板输入命令

“室内饭菜滑落”元件的时间轴面板如图 6–2–43 所示。

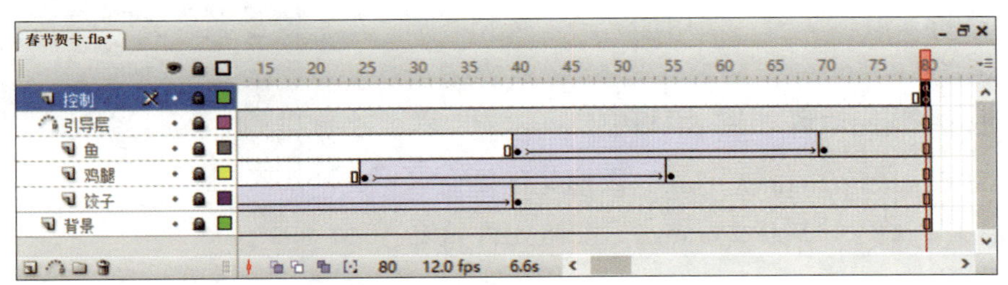

图 6–2–43 “室内饭菜滑落”元件的时间轴面板

（3）制作文字特效

1）新建“文字”图形元件，选择文本工具，设置字体为“方正舒体”，字体大小为 70，文本颜色为黄色（#FFFF00），输入“新年快乐”，在“滤镜”面板中添加“发光”滤镜，如图 6–2–44 所示。文字效果如图 6–2–45 所示。

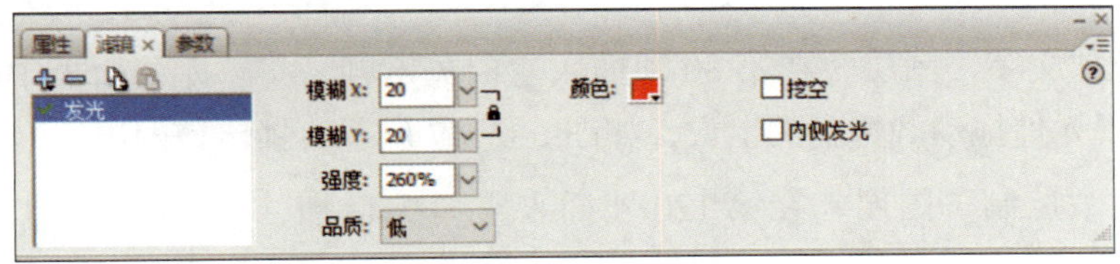

图 6–2–44 “滤镜”面板

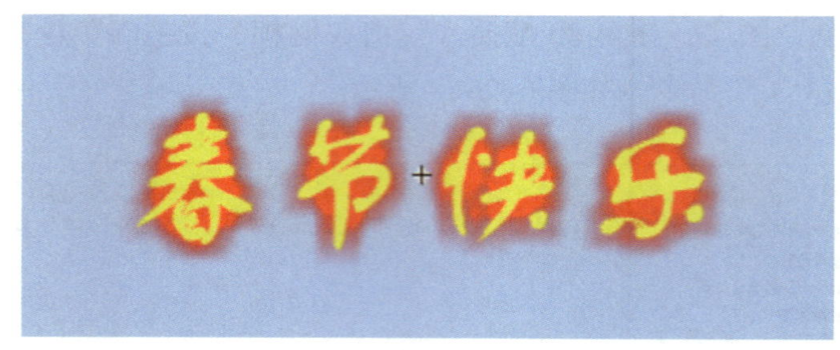

图 6-2-45　文字效果

2）制作“文字特效”元件

①新建“文字特效”影片剪辑元件，将“文字”图形元件拖动到元件编辑区的中心。在第 25 帧插入关键帧，选择第 1 帧，将元件的 Alpha 值设置为 0%，在第 1 帧～第 25 帧之间创建动画补间动画。

②选择第 25 帧，按“F9”键打开“动作－帧”面板，输入“stop ( );”命令。

（4）制作按钮

1）执行“窗口”→“公用库”→“按钮”命令，打开“库－Buttons”窗口，选择图 6-2-46 所示的按钮，将其拖动到“库”面板中。

图 6-2-46　“库－Buttons”窗口

2）将“bubble 2 orange glow”图形元件重命名为“重播 1”，将“bubble 2 orange”按钮元件重命名为“重播”。

3）双击“重播”按钮元件，进入按钮元件编辑区，将按钮元件的“text”图层中的文字“Enter”修改为“Replay”。

操作演示

（5）布置场景 3

1）返回到场景 3 中，将图层 1 重命名为“背景”，将“库”面板中的“室内饭菜滑落”影片剪辑元件拖动到舞台中心，在第 120 帧插入帧，锁定该图层。

2）新建“文字”图层，在第 80 帧插入空白关键帧，将“库”面板中的“文字特效”影片剪辑元件拖动到舞台的上方，如图 6-2-47 所示，锁定该图层。

3）新建“控制”图层，在第 120 帧插入空白关键帧，按“F9”键打开“动作－帧”面板，输入“stop ( );”命令。

图 6-2-47 “文字特效”影片剪辑元件的位置

4）选中“控制”图层的第 120 帧，将“库”面板中的“重播”按钮元件拖动到舞台的右下角。选中舞台中的按钮元件，按“F9”键打开“动作 – 帧”面板，输入以下命令：

```
on（release）{
  gotoAndPlay（“场景 1”，“1”）;
}
```

小贴士

“on（release）”是一个按钮事件，脚本 on（release）{ gotoAndPlay（“场景 1”，“1”）; } 的意思是：当按下按钮并释放后，将转到场景 1 的第 1 帧播放动画。

5）在“库”面板中新建“场景 3”文件夹，将场景 3 中的相关元件拖进“场景 3”文件夹中。

5. 测试与保存

执行“控制”→“测试影片”命令，观察动画效果，如果对效果满意，执行“文件”→“保存”命令，将文件保存为“春节贺卡 .fla”。

利用实例和库的应用技巧制作二十四节气贺卡（见图 6-2-48）。

图 6-2-48 制作二十四节气贺卡

效果演示

项目七
网站应用

Flash 动画作品具有播放速度快、交互性强及视觉冲击力高等特点，因而被广泛应用在网站设计中。本项目以网页横幅和文具广告的制作为例，介绍 Flash 动画在网站设计中的应用。

任务 1　制作网页横幅

1. 掌握滤镜的作用、应用方法和种类。
2. 能综合应用动画技术、滤镜以及 ActionScript 语句制作网页横幅。

本任务是一个网页横幅制作实例，综合应用动画技术、滤镜以及 ActionScript 语句来制作欢乐熊猫文具网站的横幅，效果如图 7-1-1 所示。要完成本任务，除了掌握网页横幅的制作方法及滤镜在动画中的应用技巧外，还要掌握简单的 ActionScript 语句。

图 7-1-1 网页横幅效果图

效果演示

相关知识

一、滤镜的作用

使用滤镜可以为文本、按钮或影片剪辑元件增添有趣的视觉效果，如使对象发光和添加投影等，也可以混合应用多种效果。在应用滤镜后，可以随时改变它各选项的值，或者调整滤镜的添加顺序，以生成不同效果。

二、应用滤镜的方法

1. 在 Flash 中选定要添加滤镜效果的对象，打开“属性”面板，选择“滤镜”选项卡，然后单击“添加滤镜”按钮，弹出下拉菜单，如图 7-1-2 所示。

2. 从下拉菜单中选择一种滤镜，在“滤镜”选项卡中进行设置，如图 7-1-3 所示，即可为对象添加滤镜效果。

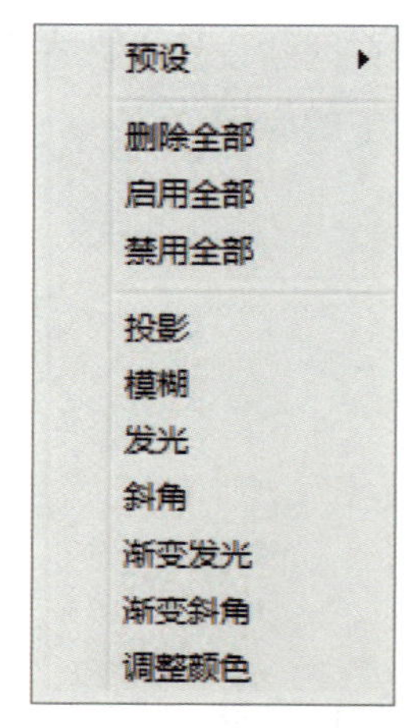

图 7-1-2 滤镜下拉菜单

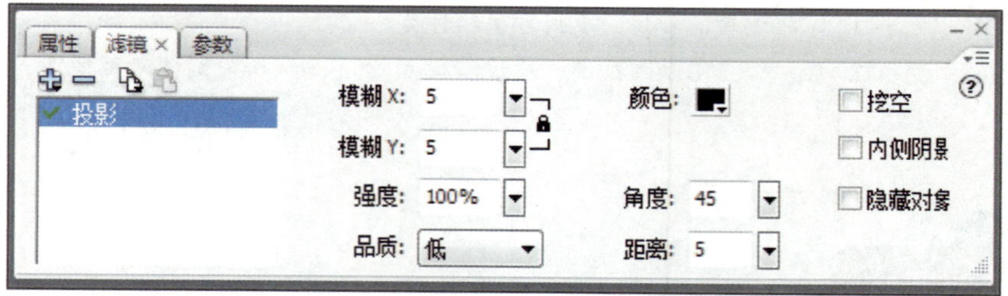

图 7-1-3 设置滤镜

三、滤镜种类

Flash 滤镜分为投影、模糊、发光、斜角、渐变发光、渐变斜角和调整颜色共七种。

1. 投影：投影滤镜可以模拟对象在阳光照射下产生的阴影。

2. 模糊：模糊滤镜可以使对象在 *X* 轴和 *Y* 轴上进行模糊，从而产生柔化效果。

3. 发光：发光滤镜的作用是在对象的周围生成光芒。

4. 斜角：斜角滤镜的作用是使对象产生立体的浮雕效果。

5. 渐变发光：渐变发光滤镜的效果与发光滤镜的效果基本一致，只是用户可以调节发光的颜色为渐变颜色，还可以设置发光的角度、距离和类型。

6. 渐变斜角：渐变斜角滤镜的效果与斜角滤镜的效果基本一致，只是用户可以调节斜角的颜色为渐变颜色，还可以设置斜角的角度、距离和类型。

7. 调整颜色：调整颜色滤镜可以调整对象的亮度、对比度、饱和度和色相。

1. 创建网页横幅影片文档

新建一个 Flash 文档，设置舞台尺寸为 800×150 像素，背景颜色为橙色（#FF9933），将文档保存为“网页横幅 .fla”。

2. 复制文具广告库中的标志元件

打开素材文件“文具广告库 .fla”，将“库”面板中的“标志”元件复制并粘贴到当前文档的“库”面板中备用。

3. 绘制矩形条

将图层 1 重命名为“矩形条”，在舞台底部绘制一个浅黄色（#FFCC66）的矩形条，用来放置按钮，如图 7-1-4 所示。在第 40 帧插入帧，锁定该图层。

图 7-1-4　绘制矩形条

4. 绘制圆

新建“圆”图形元件，选择椭圆工具，设置笔触颜色为白色，笔触高度为 3，填充颜色为无，绘制一个圆形，如图 7-1-5 所示。

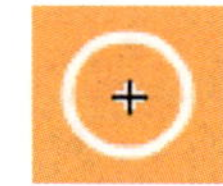

图 7-1-5　绘制圆形

5. 制作圆闪动效果

（1）新建“圆闪动”影片剪辑元件，从“库”面板中将“圆”

元件拖动到元件编辑区中，在第 10 帧插入关键帧，将元件放大到 200%，Alpha 值设为 50%，选择第 1 帧，在“属性”面板中创建动画补间动画。

（2）选中图层 1 中的所有帧，单击鼠标右键，从弹出的快捷菜单中选择“复制帧”选项。

（3）新建图层 2，选中第 5 帧，单击鼠标右键，从弹出的快捷菜单中选择“粘贴帧”选项，删除图层 2 中多余的帧。“圆闪动”元件的时间轴面板如图 7–1–6 所示。

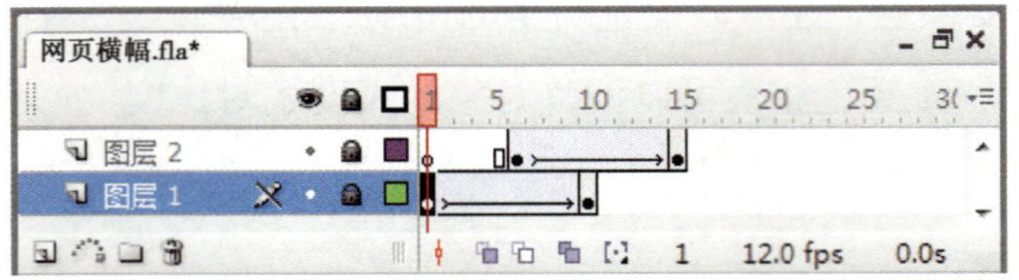

图 7–1–6 “圆闪动”元件的时间轴面板

（4）返回场景 1，新建“圆闪动”图层，选择第 1 帧，从“库”面板中将“圆闪动”影片剪辑元件拖动到舞台中并复制多个，适当调整其大小，将其 Alpha 值设为 30%，如图 7–1–7 所示。锁定“圆闪动”图层。

图 7–1–7 舞台中的圆闪动效果

6. 将标志拖进舞台

新建“标志”图层，选择第 1 帧，从“库”面板中将“标志”元件拖动到舞台中，放在舞台左侧，如图 7–1–8 所示。锁定“标志”图层。

图 7–1–8 舞台中的标志

7. 制作文字效果

（1）输入文字

新建“文字”图形元件，输入文字“欢乐熊猫”，字体为华文琥珀，字体大小为

40，文本颜色为白色。

（2）添加滤镜

1）选中文字，打开“属性”面板，选择“滤镜”选项卡，然后单击“添加滤镜”按钮，弹出下拉菜单。

2）从下拉菜单中选择“渐变发光”，如图 7–1–9 所示。在“滤镜”选项卡中设置距离为 3，其他不变，为文字添加滤镜效果，如图 7–1–10 所示。文字效果如图 7–1–11 所示。

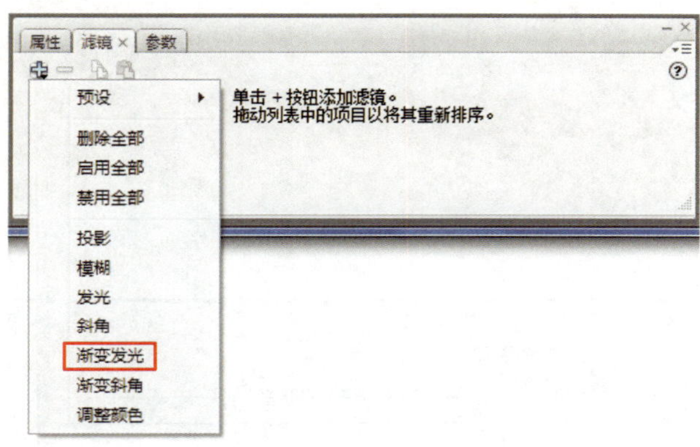

图 7–1–9　选择滤镜效果

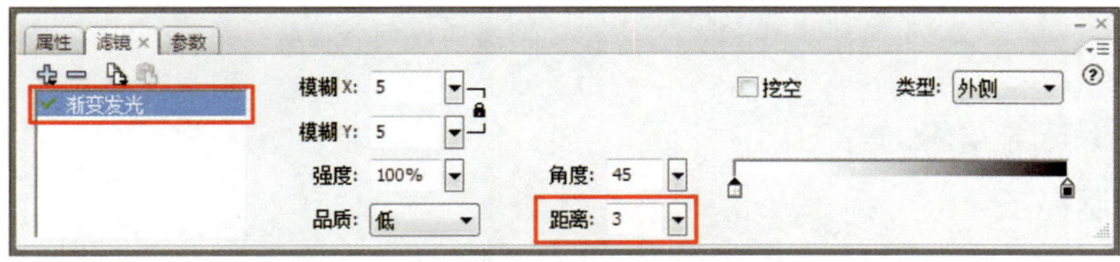

图 7–1–10　设置滤镜

（3）制作舞台文字效果

1）返回场景 1，新建“文字”图层，选择第 1 帧，从“库”面板中将“文字”元件拖动到舞台中，放置在图 7–1–12 所示位置。

图 7–1–11　添加滤镜后的文字效果

图 7–1–12　第 1 帧的文字

2）在第 12 帧、第 19 帧插入关键帧，选择第 1 帧，将“文字”元件缩小，将 Alpha 值设为 0%；选择第 19 帧，将“文字”元件放大到 200%，将 Alpha 值设为 0%。在第 1 帧 ~ 第 12 帧、第 12 帧 ~ 第 19 帧之间创建动画补间动画。

3）在第 20 帧、第 22 帧插入空白关键帧。选中第 22 帧，选择文本工具，设置字体为“华文琥珀”，字体大小为 35，文本颜色为白色，输入文字“伴随你快乐成长”；设置字体为“楷体”，字体大小为 25，文本颜色为白色，输入文字“欢迎访问 www.hlxm.com”，如图 7–1–13 所示，锁定“文字”图层。“文字”图层的时间轴面板如图 7–1–14 所示。

图 7–1–13 第 22 帧的文字

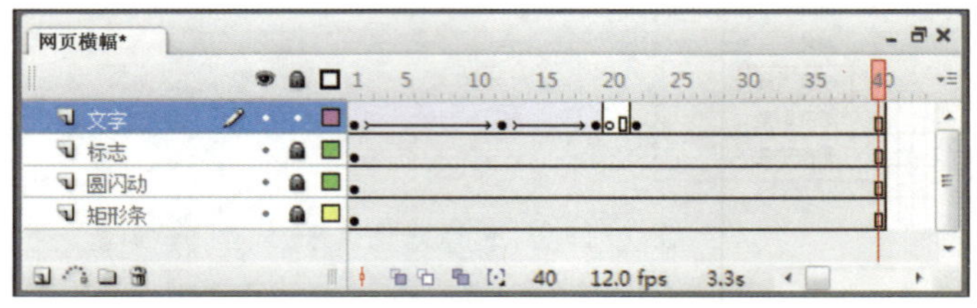

操作演示

图 7–1–14 “文字”图层的时间轴面板

8. 制作亮条效果

（1）绘制亮条

新建“亮条”图形元件，使用矩形工具，设置笔触颜色为无，填充类型为线性，在渐变色控制条上单击两次，以添加两个颜色滑块，将四个色块均设为白色，最左端、最右端色块的 Alpha 值设为 0%，中间两个色块的 Alpha 值设为 100%，绘制一个矩形，如图 7–1–15 所示。

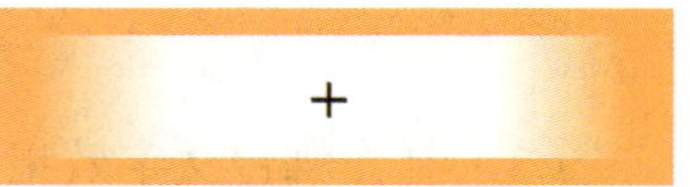

图 7–1–15 绘制矩形

（2）制作舞台亮条效果

1）返回场景 1，新建“亮条 1”图层，将其移到“文字”图层下方，在第 15 帧插入空白关键帧，将“亮条”元件从“库”面板中拖动到舞台右侧，调整其大小至合适，如图 7–1–16 所示；在第 20 帧插入关键帧，将“亮条”元件移到舞台中，位置如图 7–1–17 所示；在第 26 帧插入关键帧，将亮条变细、变长，将其 Alpha 值设为 0%，如图 7–1–18 所示。在第 15 帧 ~ 第 20 帧之间以及第 20 帧 ~ 第 26 帧之间创建动画补间动画，在第 27 帧插入空白关键帧，锁定“亮条 1”图层。

图 7-1-16　第 15 帧的亮条 1

图 7-1-17　第 20 帧的亮条 1

图 7-1-18　第 26 帧的亮条 1

2）新建“亮条 2”图层，在第 15 帧插入空白关键帧，将“亮条”元件从“库”面板中拖动到舞台左侧，调整其大小至合适，如图 7-1-19 所示；在第 20 帧插入关键帧，将“亮条”元件移到舞台中，位置如图 7-1-20 所示；在第 26 帧插入关键帧，将亮条变细、变长，将其 Alpha 值设为 0%，如图 7-1-21 所示。在第 15 帧 ~ 第 20 帧之间，以及第 20 帧 ~ 第 26 帧之间创建动画补间动画，在第 27 帧插入空白关键帧，锁定“亮条 2”图层。添加亮条后的时间轴面板如图 7-1-22 所示。

图 7-1-19　第 15 帧的亮条 2

图 7-1-20　第 20 帧的亮条 2

图 7-1-21　第 26 帧的亮条 2

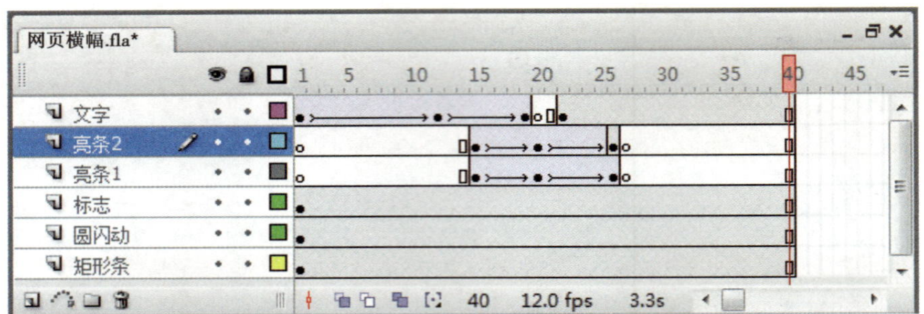

图 7-1-22　添加亮条后的时间轴面板

小贴士

在“亮条 1”和“亮条 2”图层中，第 20 帧中“亮条”元件的大小应与“文字”图层中相应位置上文字的大小基本一致。

9. 制作导航按钮

（1）制作按钮

1）新建“首页”按钮元件，设置字体为“宋体”，字体大小为 14，文本颜色为白色，在“弹起”帧输入文字“首页”，如图 7-1-23 所示。

首+页

图 7-1-23 “弹起”帧

2）在“指针经过”帧插入关键帧，将文本颜色改为蓝色，如图 7-1-24 所示。

首+页

图 7-1-24 “指针经过”帧

3）用同样的方法制作“企业信息”“产品中心”“品牌推广”和“客户服务”按钮元件。

（2）将按钮拖进舞台

返回场景 1，新建“按钮”图层，选择第 1 帧，将制作好的按钮元件拖动到舞台中，摆放好位置，如图 7-1-25 所示。

图 7-1-25　按钮的位置

（3）为按钮添加代码

1）在“首页”按钮上单击鼠标右键，执行“动作”命令，打开“动作－按钮”面板，输入代码，如图 7-1-26 所示。

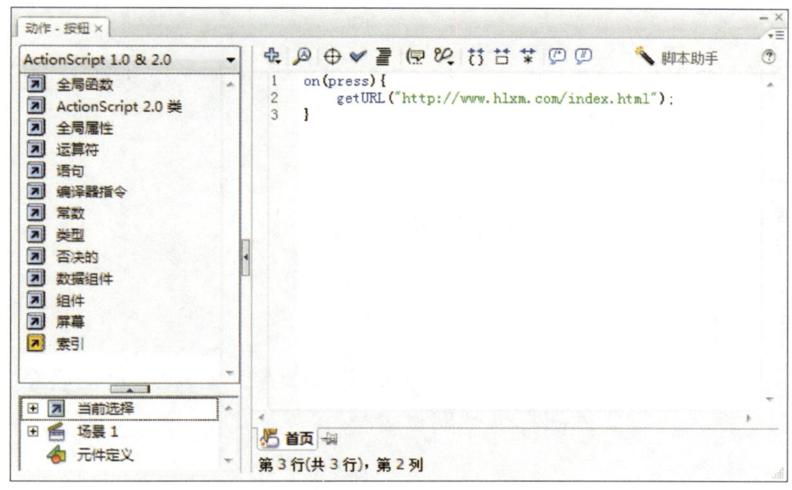

图 7-1-26　“首页”按钮代码

小贴士

“on（press）”是一个按钮事件，脚本 on（press）{ getURL（“http://www.hlxm.com/index.html”）; } 的意思是：当按下“首页”按钮并释放后，会链接到“欢乐熊猫”公司的首页。

2）在“企业信息”按钮上单击鼠标右键，执行“动作”命令，在弹出的“动作－按钮”面板中输入如下代码：

```
on（press）{
    getURL（“http://www.hlxm.com/files/qyxx.html”）;
}
```

3）在“产品中心”按钮上单击鼠标右键，执行“动作”命令，在弹出的“动作 – 按钮”面板中输入如下代码：

```
on（press）{
    getURL（"http://www.hlxm.com/files/cpzx.html"）;
}
```

4）在“品牌推广”按钮上单击鼠标右键，执行“动作”命令，在弹出的“动作 – 按钮”面板中输入如下代码：

```
on（press）{
    getURL（"http://www.hlxm.com/files/pptg.html"）;
}
```

5）在“客户服务”按钮上单击鼠标右键，执行“动作”命令，在弹出的“动作 – 按钮”面板中输入如下代码：

操作演示

```
on（press）{
    getURL（"http://www.hlxm.com/files/khfw.html"）;
}
```

10. 测试与保存

执行“控制”→“测试影片”命令，观察动画效果，如果对效果满意，执行“文件”→“保存”命令，将文件保存为“网页横幅 .fla”。

任务 2　制作文具广告

1. 掌握时间轴特效的类型以及添加时间轴特效的步骤。
2. 能综合应用动画技术和时间轴特效制作多场景动画。

本任务是一个网络广告制作实例，综合应用动画技术和时间轴特效来制作欢乐熊猫文具广告，效果如图 7-2-1 所示。要完成本任务，除了掌握时间轴特效的使用方法外，还要进一步掌握多场景动画的制作方法。

效果演示

图 7-2-1　欢乐熊猫文具广告效果图

一、时间轴特效

Flash 为用户提供了一些常用的动画命令，只要选中命令，就会自动生成动画效果，从而简化动画的制作过程，这些自动生成动画的功能就是时间轴特效。

可以应用时间轴特效的对象有文本、图形、位图、按钮和影片剪辑元件等。

二、添加时间轴特效的步骤

1. 选择要添加时间轴特效的对象。

2. 执行“插入”→“时间轴特效”命令，从级联菜单中选择一种特效，如图 7-2-2 所示。用户也可以在选取对象后单击鼠标右键，从弹出的快捷菜单中选取“时间轴特效”中的相应特效。

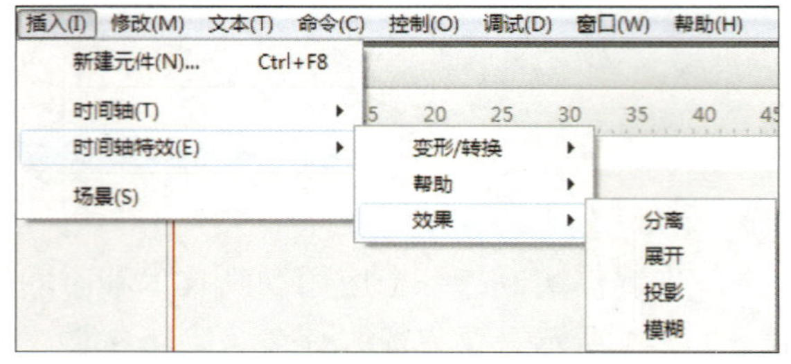

图 7-2-2　添加时间轴特效

3. 在打开的对应特效对话框中设置参数值，单击“更改预览”按钮预览特效效果，设置完成后单击“确定”按钮。Flash 将把应用特效的对象放置在一个新的图层中（图层名称就是特效名称后加数字），并在“库”面板中添加一个特效文件夹和一个与图层名称相同的图形元件。

三、时间轴特效的类型

Flash 内置的时间轴特效分为变形、转换、分布式直接复制、复制到网络、分离、展开、投影和模糊共八种。

1. 变形：通过调整对象的位置、缩放比例、旋转、Alpha 值和色调，产生淡入淡出、缩放以及旋转特效。

2. 转换：对选定对象进行擦除和淡入淡出处理，产生逐渐过渡的特效。

3. 分布式直接复制：复制选定的对象，使对象按一定增量发生改变。

4. 复制到网络：先按列数复制选定对象，然后乘以行数，创建元素的网格。

5. 分离：将文本、元件和形状等元素分裂、自旋和向外弯曲，使对象产生爆炸的效果。

6. 展开：在一段时间内对指定的对象进行缩放操作。

7. 投影：在对象的下方创建投影。

8. 模糊：通过更改对象在一段时间内的 Alpha 值、位置或缩放比例来产生运动模糊特效。

1. 创建文具广告影片文档

新建一个 Flash 文档，设置舞台尺寸为 700×400 像素，背景颜色为粉色（#FFCCCC），将文档保存为“文具广告 .fla”。

2. 制作场景 1 动画

（1）复制文具广告库中的元件

打开素材文件“文具广告库 .fla”，将“库”面板中的所有元件复制并粘贴到当前文档的“库”面板中备用。

（2）创建背景层

将图层 1 重命名为“背景”，使用矩形工具，设置笔触颜色为无，填充类型为线性，在渐变色控制条上设置左侧颜色滑块为粉色（#FCA783），右侧颜色滑块为黄色（#FFFF00），在舞台中绘制一个渐变矩形，设置其宽为 670、高为 370，用渐变变形工具调整渐变方向，并使用“对齐”面板将矩形放置在舞台的中央，如图 7–2–3 所示。在第 40 帧插入帧，锁定“背景”图层。

图 7–2–3　绘制背景

（3）制作发散效果

1）新建“发散点”图形元件，选择刷子工具，设置刷子的填充颜色为黄色（#FFFF00），在“刷子大小”选项中选择较小的刷子，在元件编辑区中绘制许多小圆点，如图 7–2–4 所示。

图 7–2–4　绘制小圆点

2）制作“发散”影片剪辑元件

①新建“发散”影片剪辑元件，选择图层 1 的第 1 帧，从“库”面板中将“发散点”元件拖动到元件编辑区中，在第 15 帧插入关键帧，将元件放大到 400%。选择第 1 帧，在“属性”面板中创建动画补间动画。

②选中图层 1 中的所有帧，单击鼠标右键，从弹出的快捷菜单中选择“复制帧”选项。

③新建图层 2，选中第 5 帧，单击鼠标右键，从弹出的快捷菜单中选择“粘贴帧”选项。选中图层 2 中多余的帧，单击鼠标右键，从弹出的快捷菜单中选择“删除帧”选项，删除多余的帧。“发散”元件的时间轴面板如图 7–2–5 所示。

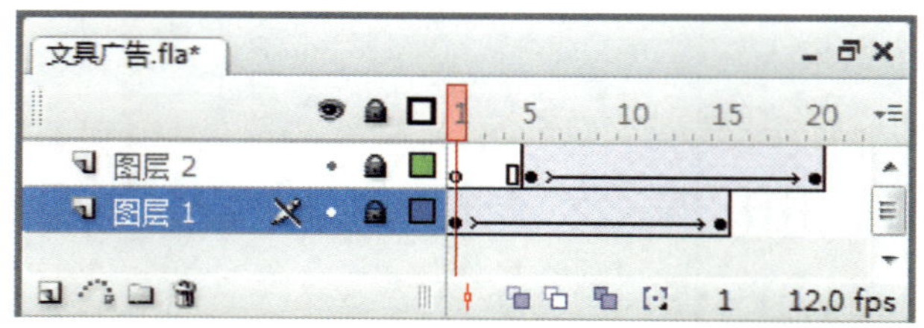

图 7–2–5 “发散”元件的时间轴面板

3）返回场景 1，新建“发散”图层，选择第 1 帧，从“库”面板中将“发散”影片剪辑元件拖动至舞台中央，锁定“发散”图层。

（4）制作标志淡入效果

1）新建“标志遮罩条”影片剪辑元件，选择矩形工具，设置笔触颜色为无，填充颜色为白色，在元件编辑区中绘制一个矩形，并将其倾斜，如图 7–2–6 所示。

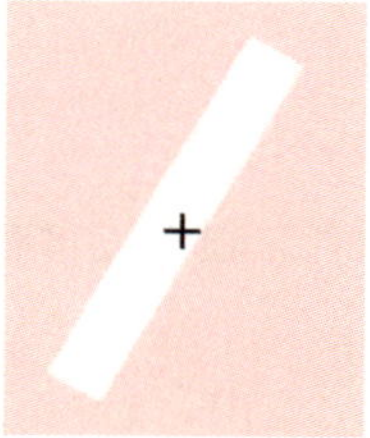

图 7–2–6 绘制标志遮罩条

2）制作“标志遮罩”元件

①新建“标志遮罩”影片剪辑元件，选择图层 1 的第 1 帧，从“库”面板中将“标志”元件拖动到元件编辑区中，在第 20 帧插入帧。

②新建图层 2，从“库”面板中将“标志遮罩条”元件拖动到元件编辑区，并将其放置在“标志”元件左侧，添加“模糊”滤镜，设置模糊值 X、Y 均为 5，如图 7–2–7 所示。在第 20 帧插入关键帧，将“标志遮罩条”元件移动到“标志”元件的右侧，如图 7–2–8 所示。选择第 1 帧，在“属性”面板中创建动画补间动画。

③在图层 1 的第 1 帧上单击鼠标右键，选择“复制帧”选项。新建图层 3，将“标志”元件复制并粘贴到图层 3 的第 1 帧。

④在图层 3 上单击鼠标右键，选择“遮罩层”，完成“标志遮罩”元件的制作。“标志遮罩”元件的时间轴面板如图 7–2–9 所示。

图 7-2-7　第 1 帧的标志遮罩条

图 7-2-8　第 20 帧的标志遮罩条

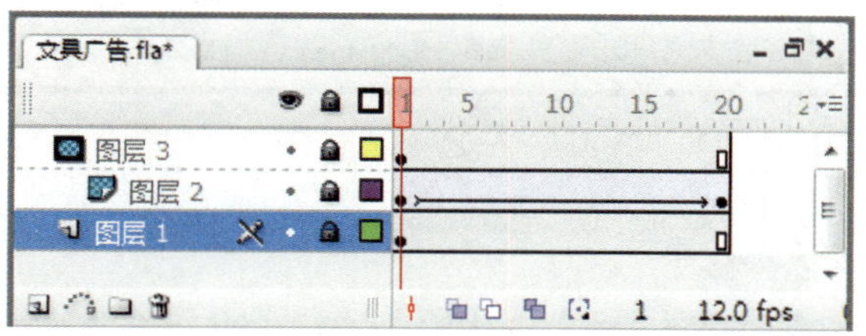

图 7-2-9　“标志遮罩”元件的时间轴面板

3）制作标志淡入效果

①返回场景 1，新建“标志”图层，在第 5 帧上单击鼠标右键，插入空白关键帧，从“库”面板中将“标志遮罩”影片剪辑元件拖动到舞台中，放置在图 7-2-10 所示的位置。

图 7-2-10　标志遮罩的位置

②在“标志”图层的第 10 帧插入关键帧，选择第 5 帧的“标志遮罩”元件，将 Alpha 值设为 0%。选择第 5 帧，在“属性”面板中创建动画补间动画。锁定“标志”图层。

（5）制作文字标志淡入效果

1）新建“文字标志”图形元件，设置字体为“华文琥珀”，字体大小为 40，输入文字“欢乐熊猫文具”，颜色如图 7–2–11 所示。为文字添加“投影”滤镜，设置如图 7–2–12 所示。

图 7–2–11　文字标志

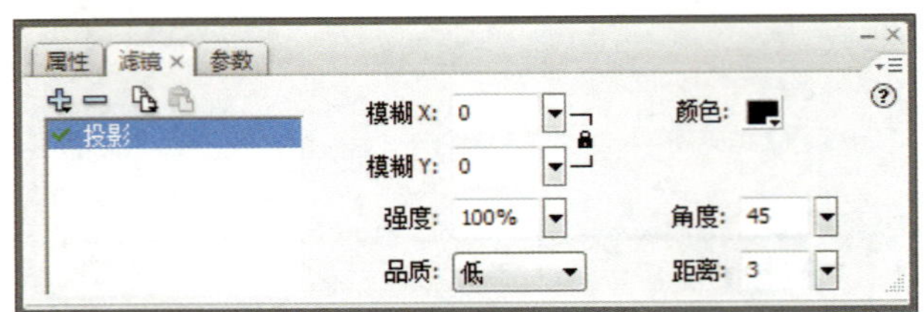

图 7–2–12　设置滤镜

2）添加文字标志淡入效果

①返回场景 1，新建“文字标志”图层，在第 10 帧上单击鼠标右键，插入空白关键帧，从“库”面板中将“文字标志”元件拖动到舞台中，放置如图 7–2–13 所示的位置。

图 7–2–13　文字标志的位置

②在“文字标志”图层的第 15 帧插入关键帧，选择第 10 帧的“文字标志”元件，将 Alpha 值设为 0%。选择第 10 帧，在“属性”面板中创建动画补间动画。锁定“文字标志”图层。

至此，场景 1 动画制作完成，按“Enter”键可测试效果。

3．制作场景 2 动画

（1）创建背景层

1）新建场景 2，将图层 1 重命名为“背景”，选择矩形工具，设置笔触颜色为无，填充颜色为粉色（#FCA783），在舞台中绘制一个矩形，按图 7–2–14 所示调整矩形的大小和位置。

图 7-2-14　场景 2 的背景

2）在第 5 帧插入关键帧，选择第 1 帧的矩形，使用任意变形工具将矩形向左收缩成一条线。选择第 1 帧，在“属性”面板中创建形状补间动画。在第 70 帧插入帧，锁定“背景”图层。

（2）制作圆效果

1）新建“圆”图形元件，选择椭圆工具，设置笔触颜色为无、填充颜色为橙色（#FF9933），在舞台中绘制一个圆形，设置其宽和高均为 50，如图 7-2-15 所示。

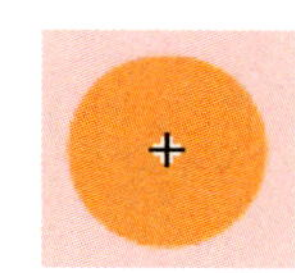

图 7-2-15　绘制圆形

2）制作“圆效果”元件

①新建“圆效果”影片剪辑元件，选择图层 1 的第 1 帧，从“库”面板中将“圆”元件拖动到元件编辑区中，位置为（*X*：52.5，*Y*：-67），分别在第 20 帧和第 40 帧插入关键帧。选择第 1 帧的圆形，将其宽和高改为 8，Alpha 值设为 0%；选择第 20 帧的圆形，将其宽和高改为 35，Alpha 值设为 20%；选择第 40 帧的圆形，将其宽和高改为 60，Alpha 值设为 0%。选中图层 1 的所有帧，创建动画补间动画。

②新建图层 2，从“库”面板中将“圆”元件拖入元件编辑区中，位置为（*X*：2，*Y*：-63），分别在第 25 帧和第 40 帧插入关键帧。选择第 1 帧的圆形，将其宽和高改为 8，Alpha 值设为 0%；选择第 25 帧的圆形，将其宽和高改为 60，Alpha 值设为 70%；选择第 40 帧的圆形，将其宽和高改为 88，Alpha 值设为 20%。选中图层 2 的所有帧，创建动画补间动画。

③新建图层 3，从“库”面板中将“圆”元件拖入元件编辑区中，位置为（*X*：-20，*Y*：-82），分别在第 8 帧和第 18 帧插入关键帧。选择第 1 帧的圆形，将其宽和高改为 35，Alpha 值设为 70%；选择第 8 帧的圆形，将其宽和高改为 45，Alpha 值设为 20%；选择第 18 帧的圆形，将其宽和高改为 70，Alpha 值设为 0%。选中图层 3 的所有帧，创建动画补间动画。

至此，“圆效果”元件制作完毕，其时间轴面板如图 7-2-16 所示。

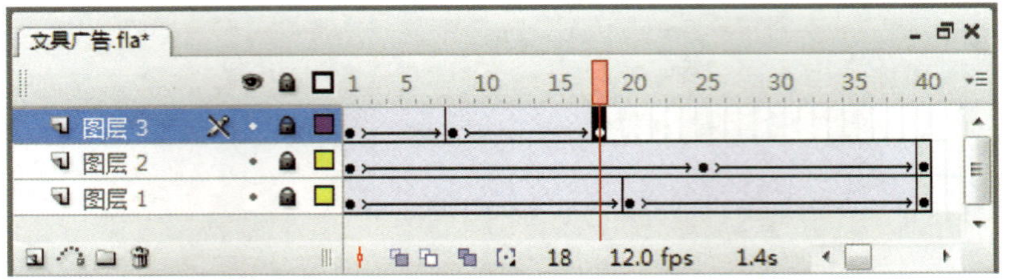

图 7-2-16 “圆效果”元件的时间轴面板

3）返回场景 2，新建“圆”图层，在第 5 帧上单击鼠标右键，插入空白关键帧，从“库”面板中将“圆效果”元件拖入舞台中并复制两个，按照图 7-2-17 所示位置摆放，锁定“圆”图层。

图 7-2-17 圆效果进舞台

（3）制作笔逐帧显示效果

1）新建“笔”图层，在第 10 帧上单击鼠标右键，插入空白关键帧，从“库”面板中将“圆珠笔 1”元件拖入舞台中，放置在图 7-2-18 所示的位置。

2）在第 13 帧上单击鼠标右键，插入关键帧，从“库”面板中将“圆珠笔 2”元件拖入舞台中，放置在图 7-2-19 所示的位置。

图 7-2-18 圆珠笔 1 的位置

图 7-2-19 圆珠笔 2 的位置

3）依此方法，每隔两帧就插入关键帧，从“库”面板中依次将“圆珠笔 3”“铅笔 1”“铅笔 2”“铅笔 3”“毛笔 1”“毛笔 2”和“毛笔 3”元件拖动到舞台中摆放好位置，如图 7-2-20 所示。

图 7-2-20　笔元件的摆放位置

4）在第 47 帧插入空白关键帧，“笔”图层的时间轴面板如图 7-2-21 所示。锁定“笔”图层。

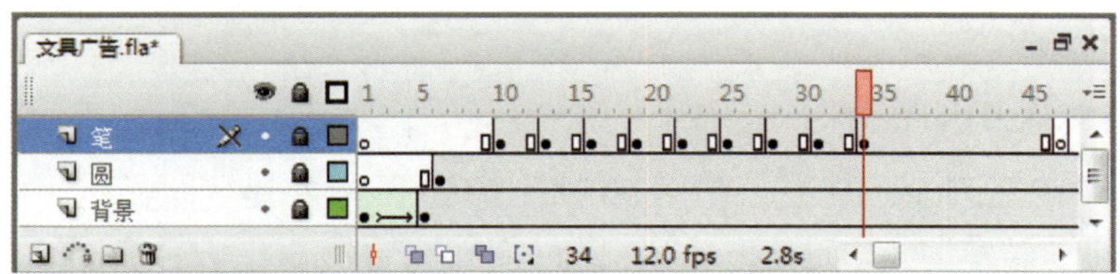

图 7-2-21　“笔”图层的时间轴面板

（4）制作橡皮出现效果

1）新建“橡皮 1”图层，在第 50 帧上单击鼠标左键，插入空白关键帧，从“库”面板中将“橡皮 1”元件拖动到舞台中并放置在舞台下方，如图 7-2-22 所示。

图 7-2-22　第 50 帧的橡皮 1

2）在第 56 帧插入关键帧，将“橡皮 1”元件沿垂直方向移动到舞台中央，如图 7–2–23 所示。选择第 50 帧，在“属性”面板中创建动画补间动画，实现“橡皮 1”元件的上移效果。

图 7–2–23　第 56 帧的橡皮 1

3）依此方法，新建“橡皮 2”和“橡皮 3”两个图层，并制作将“橡皮 2”和“橡皮 3”元件从舞台下方上移到舞台中央的效果。在制作过程中要注意橡皮的摆放位置，锁定各橡皮所属的图层。

（5）制作转笔刀出现效果

1）新建“转笔刀 1”图层，在第 50 帧上单击鼠标左键，插入空白关键帧，从“库”面板中将“转笔刀 1”元件拖动到舞台中并放置在舞台上方，如图 7–2–24 所示。

图 7–2–24　第 50 帧的转笔刀 1

2）在第 56 帧插入关键帧，将“转笔刀 1”元件沿垂直方向移动到舞台中央，如图 7-2-25 所示。选择第 50 帧，在“属性”面板中创建动画补间动画，实现“转笔刀 1”元件的下移效果。

图 7-2-25　第 56 帧的转笔刀 1

3）依此方法，新建“转笔刀 2”和“转笔刀 3”两个图层，并制作将“转笔刀 2”和“转笔刀 3”元件从舞台上方下移到舞台中央的效果。在制作过程中要注意转笔刀的摆放位置，锁定各转笔刀所属的图层。

至此，场景 2 动画制作完毕，按“Enter”键可测试效果。

4. 制作场景 3 动画

（1）创建背景层

新建场景 3，将场景 1 中的“背景”图层复制到场景 3 图层 1 的第 1 帧，摆放好位置，调整其大小，如图 7-2-26 所示。在第 40 帧插入帧，锁定“背景”图层。

图 7-2-26　场景 3 背景

（2）制作标志淡入效果

1）新建“标志”图层，从“库”面板中将“标志遮罩”影片剪辑元件拖动到舞台中，放置在图 7-2-27 所示的位置。

图 7-2-27　标志遮罩位置

2）在第 5 帧插入关键帧，选择第 1 帧的“标志遮罩”元件，将其 Alpha 值设为 0%。选择第 1 帧，在“属性”面板中创建动画补间动画，锁定“标志”图层。

（3）添加文字标志淡入效果

1）新建“文字标志”图层，在第 5 帧上单击鼠标右键，插入空白关键帧，从“库”面板中将“文字标志”元件拖动到舞台中，放置在图 7-2-28 所示的位置。

图 7-2-28　文字标志位置

2）在第 10 帧插入关键帧，选择第 5 帧的“文字标志”元件，在“属性”面板中将其 Alpha 值设为 0%。选择第 5 帧，在“属性”面板中创建动画补间动画，锁定“文字标志”图层。

（4）制作广告语变形特效

1）新建图层 4，在第 10 帧插入空白关键帧，选择文本工具，设置字体为“华文琥珀”，字体大小为 25，文本颜色为红色（#FF0033），输入广告语“伴随你快乐成长!”，使用渐变变形工具沿逆时针方向旋转文字，如图 7-2-29 所示。

2）执行“插入”→“时间轴特效”→“变形 / 转换”→“变形”命令，打开“变形”对话框，设置效果持续时间为 15 帧，缩放比例为 150%，勾选“更改颜色”复选框，并将最终颜色设为红色，如图 7-2-30 所示。

图 7-2-29　广告语位置

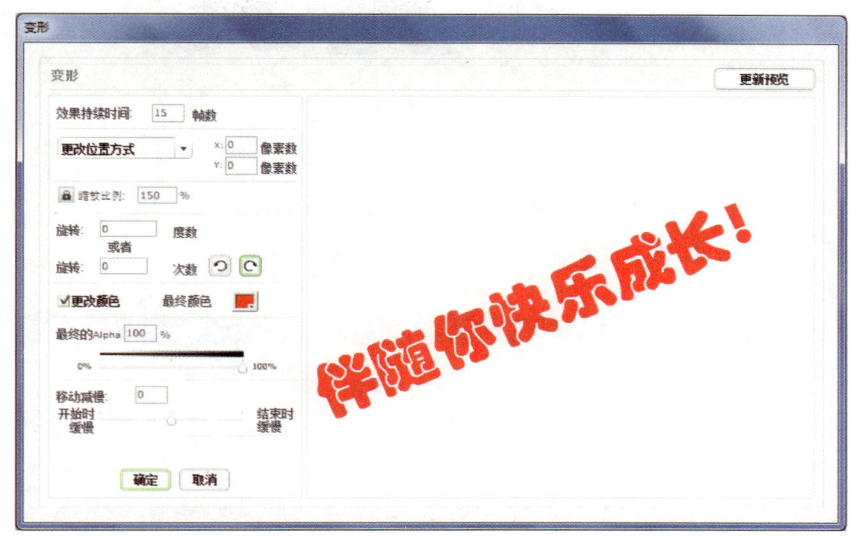

图 7-2-30　设置“变形”对话框

3）单击“确定”按钮，回到舞台中，Flash 会自动将图层 4 更名为“变形 1”，同时“库”面板中自动生成“变形 1”图形元件和特效文件夹。在舞台中选择广告语“伴随你快乐成长!”，在“属性”面板中设置“播放一次”，如图 7-2-31 所示。在第 40 帧插入帧，锁定“变形 1”图层。

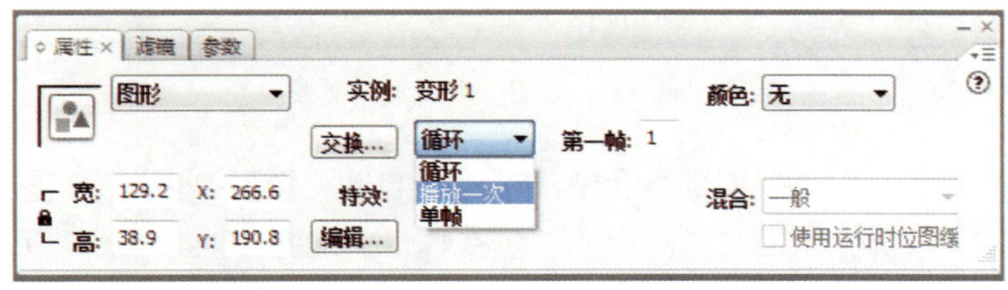

图 7-2-31　设置“属性”面板

（5）制作欢欢、乐乐转换特效

1）新建图层 5，在第 15 帧插入空白关键帧，从“库”面板中将“欢欢乐乐”元件拖动到舞台中，放置在图 7-2-32 所示的位置。

操作演示

图 7-2-32　欢欢、乐乐的位置

2）执行“插入”→“时间轴特效”→“变形 / 转换”→“转换”命令，打开“转换”对话框，设置效果持续时间为 15 帧，如图 7-2-33 所示。

图 7-2-33　设置“转换”对话框

3）单击“确定”按钮，回到舞台中，Flash 会自动将图层 5 更名为“转换 2”，同时“库”面板中自动生成“转换 2”图形元件。在舞台上选择“欢欢乐乐”元件，在“属性”面板中设置“播放一次”，如图 7-2-34 所示。在第 40 帧插入帧，锁定“转换 2”图层。

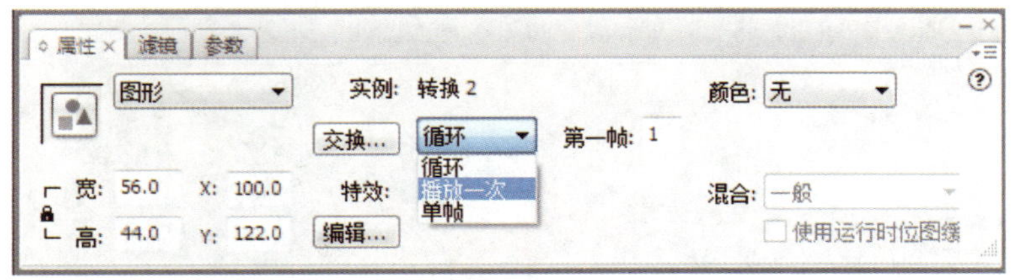

图 7-2-34　设置“属性”面板

（6）输入公司名称

新建“公司名称”图层，在第 30 帧插入空白关键帧，选择文本工具，设置字体为“黑体”，字体大小为 30，文本颜色为蓝色（#0000FF），切换粗体，在舞台底部输入文字“欢乐熊猫文化用品有限公司”，如图 7-2-35 所示。

图 7-2-35　输入公司名称

至此，文具广告动画制作完毕。

5. 测试与保存

执行“控制”→“测试影片”命令，观察动画效果，如果对效果满意，执行“文件”→“保存”命令，将文件保存为“文具广告 .fla”。

项目实训

综合利用动画技术和时间轴特效制作企业广告（见图 7-2-36）。

图 7-2-36 制作企业广告

效果演示

项目八
MTV 制作

MTV 是一种现代视频技术，它将精美的画面配以动听的歌曲，带来视觉和听觉的双重享受。本项目通过制作 MTV，介绍位图文件和声音文件在 Flash 中的应用，以及声音同步的方法。

任务 1　制作咏梅 MTV

1. 掌握导入声音文件的方法以及使声音与诗词同步的方法。
2. 能综合运用动画制作方法和导入声音、声音同步等技术制作 MTV。

本任务是一个诗歌朗诵 MTV 制作实例。在制作中，使用了导入声音和声音同步等技术，效果如图 8-1-1 所示。要完成本任务，除了掌握声音文件的导入方法外，还要掌握声音与诗词同步的方法。

效果演示

图 8-1-1 咏梅 MTV 效果图

在 Flash 动画中，可以添加声音以提高动画效果，从而增强作品的吸引力。Flash 本身不具备制作音频的功能，因而只能将制作好的声音文件导入 Flash 中使用。可以导入 Flash 中的声音文件格式有 wav、mp3、aiff 和 wmv。

一、导入声音文件的方法

1. 执行“文件”→“导入”→“导入到库”命令，将声音文件导入到“库”面板中。

2. 在时间轴面板中为声音文件创建一个独立的图层。

3. 选中声音文件图层，从“库”面板中将声音文件拖入舞台中。

4. 导入声音文件后，在时间轴的帧上，声音只是一条短直线，如图 8–1–2 所示。按“F5”键将帧延长，一直到声音文件播完为止，声音变为波纹线形状，如图 8–1–3 所示。

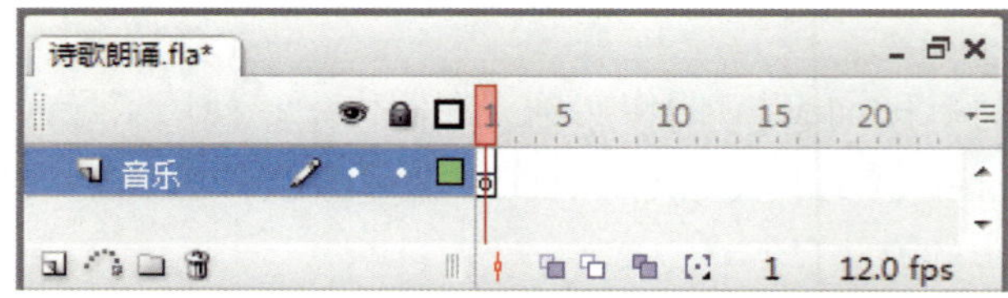

图 8-1-2 导入声音文件后的时间轴面板

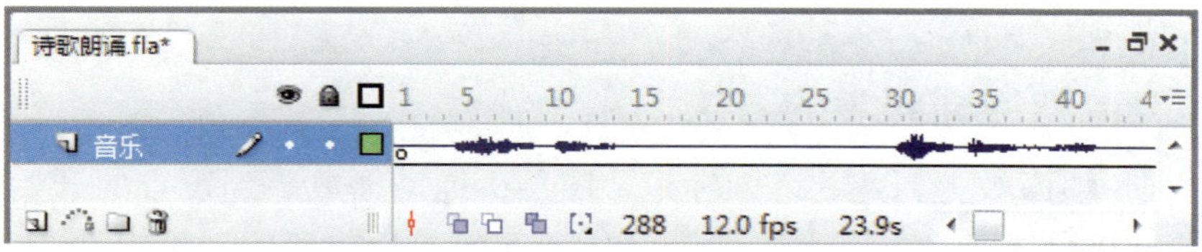

图 8-1-3 延长帧后的时间轴面板

二、声音文件的“属性”面板

声音文件的“属性”面板如图 8-1-4 所示，其中常用选项的含义如下。

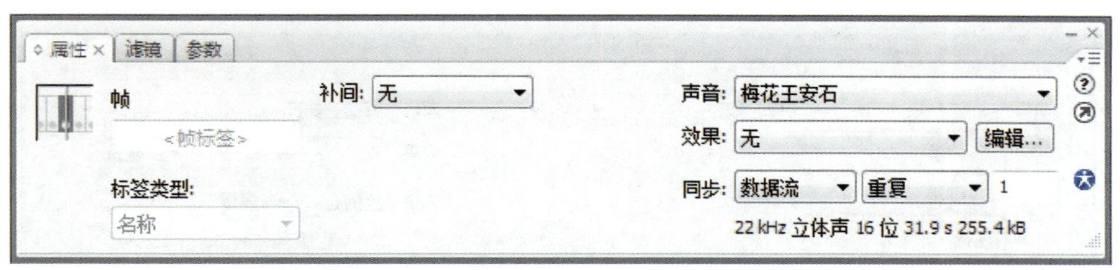

图 8-1-4 声音文件的“属性”面板

1. 声音：用于选择导入的声音文件。

2. 效果：可以选择 Flash 自带的声音效果。

3. 编辑：单击此按钮会弹出“编辑封套”对话框，可对声音文件进行编辑。

4. 同步：用于选择声音和动画的同步类型，其各选项如图 8-1-5 所示，各选项的含义如下。

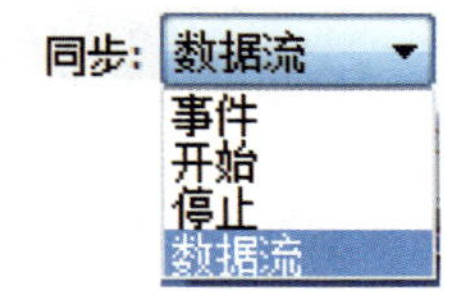

图 8-1-5 “同步”选项

（1）事件：将声音与一个事件的发生过程同步起来，声音在事件的起始关键帧显示时开始播放，并独立于时间轴播放完整的声音，即使 swf 格式的文件播放停止，声音也会继续播放，所以此选项适合播放较短的声音。

（2）开始：与“事件”选项类似，但是如果声音文件正在播放中，使用“开始”选项则不会播放新的声音实例。

（3）停止：将使指定的声音静音。

（4）数据流：将同步声音，强制动画与音频流同步。与“事件”选项不同，音频流会随着 swf 格式文件的停止而停止。

5. 重复：该下拉列表中包含两个选项，各选项的具体含义如下。

（1）重复：控制导入的声音文件的播放次数，在其后面的输入框中可输入重复播放的次数。

（2）循环：让声音文件循环播放，不停止。

三、声音与诗词同步的方法

1. 在时间轴面板上新建“诗词标记”图层，拖动播放头到声音的开始位置，按“Enter”键，开始播放声音。当听到第一句诗词的起始位置时，再次按“Enter”键，声音停止播放。在声音停止的这一帧按“F7”键，将此帧转换为空白关键帧，打开“属性”面板，在帧标签中输入文字“第一句”，从“标签类型”下拉列表中选择“注释”。将第一句诗词起始位置的帧注释添加完成后，如图 8-1-6 所示。再次按“Enter”键，继续播放声音，用同样的方法在所有诗词的起始位置加上帧注释。

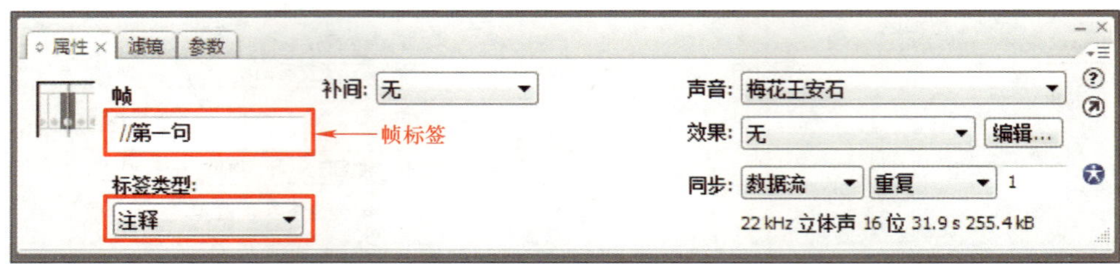

图 8-1-6 添加帧注释

2. 新建“诗词”图层，把播放头定位到“诗词标记”图层中标签为“第一句”的帧上，选中“诗词”图层上相同的帧，按“F7”键插入空白关键帧，在舞台上输入诗词。在第一句诗词加好以后，拖动播放头到“诗词标记”图层中标签为“第二句”的帧上，选中“诗词”图层上相同的帧，按“F7”键插入空白关键帧，在舞台上输入第二句诗词。用同样的方法依次输入所有诗词。

1. 创建咏梅 MTV 文档

新建一个 Flash 文档（ActionScript 2.0），设置舞台尺寸为 900 × 550 像素，背景颜色为浅绿色（#99CC99），将文档保存为“咏梅 .fla”。

2. 复制“咏梅库 . fla”中的元件

打开素材文件“咏梅库 .fla”，从“库”面板中选择所有元件，单击鼠标右键，从弹出的快捷菜单中选择“复制”选项，切换到新文档的编辑窗口，打开“库”面板，单击鼠标右键，从弹出的快捷菜单中选择“粘贴”选项，以将“咏梅库 .fla”中的所有元件复制到当前文档的“库”面板中备用。

3. 制作卷轴打开效果

（1）将“图层 1”重命名为“底纹”，将“库”面板中的“底纹 .jpg”图片拖动到舞台中。使用“对齐”面板对图片进行位置调整，使其与舞台中心对齐，如图 8–1–7 所示。在第 320 帧插入帧，锁定“底纹”图层。

（2）在“底纹”图层的上方新建“梅花”图层，将“库”面板中的“梅花 .jpg”图片拖动到舞台中。使用“对齐”面板对图片进行位置调整，使其与舞台中心对齐，如图 8–1–8 所示，锁定“梅花”图层。

图 8–1–7　“底纹”图层

图 8–1–8　“梅花”图层

（3）在“梅花”图层的上方新建“左卷轴”图层，将“库”面板中的“卷轴 .jpg”图片拖动到舞台中，并将图片放到舞台中间偏左侧的位置。使用“对齐”面板对图片进行位置调整，使其相对于舞台垂直中齐，如图 8–1–9 所示。

（4）在“左卷轴”图层的第 30 帧插入关键帧，移动“卷轴 .jpg”图片，使其与“底纹 .jpg”图片的左侧对齐，如图 8–1–10 所示。选中第 1 帧，创建动画补间动画。锁定“左卷轴”图层。

图 8–1–9　“左卷轴”图层的第 1 帧

图 8–1–10　“左卷轴”图层的第 30 帧

（5）在“左卷轴”图层的上方新建“右卷轴”图层，将“库”面板中的“卷轴 .jpg”图片拖动到舞台中，使其与“左卷轴”图层第 1 帧的“卷轴”位置相邻。使用

“对齐”面板对图片进行位置调整，使其相对于舞台垂直中齐，如图 8-1-11 所示。

（6）在“右卷轴”图层的第 30 帧插入关键帧，移动“卷轴 .jpg”图片，使其与“底纹 .jpg”图片的右侧对齐，如图 8-1-12 所示。选中第 1 帧，创建动画补间动画。锁定“右卷轴”图层。

图 8-1-11 “右卷轴”图层的第 1 帧

图 8-1-12 “右卷轴”图层的第 30 帧

（7）在“右卷轴”图层的上方新建“遮罩 1”图层，选择矩形工具，设置笔触颜色为无，填充颜色任意，在舞台中间绘制一个与左卷轴和右卷轴组合宽度相等的矩形，如图 8-1-13 所示。

（8）使用选择工具，在“遮罩 1”图层的第 30 帧插入关键帧。使用任意变形工具，调整矩形的大小，使其与“底纹 .jpg”图片的长度相等，如图 8-1-14 所示。

图 8-1-13 “遮罩 1”图层的第 1 帧

图 8-1-14 “遮罩 1”图层的第 30 帧

（9）使用选择工具，选中“遮罩 1”图层的第 1 帧创建形状补间动画。将“遮罩 1”图层移动到“左卷轴”图层的下方，锁定“遮罩 1”图层。

（10）选中“遮罩 1”图层，单击鼠标右键，从弹出的快捷菜单中选择“遮罩层”，将“梅花”和“底纹”图层设置为被遮罩层。时间轴面板中各图层的顺序如图 8-1-15 所示。

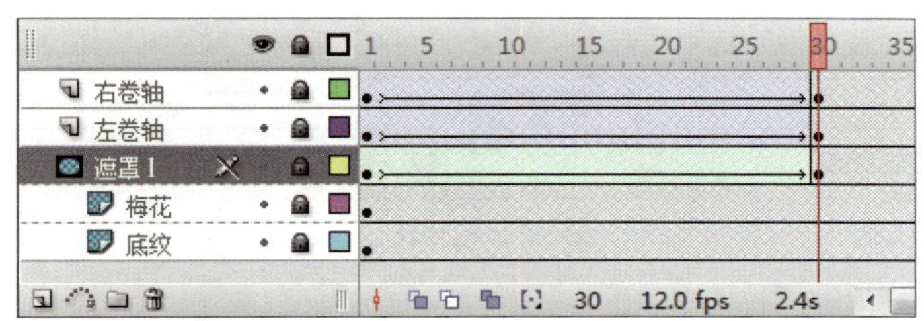

图 8-1-15　时间轴面板中各图层的顺序

4. 导入声音

（1）在“右卷轴”图层的上方新建“声音”图层，在第 31 帧插入关键帧，从“库”面板中将“梅花王安石 .wav”声音文件拖动到舞台中。

（2）在“属性”面板中将“同步”选项设置为“数据流”，重复 1 次，如图 8-1-16 所示，锁定“声音”图层。

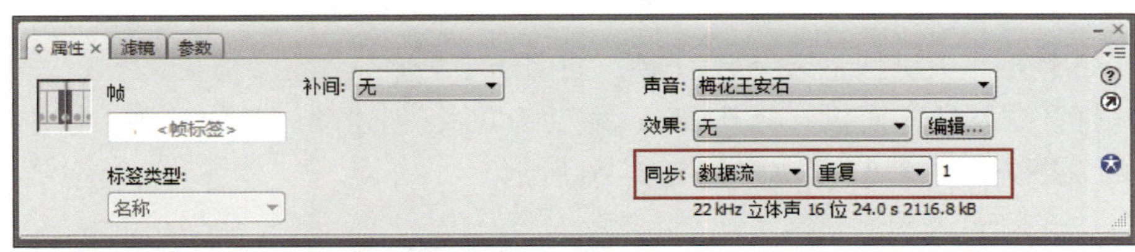

操作演示

图 8-1-16　同步设置

5. 制作诗词标记

（1）在“声音”图层的上方新建“诗词标记”图层，拖动播放头到第 31 帧的位置，按“Enter”键播放声音。

（2）当听到第一句朗诵的起始位置时，再次按“Enter”键停止播放，使红色的播放头停止在第 35 帧。

（3）在“诗词标记”图层的第 35 帧插入空白关键帧，打开“属性”面板，在帧标签中输入“片名”，在“标签类型”下拉列表中选择“注释”，如图 8-1-17 所示，第一句朗诵起始位置的帧注释添加完成。此时时间轴面板上的片名标记如图 8-1-18 所示。

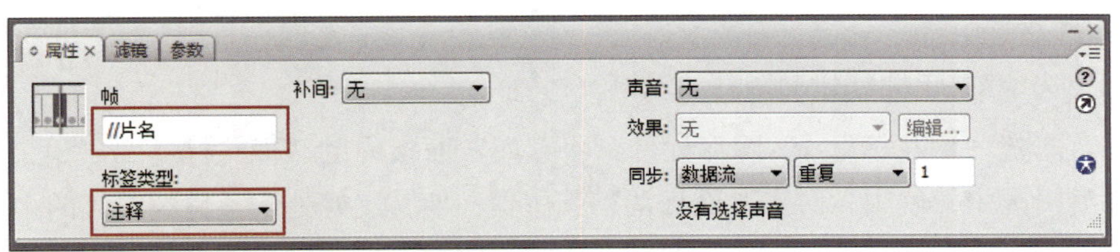

图 8-1-17　添加帧注释

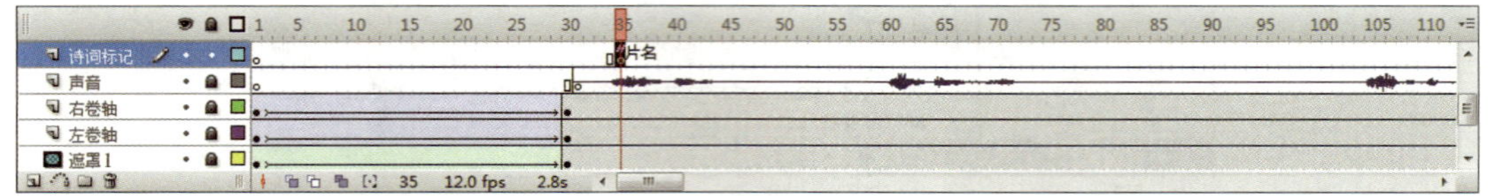

图 8-1-18　时间轴面板上的片名标记

（4）通过反复、仔细地听，确定每句的起始帧分别在第 60 帧、第 105 帧、第 150 帧、第 206 帧和第 248 帧上，在这些帧上添加帧注释，帧标签依次为“诗作者”“第一句”“第二句”“第三句”和“第四句”。诗词标记添加完毕，锁定该图层。

6. 制作片名效果

（1）新建“梅花文字 1”图形元件，将“库”面板中的“梅花文字 .jpg”图片拖动到元件编辑区中，使用“对齐”面板调整其位置，使其正好处于元件编辑区的中心。

（2）返回到场景 1 中，在“诗词标记”图层上方新建“梅花文字”图层，在第 31 帧插入关键帧，将“梅花文字 1”图形元件拖动到舞台的中心位置。

（3）在第 45 帧插入关键帧，选中第 31 帧。使用任意变形工具将“梅花文字 1”图形元件缩小，打开“属性”面板，将其 Alpha 值设为 0%，创建动画补间动画。第 31 帧和第 45 帧的效果分别如图 8-1-19 和图 8-1-20 所示。

图 8-1-19 “梅花文字”图层的第 31 帧

图 8-1-20 “梅花文字”图层的第 45 帧

（4）分别在“梅花文字”图层的第 71 帧和第 85 帧插入关键帧，选中第 85 帧，将“梅花文字 1”图形元件移动到舞台的左上角并缩小，将其 Alpha 值设为 0%，如图 8-1-21 所示。

（5）选中第 71 帧创建动画补间动画。

（6）新建“梅花标题 1”图形元件，将“库”面板中的“梅花标题 .jpg”图片拖动到元件编辑区中，使用“对齐”面板调整其位置，使其正好处于元件编辑区的中心。

（7）返回到场景 1 中，在“梅花文字”图层的上方新建“梅花标题”图层，在第 71 帧插入关键帧，将“梅花标题 1”图形元件拖动到舞台的左上角，如图 8-1-22 所示。

图 8-1-21　“梅花文字”图层的第 85 帧

图 8-1-22　“梅花标题”图层的第 71 帧

（8）在第 85 帧插入关键帧，选中第 71 帧，将“梅花标题 1”图形元件的 Alpha 值设为 0%，创建动画补间动画。

（9）在“梅花标题”图层的上方新建“梅花开”图层，在第 85 帧插入关键帧，将“库”面板中的“梅花开”影片剪辑元件拖动到舞台的左上角，如图 8-1-23 所示。

（10）新建“王安石”图形元件，选择文本工具，设置字体为黑体，字体大小为 40，文本颜色为红色，切换粗体，在元件编辑区中输入“王安石”。

（11）为文本添加“斜角”和“投影”滤镜效果，如图 8-1-24 所示。“斜角”滤镜的参数设置如图 8-1-25 所示，“投影”滤镜的参数设置如图 8-1-26 所示。

图 8-1-23　“梅花开”元件的位置

图 8-1-24　添加文字效果

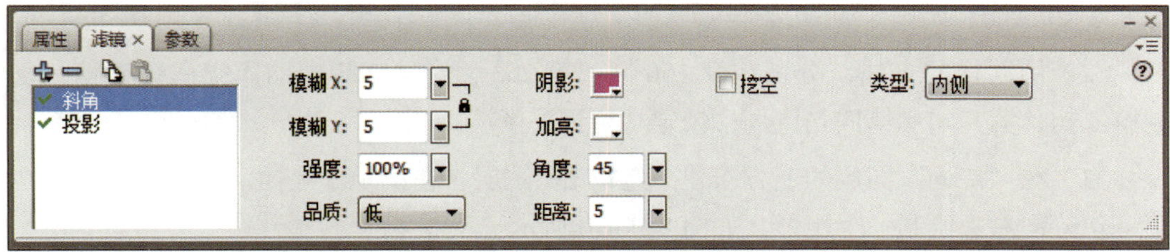

图 8-1-25　“斜角”滤镜的参数设置

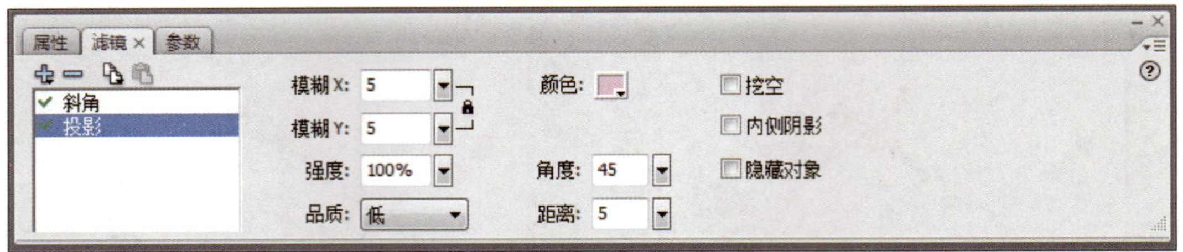

图 8-1-26 “投影”滤镜的参数设置

（12）返回到场景 1 中，在“梅花开”图层上方新建“作者”图层，在第 60 帧插入关键帧，将“王安石”图形元件拖动到舞台中，位置如图 8–1–27 所示。

（13）分别在第 71 帧和第 85 帧插入关键帧，选中第 60 帧，将“王安石”图形元件的 Alpha 值设为 0%。选中第 85 帧，将“王安石”图形元件移动到舞台的左上角，位置如图 8–1–28 所示。

图 8-1-27 第 60 帧“王安石”图形元件的位置

图 8-1-28 第 85 帧“王安石”图形元件的位置

（14）分别在第 60 帧和第 71 帧创建动画补间动画。

7. 制作诗词遮罩效果

（1）在“作者”图层的上方新建“诗词”图层。打开素材库中的“梅花 .txt”文件，复制第一句诗词。在第 105 帧插入空白关键帧，选择文本工具，设置字体为“黑体”，字体大小为 40，文本颜色为黑色，切换粗体，将第一句诗词粘贴到舞台下方，如图 8–1–29 所示。

（2）用同样的方法，分别在第 150 帧、第 206 帧和第 248 帧插入空白关键帧，复制第二句、第三句和第四句诗词，锁定“诗词”图层。

（3）在“诗词”图层的上方新建“遮罩 2”图层，在第 105 帧插入空白关键帧，在第一句诗词左边绘制一个矩形，如图 8–1–30 所示。

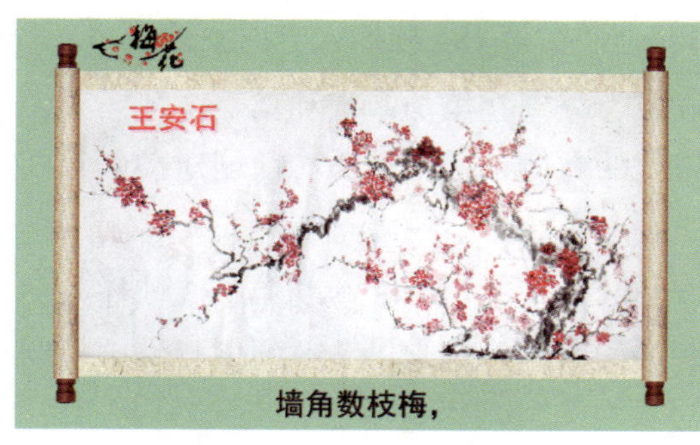

图 8-1-29　第一句诗词

图 8-1-30　第 105 帧的遮罩条

（4）在第 131 帧插入关键帧，使用任意变形工具向右拉宽矩形，使其刚好遮盖住诗词，如图 8-1-31 所示。

（5）用同样的方法，在每句诗词的开始帧和结束帧上制作遮罩条，在“属性”面板中创建形状补间动画。

（6）选中“遮罩 2”图层，单击鼠标右键，选择“遮罩层”。

（7）在“遮罩 2”图层的上方新建“梅花开诗词”图层，在第 90 帧插入关键帧，将“库”面板中的“梅花开”影片剪辑元件拖动到舞台中，并将其放到诗词的左侧，如图 8-1-32 所示。

图 8-1-31　第 131 帧的遮罩条

图 8-1-32　第 90 帧“梅花开”元件的位置

（8）分别在第 105 帧和第 131 帧插入关键帧，将第 131 帧的“梅花开”元件移动到诗词的右侧，位置如图 8-1-33 所示。

（9）选中第 105 帧创建动画补间动画。在第 132 帧插入空白关键帧。

（10）复制第 90 帧，并将其粘贴到第 135 帧。分别在第 150 帧和第 183 帧插入关键帧，将第 183 帧的“梅花开”元件移

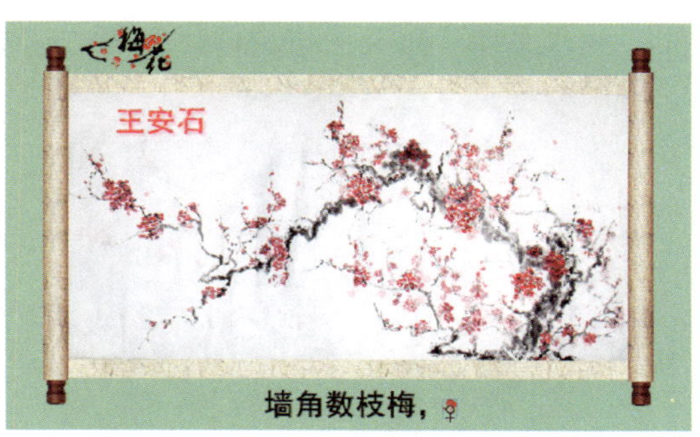

图 8-1-33　第 131 帧“梅花开”元件的位置

动到诗词的右侧，选中第 150 帧创建动画补间动画。在第 184 帧插入空白关键帧。

（11）复制第 90 帧，并将其粘贴到第 190 帧。分别在第 206 帧和第 237 帧插入关键帧，将第 237 帧的“梅花开”元件移动到诗词的右侧，选中第 206 帧创建动画补间动画。在第 238 帧插入空白关键帧。

（12）复制第 90 帧，并将其粘贴到第 239 帧。分别在第 248 帧和第 283 帧插入关键帧，将第 283 帧的“梅花开”元件移动到诗词的右侧，选中第 248 帧创建动画补间动画。在第 284 帧插入空白关键帧。

8. 制作梅花开放效果

（1）在“梅花开诗词”图层的上方新建“梅花开装饰”图层，在第 100 帧插入关键帧，将“梅花开”元件拖动到舞台中，改变其大小和 Alpha 值，形成梅花开放的效果，如图 8-1-34 所示。

（2）用同样的方法，每隔 10 帧插入关键帧，并拖动一个“梅花开”元件到舞台中，摆放好位置，改变其大小和 Alpha 值，直到第 280 帧。第 280 帧的效果如图 8-1-35 所示。

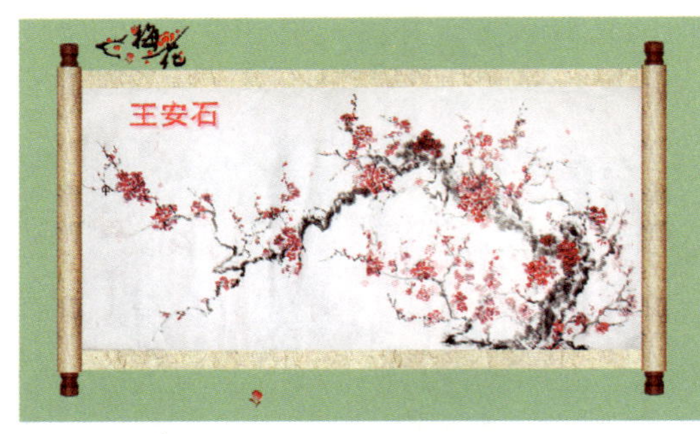

图 8-1-34　第 100 帧“梅花开”元件的位置

图 8-1-35　第 280 帧的效果

9. 测试与保存

执行“控制”→“测试影片”命令，观察动画效果，如果对效果满意，执行“文件”→“保存”命令，将文件保存为“咏梅 .fla”。

任务 2　制作蜗牛与黄鹂鸟 MTV

1. 掌握设置声音效果的方法。
2. 能熟练地运用动画制作方法和导入声音、声音同步等技术制作 MTV。

本任务是一个 MTV 制作实例，综合运用动画制作方法和导入声音、声音同步等技术制作蜗牛与黄鹂鸟 MTV，效果如图 8-2-1 所示。要完成本任务，除了熟练掌握声音文件的导入方法外，还要掌握声音与歌词同步的方法。

图 8-2-1　蜗牛与黄鹂鸟 MTV 效果图

效果演示

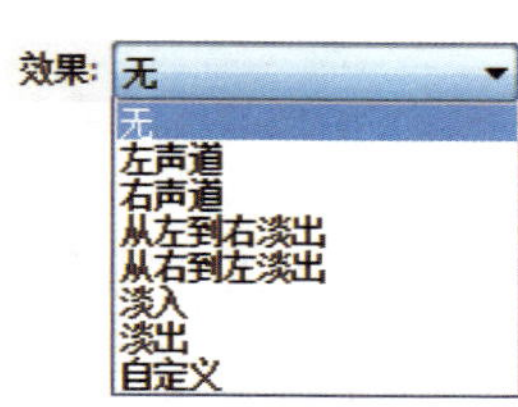

图 8-2-2　“效果”选项

在 MTV 中添加声音后，通过“属性”面板中的“效果”选项可以设置声音效果，如图 8-2-2 所示，其中各选项的含义如下。

1. 无：播放声音时将不使用任何特殊效果。

2. 左声道：只在左声道中播放声音。

3. 右声道：只在右声道中播放声音。

4. 从左到右淡出：让声音从左声道传到右声道。

5. 从右到左淡出：让声音从右声道传到左声道。

6. 淡入：使声音逐渐增大。

7. 淡出：使声音逐渐减小。

8. 自定义：选择该选项可以自己创建声音效果，并利用“编辑封套”对话框编辑声音。

1. 创建蜗牛与黄鹂鸟 MTV 文档

新建一个 Flash 文档（ActionScript 2.0），设置舞台尺寸为 550×400 像素，背景颜色为白色，将文档保存为“蜗牛与黄鹂鸟 .fla”。

2. 制作歌曲歌词部分

（1）导入歌曲

1）将素材库中的“蜗牛与黄鹂鸟 .wav”声音文件导入到“库”面板中。

2）将图层 1 重命名为“歌曲”，选择第 1 帧，把声音文件拖动到舞台上，在“属性”面板中将“同步”选项设为“数据流”，“重复”选项设为 1 次，如图 8-2-3 所示。

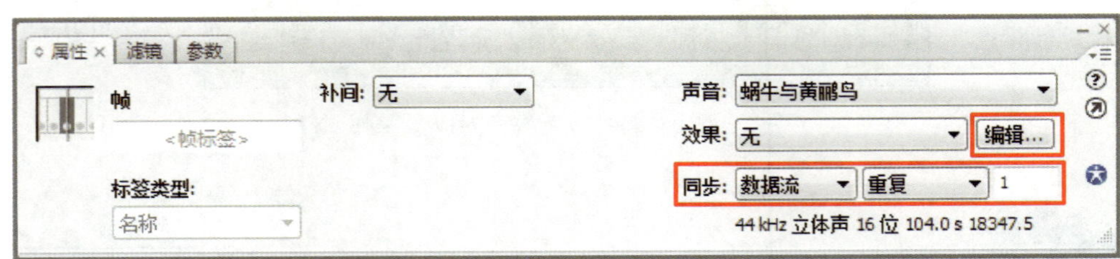

图 8-2-3 “同步”选项设置

3）单击“属性”面板中的“编辑”按钮，弹出“编辑封套”对话框，查看此声音文件，它共有 1 250 帧，如图 8-2-4 所示。

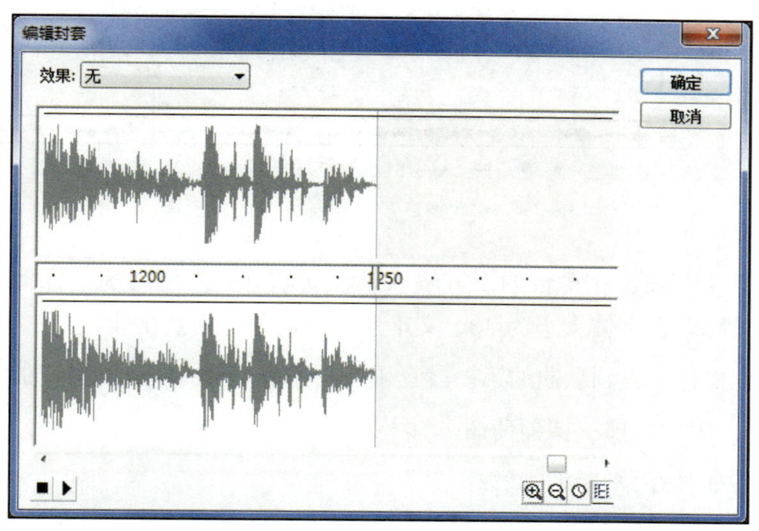

图 8-2-4 “编辑封套”对话框

4）在“歌曲”图层的第 1 250 帧处插入帧。

小贴士

一般情况下，时间轴面板最多只有 600 多帧，要在第 1 250 帧插入关键帧，可以先在 600 帧处插入帧，此时时间轴上会多出许多帧，重复此操作，就可以找到第 1 250 帧。

5）选择第 1 250 帧，在“属性”面板中将“效果”选项设置为“淡出”，如图 8-2-5 所示，锁定“歌曲”图层。

图 8-2-5 “效果”选项设置

（2）制作歌词底层

1）新建“歌词底层”图层，按“Enter”键开始播放歌曲。在听到第一句歌词的起始位置时，再次按“Enter”键，暂停播放，此时时间轴面板的播放头停在第 165 帧处，在第 165 帧处插入空白关键帧，如图 8-2-6 所示。

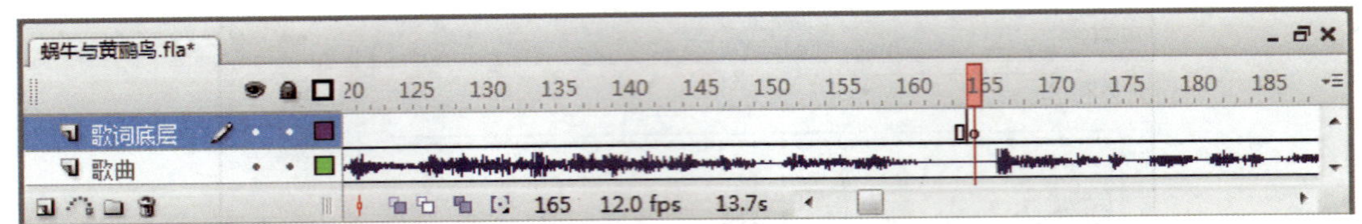

图 8-2-6 “歌词底层”图层的时间轴面板

2）选择第 165 帧，在舞台的下方输入第一句歌词“阿门阿前一棵葡萄树”，设置歌词字体为“黑体”，字体大小为 40，文本颜色为蓝色，切换粗体。

3）重复此操作，直到歌曲的第一段音乐播放完毕。第一段歌词对应的帧数如下。

第 165 帧：阿门阿前一棵葡萄树

第 205 帧：阿嫩阿嫩绿地刚发芽

第 245 帧：蜗牛背着那重重的壳呀

第 285 帧：一步一步地往上爬

第 325 帧：阿树阿上两只黄鹂鸟

第 365 帧：阿嘻阿嘻哈哈在笑它

第 405 帧：葡萄成熟还早得很哪

第 445 帧：现在上来干什么

第 485 帧：阿黄阿黄鹂儿不要笑

第 521 帧：等我爬上它就成熟了

4）第一段歌曲播放完毕，过门部分不需要歌词，因此在第 605 帧插入空白关键帧，使舞台中的歌词不再显示。

5）选择第 605 帧，按“Enter”键继续播放歌曲，在第 769 帧开始播放第二段音乐。

6）因为两段歌曲中的歌词完全相同，所以采用复制的方法完成对第二段的处理。首先选中第 165 帧，在按住“Shift”键的同时单击第 605 帧，选择第 165 帧 ~ 第 605 帧之间的所有帧。单击鼠标右键，从弹出的快捷菜单中选择“复制帧”选项，然后选中第 769 帧，单击鼠标右键，从弹出的快捷菜单中选择“粘贴帧”选项，完成歌词的复制。

7）在“歌词底层”图层的第 1 209 帧插入空白关键帧，删除第 1 209 帧之后的所有帧。

（3）制作歌词遮罩效果

1）制作歌词层

①复制“歌词底层”的所有帧，新建“歌词”图层，在第 1 帧上单击鼠标右键，选择“粘贴帧”选项。

②单击时间轴面板中的“编辑多个帧”按钮，选择“歌词”图层的所有帧以选中所有歌词，在“属性”面板中将文本颜色改为黄色，并添加“发光”滤镜，滤镜各项参数的设置如图 8–2–7 所示。

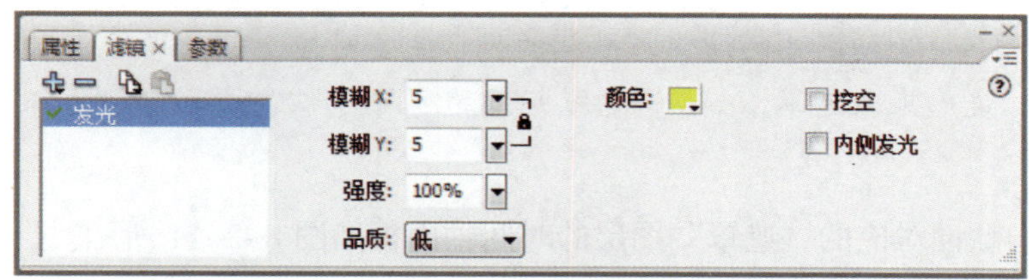

图 8–2–7　设置“发光”滤镜

2）制作遮罩层

①新建“遮罩”图层，在第 165 帧插入空白关键帧，绘制一个黑色矩形，如图 8–2–8 所示。

阿门阿前一棵葡萄树

图 8–2–8　第 165 帧的矩形

②按“Enter”键继续播放歌曲。当唱完“阿门”两个字的时候，暂停播放，此时播放头停留在第 169 帧上。在第 169 帧插入关键帧，将矩形拉长，使其正好覆盖住“阿门”两个字，如图 8–2–9 所示。

阿前一棵葡萄树

图 8–2–9　第 169 帧的矩形

③在第 165 帧 ~ 第 169 帧之间创建形状补间动画。

④继续播放歌曲，歌曲在“阿门”演唱完后稍有停顿，在第 172 帧插入关键帧。

⑤继续播放歌曲，当唱完“阿前”两个字的时候，暂停播放，此时播放头停留在第 176 帧上。在第 176 帧插入关键帧，将矩形拉长，使其正好覆盖住“阿前”两个字，如图 8–2–10 所示。

一棵葡萄树

图 8–2–10　第 176 帧的矩形

⑥在第 172 帧～第 176 帧之间创建形状补间动画。

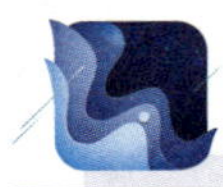

小贴士

为使歌曲的演唱与歌词的显示完美对应，可以将语速相同的歌词连起来做遮罩，如第一句歌词里的“阿门”“阿前”和“一棵”等。

⑦第一句歌词对应的“遮罩”图层的时间轴面板如图 8–2–11 所示。

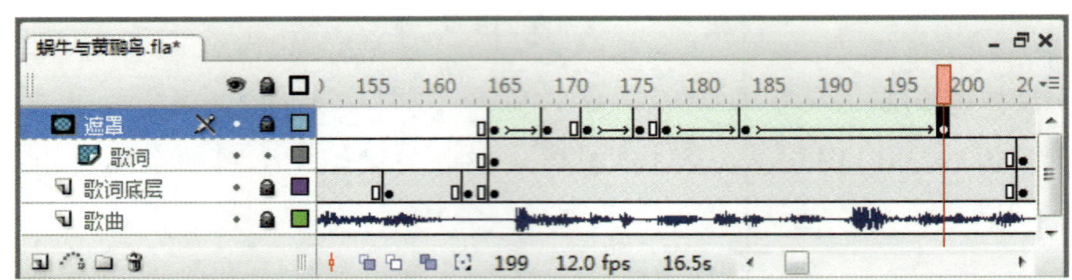

图 8–2–11 “遮罩”图层的时间轴面板

操作演示

⑧依此方法，制作其他歌词的遮罩部分，在第 605 帧插入空白关键帧。

⑨在完成第一段歌词遮罩效果的制作后，复制第 165 帧～第 605 帧，放到第 769 帧处。

⑩删除“遮罩”图层第 1 209 帧之后的所有帧。

⑪在“遮罩”图层上单击鼠标右键，从弹出的快捷菜单中选择“遮罩层”选项。

（4）制作倒计时效果

1）复制“歌词底层”图层的第 165 帧，将其粘贴到第 145 帧。

2）选择第 145 帧，绘制三个圆形，如图 8–2–12 所示。

3）复制第 145 帧，将其粘贴到第 151 帧，删除第三个圆形，如图 8–2–13 所示。

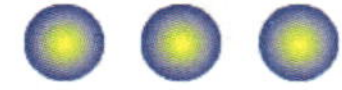

阿门阿前一棵葡萄树

图 8–2–12 “歌词底层”图层的第 145 帧

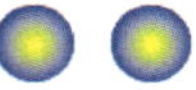

阿门阿前一棵葡萄树

图 8–2–13 “歌词底层”图层的第 151 帧

4）复制第 151 帧，将其粘贴到第 157 帧，删除第二个圆形，如图 8–2–14 所示。

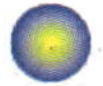

阿门阿前一棵葡萄树

图 8–2–14 “歌词底层”图层的第 157 帧

5）复制第 157 帧，将其粘贴到第 163 帧，删除最后一个圆形。

6）为了使第二段歌词也显示倒计时效果，将第 145 帧复制到第 749 帧上，第 151 帧复制到第 755 帧上，第 157 帧复制到第 761 帧上，第 163 帧复制到第 767 帧上。

至此，歌曲歌词部分制作完毕，锁定“歌词底层”图层。

3. 制作前奏部分

（1）复制“蜗牛与黄鹂鸟库 .fla”中的元件

打开素材文件“蜗牛与黄鹂鸟库 .fla”，将“库”面板中的“背景组”“鸟组”和“蜗牛组”文件夹复制到当前文档的“库”面板中备用。

（2）制作歌曲名称效果

1）在“歌曲”图层上方新建图层，重命名为“背景 1”。选择第 1 帧，将“库”面板中“背景组”文件夹下的“背景 1”元件拖动到舞台中，在“对齐”面板中选择“相对于舞台”“上对齐”和“水平中齐”。

2）在“背景 1”图层上方新建图层，重命名为“歌曲名称”。选择第 1 帧，将“库”面板中“背景组”文件夹下的“歌曲名称”元件拖动到舞台的中心，如图 8-2-15 所示。

3）在第 15 帧插入关键帧，选择第 1 帧，将“歌曲名称”元件放大到 200% 左右，并将其 Alpha 值设为 30%，在第 1 帧 ~ 第 15 帧之间创建动画补间动画。

4）分别在第 30 帧和第 45 帧插入关键帧，选择第 45 帧，将“歌曲名称”元件缩小到 40% 左右，并移到舞台的右上角，如图 8-2-16 所示。在第 30 帧 ~ 第 45 帧之间创建动画补间动画，锁定“歌曲名称”图层。

图 8-2-15 “歌曲名称”元件的位置

图 8-2-16 第 45 帧“歌曲名称”元件的位置

（3）制作小白鸟飞过舞台效果

1）在“背景 1”图层的上方新建图层，重命名为“小白鸟”，在第 30 帧插入关键帧，将“库”面板中“鸟组”文件夹下的“小白鸟”元件拖动到舞台的左侧，对其进行适当缩放，如图 8-2-17 所示。

图 8-2-17　第 30 帧的小白鸟

2）在第 60 帧插入关键帧，将小白鸟移动到图 8-2-18 所示的位置。

图 8-2-18　第 60 帧的小白鸟

3）在第 80 帧插入关键帧，将小白鸟移出舞台，如图 8-2-19 所示。

图 8-2-19　第 80 帧的小白鸟

4）分别在第 30 帧～第 60 帧、第 60 帧～第 80 帧之间创建动画补间动画。

5）在第 81 帧插入空白关键帧，删除第 81 帧后的所有帧，锁定“小白鸟”图层。

（4）制作种子落下效果

1）新建“种子”图形元件，绘制一粒种子，如图 8-2-20 所示。

图 8-2-20　绘制种子

2）返回到场景 1 中，在“背景 1”图层的上方新建图层，重命名为“种子”。在第 30 帧插入关键帧，将“种子”元件拖动到舞台中，放在小白鸟的口中，并对其进行适当缩放，如图 8-2-21 所示。

图 8-2-21　第 30 帧的种子

3）在第 60 帧插入关键帧，将种子右移，仍放在小白鸟的口中。

4）在第 70 帧插入关键帧，将种子下移到舞台的中心，如图 8-2-22 所示。

5）选择“背景 1”图层，在第 70 帧和第 100 帧插入关键帧，选择第 100 帧，让“背景 1”元件相对于舞台下对齐，在第 70 帧～第 100 帧之间创建动画补间动画。

6）选择“种子”图层，分别在第 100 帧和第 110 帧插入关键帧，选择第 110 帧，将种子下移到图 8-2-23 所示的位置。

图 8-2-22　第 70 帧的种子

图 8-2-23　第 110 帧的种子

7）在第 115 帧插入关键帧，再将种子下移约 8 个像素，并将其 Alpha 值设为 0%。

8）分别在第 100 帧～第 110 帧、第 110 帧～第 115 帧之间创建动画补间动画。

9）在第 116 帧插入空白关键帧，删除第 116 帧后的所有帧，锁定“种子”图层。

（5）制作葡萄树苗生长效果

1）新建“葡萄树苗”图形元件，绘制一棵葡萄树苗，如图 8-2-24 所示。

2）返回到场景 1 中，在“背景 1”图层的上方新建图层，重命名为“葡萄树苗”。

3）在第 117 帧插入关键帧，将“库”面板中的“葡萄树苗”元件拖动到场景中，放到种子落到的地方，并对其进行适当缩放，将“葡萄树苗”元件的中心点移到最下端，如图 8-2-25 所示。

图 8-2-24　绘制葡萄树苗

图 8-2-25　“葡萄树苗”元件在场景中的位置

4）分别在第 145 帧、第 155 帧和第 165 帧插入关键帧。选择第 117 帧，将葡萄树苗缩小，并将其 Alpha 值设为 0%。选择第 165 帧，将葡萄树苗的 Alpha 值设为 0%。

5）分别在第 117 帧 ~ 第 145 帧、第 155 帧 ~ 第 165 帧之间创建动画补间动画。

6）在第 166 帧插入空白关键帧，删除第 166 帧后的所有帧，锁定“葡萄树苗”图层。

至此，歌曲的前奏部分制作完毕。

4. 制作第一段动画

（1）制作葡萄架逐渐显示效果

1）新建“葡萄架”图形元件，绘制葡萄架，如图 8-2-26 所示。

2）返回到场景 1 中，在“背景 1”图层的上方新建图层，重命名为“葡萄架”，在第 160 帧插入关键帧，将“葡萄架”元件拖动到舞台中，进行适当缩放，如图 8-2-27 所示。

3）在第 195 帧插入关键帧，选中第 160 帧，将“葡萄架”元件的 Alpha 值设为 0%，在第 160 帧 ~ 第 195 帧之间创建动画补间动画。

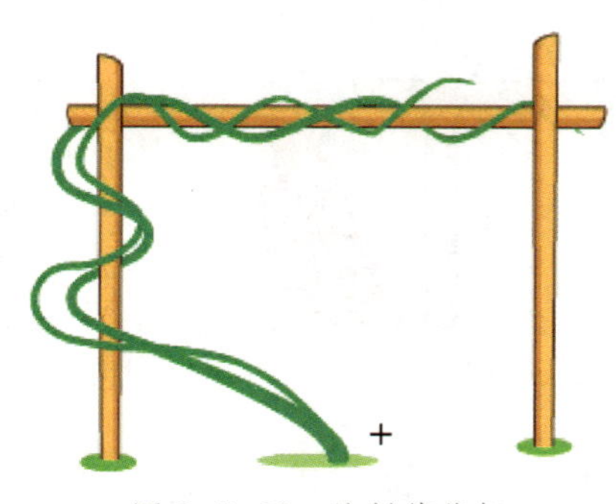

图 8-2-26　绘制葡萄架

图 8-2-27　“葡萄架”元件在场景中的位置

4）在第 245 帧插入空白关键帧，删除第 245 帧后的所有帧，锁定“葡萄架”图层。

（2）制作葡萄叶子生长效果

1）新建“葡萄叶子”图形元件，绘制一片葡萄叶子，如图 8-2-28 所示。

2）添加葡萄叶子生长效果

①新建“葡萄叶子生长”影片剪辑元件，选择第 1 帧，将“葡萄叶子”元件拖动到元件编辑区中并进行适当缩放，将元件的中心点移动到其左上角，如图 8-2-29 所示。

图 8-2-28　绘制葡萄叶子

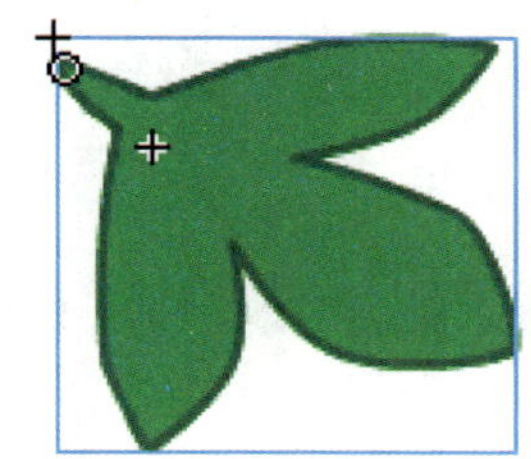

图 8-2-29　葡萄叶子的中心点

②在第 20 帧插入关键帧，选择第 1 帧，将葡萄叶子缩小到合适的大小，并将其 Alpha 值设为 30%，在第 1 帧 ~ 第 20 帧之间创建动画补间动画。

③选择第 20 帧，按“F9”键打开“动作 – 帧”面板，输入“stop ( );”命令。

3）制作“葡萄叶子 1”图层

①在“葡萄架”图层的上方新建图层，重命名为“葡萄叶子 1”。在第 205 帧插入关键帧，将“葡萄叶子生长”元件拖动到舞台中，并放置在葡萄架上。

②复制多个“葡萄叶子生长”元件，调整其大小和方向，如图 8-2-30 所示。

图 8-2-30 “葡萄叶子 1”图层

③在第 245 帧插入空白关键帧，删除第 245 帧后的所有帧，锁定“葡萄叶子 1”图层。

4）制作“葡萄叶子 2”图层

①在“葡萄架”图层的上方新建图层，重命名为“葡萄叶子 2”。在第 220 帧插入关键帧，将“葡萄叶子生长”元件拖动到舞台中，并放置在葡萄架上。

②复制多个“葡萄叶子生长”元件，调整其大小和方向，如图 8-2-31 所示。

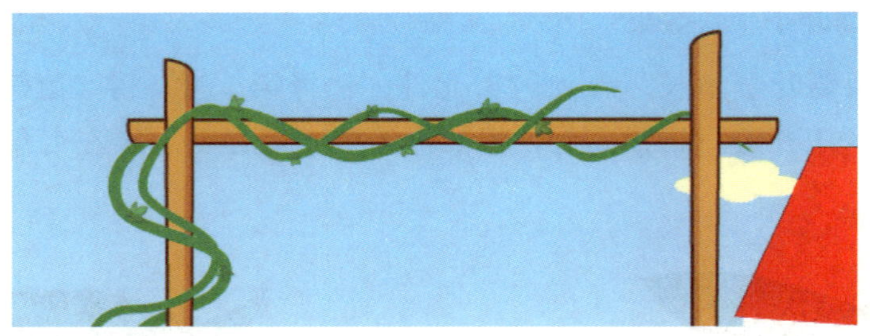
图 8-2-31 “葡萄叶子 2”图层

③在第 245 帧插入空白关键帧，删除第 245 帧后的所有帧，锁定“葡萄叶子 2”图层。

（3）制作蜗牛向上爬并逐渐消失效果

1）制作场景放大效果

①在“背景 1”图层的上方新建图层，重命名为“背景 2”。在第 245 帧插入关键帧，将“库”面板中“背景组”文件夹下的“背景 2”元件拖动到舞台中心，如图 8-2-32 所示。

②在第 255 帧插入关键帧，将“背景 2”元件放大到 300% 左右，选择好位置，如图 8-2-33 所示。

③在第 245 帧 ~ 第 255 帧之间创建动画补间动画。

图 8-2-32 “背景 2”图层

图 8-2-33 放大后的“背景 2”元件

2）添加蜗牛向上爬并逐渐消失效果

①在“背景 2”图层的上方新建图层，重命名为“蜗牛 1”。在第 255 帧插入关键帧，将“库”面板中“蜗牛组”文件夹下的“蜗牛”影片剪辑元件拖动到舞台中，并放置在葡萄架上，如图 8-2-34 所示。

图 8-2-34 “蜗牛 1”图层

②在第 265 帧插入关键帧，选中第 255 帧，将“蜗牛”元件的 Alpha 值设为 30%。在第 255 帧～第 265 帧之间创建动画补间动画。

③在第 315 帧插入关键帧，使蜗牛沿着葡萄架的方向向上爬行一小段距离。在第 265 帧～第 315 帧之间创建动画补间动画。

④在第 320 帧插入关键帧，将“蜗牛”元件的 Alpha 值设为 0%。在第 315 帧～第 320 帧之间创建动画补间动画。

⑤在第 321 帧插入空白关键帧，删除第 321 帧后的所有帧，锁定“蜗牛 1”图层。

3）制作背景层逐渐消失效果

在“背景 2”图层的第 315 帧和第 325 帧插入关键帧，选择第 325 帧，将“背景 2”元件的 Alpha 值设为 0%。在第 315 帧～第 325 帧之间创建动画补间动画，锁定“背景 2”图层。

（4）制作树上两只黄鹂鸟

1）制作背景层过渡效果

①在“背景 2”图层的上方新建图层，重命名为“背景 2-2”。在第 320 帧插入关键帧，将“背景 2”元件拖动到舞台中心。

②在第 325 帧插入关键帧，选中第 320 帧，将“背景 2”元件的 Alpha 值设为 30%。

③在第 320 帧 ~ 第 325 帧之间创建动画补间动画。

④在第 404 帧插入空白关键帧，删除第 404 帧后的所有帧，锁定“背景 2-2”图层。

2）制作蜗牛慢爬并逐渐消失效果

①在“背景 2-2”图层的上方新建图层，重命名为“蜗牛 2”。在第 325 帧插入关键帧，将“库”面板中的“蜗牛”影片剪辑元件拖动到舞台中，并放置在葡萄架上，如图 8-2-35 所示。

图 8-2-35 “蜗牛 2”图层

②在第 397 帧插入关键帧，使蜗牛沿着葡萄架的方向向上爬行一小段距离。在第 325 帧 ~ 第 397 帧之间创建动画补间动画。

③在第 403 帧插入关键帧，将“蜗牛”元件的 Alpha 值设为 0%。在第 397 帧 ~ 第 403 帧之间创建动画补间动画。

④在第 404 帧插入空白关键帧，删除第 404 帧后的所有帧，锁定“蜗牛 2”图层。

3）制作黄鹂鸟的不同状态

①在“背景 2-2”图层的上方新建图层，重命名为“黄鹂鸟 1”。

②在第 325 帧插入关键帧，将“库”面板中“鸟组”文件夹下的“黄鹂鸟正面飞”元件拖动到舞台中，并放置在葡萄架上，如图 8-2-36 所示。

③在第 365 帧插入关键帧，将“黄鹂鸟正面笑”元件拖动到舞台中，并放置在葡萄架上与“黄鹂鸟正面飞”元件相同的位置，删除“黄鹂鸟正面飞”元件，如图 8-2-37 所示。

④分别在第 397 帧和第 403 帧插入关键帧，选中第 403 帧，将“黄鹂鸟正面笑”元件的 Alpha 值设为 0%。在第 397 帧 ~ 第 403 帧之间创建动画补间动画。

图 8-2-36 黄鹂鸟正面飞

图 8-2-37 黄鹂鸟正面笑

⑤在“背景 2-2”图层的上方新建图层，重命名为“黄鹂鸟 2”。重复步骤②~步骤④的操作，将“黄鹂鸟正面飞”和“黄鹂鸟正面笑”元件依次放置在葡萄架上“黄鹂鸟 1”图层中的对象的左侧。

⑥分别在“黄鹂鸟 1”和“黄鹂鸟 2”图层的第 404 帧插入空白关键帧，删除第 404 帧后的所有帧，锁定“黄鹂鸟 1”和“黄鹂鸟 2”图层。

（5）制作蜗牛与黄鹂鸟对话效果

1）制作背景层过渡效果

①在“背景 2-2”图层的上方新建图层，重命名为“背景 3”。在第 400 帧插入关键帧，将“库”面板中“背景组”文件夹下的“背景 3”元件拖动到舞台中，如图 8-2-38 所示。

图 8-2-38 “背景 3”图层

②在第 405 帧插入关键帧，选中第 400 帧，将“背景 3”元件的 Alpha 值设为 30%。在第 400 帧 ~ 第 405 帧之间创建动画补间动画。

③分别在第 475 帧和第 490 帧插入关键帧，选中第 490 帧，将“背景 3”元件的 Alpha 值设为 0%。在第 475 帧 ~ 第 490 帧之间创建动画补间动画。

④在第 491 帧插入空白关键帧，删除第 491 帧后的所有帧，锁定“背景 3”图层。

2）制作蜗牛图层

①在“背景 3”图层的上方新建图层，重命名为“蜗牛 3”。在第 404 帧插入关键帧，将“库”面板中的“蜗牛”影片剪辑元件拖动到舞台中，并移到葡萄架上，如

图 8-2-39 所示。

②在第 475 帧插入关键帧，使蜗牛沿着葡萄架的方向向右爬行一小段距离。在第 404 帧 ~ 第 475 帧之间创建动画补间动画。

③在第 490 帧插入关键帧，将“蜗牛”元件的 Alpha 值设为 0%。在第 475 帧 ~ 第 490 帧之间创建动画补间动画。

④在第 491 帧插入空白关键帧，删除第 491 帧后的所有帧，锁定“蜗牛 3”图层。

图 8-2-39 “蜗牛 3”图层

3）制作黄鹂鸟图层

①在“背景 3”图层的上方新建图层，重命名为“黄鹂鸟 3”。在第 404 帧插入关键帧，将“库”面板中“鸟组”文件夹下的“黄鹂鸟侧面飞”元件拖动到舞台中，并放置在舞台的左侧上方，如图 8-2-40 所示。

图 8-2-40 第 404 帧的黄鹂鸟 3

②在第 450 帧插入关键帧，将“黄鹂鸟侧面飞”元件移动到图 8-2-41 所示的位置。

③在第 404 帧 ~ 第 450 帧之间创建动画补间动画。

④分别在第 475 帧和第 490 帧插入关键帧，选中第 490 帧，将“黄鹂鸟侧面飞”元件的 Alpha 值设为 0%。在第 475 帧 ~ 第 490 帧之间创建动画补间动画。

⑤在第 491 帧插入空白关键帧，删除第 491 帧后的所有帧，锁定“黄鹂鸟 3”图层。

图 8-2-41　第 450 帧的黄鹂鸟 3

（6）制作蜗牛爬到顶部效果

1）制作背景层过渡效果

①在“背景 3”图层的上方新建图层，重命名为“背景 4”。在第 480 帧插入关键帧，将“库”面板中“背景组”文件夹下的“背景 4”元件拖动到舞台中，如图 8-2-42 所示。

②在第 491 帧插入关键帧，选中第 480 帧，将“背景 4”元件的 Alpha 值设为 30%。在第 480 帧 ~ 第 491 帧之间创建动画补间动画。

③分别在第 604 帧和第 615 帧插入关键帧，选中第 615 帧，将“背景 4”元件的 Alpha 值设为 0%。在第 604 帧 ~ 第 615 帧之间创建动画补间动画。

④在第 616 帧插入空白关键帧，删除第 616 帧后的所有帧，锁定“背景 4”图层。

2）制作蜗牛图层

①在“背景 4”图层的上方新建图层，重命名为“蜗牛 4”。在第 480 帧插入关键帧，将“库”面板中的“蜗牛”影片剪辑元件拖动到舞台中图 8-2-43 所示的位置。

图 8-2-42　“背景 4”图层

图 8-2-43　“蜗牛 4”图层

②在第 491 帧插入关键帧，选中第 480 帧，将“蜗牛”元件的 Alpha 值设为 30%。在第 480 帧 ~ 第 491 帧之间创建动画补间动画。

③在第 585 帧插入关键帧，使蜗牛沿着葡萄架的方向向右爬行一小段距离。在第 491 帧 ~ 第 585 帧之间创建动画补间动画。

④分别在第 604 帧和第 615 帧插入关键帧，选中第 615 帧，将“蜗牛”元件的 Alpha 值设为 0%。在第 604 帧 ~ 第 615 帧之间创建动画补间动画。

⑤在第 616 帧插入空白关键帧，删除第 616 帧后的所有帧，锁定“蜗牛 4”图层。

3）绘制葡萄

①新建“葡萄粒”图形元件，绘制一颗葡萄粒，如图 8-2-44 所示。

②新建“葡萄”图形元件，将“库”面板中的“葡萄粒”和“葡萄叶子”元件拖动到舞台中并摆放好位置，绘制葡萄须，如图 8-2-45 所示。

图 8-2-44　绘制葡萄粒

图 8-2-45　绘制葡萄

4）制作葡萄由小变大、由绿变紫效果

①返回到场景 1 中，在“背景 4”图层的上方新建图层，重命名为“葡萄 1”。在第 495 帧插入关键帧，将“库”面板中的“葡萄”元件拖动到舞台中，并挂在葡萄架上，得到第一串葡萄，如图 8-2-46 所示。

②将“葡萄”元件的中心点移动到叶子的中心位置，如图 8-2-47 所示。

③分别在第 543 帧和第 585 帧插入关键帧。选中第 495 帧，将葡萄缩小，并将其色调改为绿色。选中第 543 帧，将葡萄色调改为绿色。

④分别在第 495 帧 ~ 第 543 帧、第 543 帧 ~ 第 585 帧之间创建动画补间动画。

⑤分别在第 604 帧和第 615 帧插入关键帧，选中第 615 帧，将“葡萄”元件的 Alpha 值设为 0%。在第 604 帧 ~ 第 615 帧之间创建动画补间动画。

⑥在第 616 帧插入空白关键帧，删除第 616 帧后的所有帧。

图 8-2-46　第一串葡萄

图 8-2-47　葡萄中心点的位置

⑦在“背景 4”图层的上方新建图层，重命名为“葡萄 2”。在第 504 帧插入关键帧，将“库”面板中的“葡萄”元件拖动到舞台中。重复步骤②～步骤⑥的操作，制作第二串葡萄。第二串葡萄应在第一串葡萄的右侧，小于第一串葡萄。

⑧锁定“葡萄 1”和“葡萄 2”图层。

至此，MTV 的第一段制作完毕。

5. 制作音乐过渡效果

（1）制作葡萄飞效果

1）新建“葡萄飞”影片剪辑元件，将“库”面板中的“葡萄粒”元件拖动到元件编辑区中。

2）创建引导层，实现葡萄粒在第 1 帧～第 160 帧之间沿着图 8-2-48 所示的引导线运动的效果。

图 8-2-48　葡萄粒的运动轨迹

（2）制作蜗牛飞效果

1）新建“蜗牛飞”影片剪辑元件，将“库”面板中的“蜗牛”元件拖动到元件编辑区中。

2）创建引导层，实现蜗牛在第 1 帧～第 160 帧之间沿着图 8-2-49 所示的引导线运动的效果。

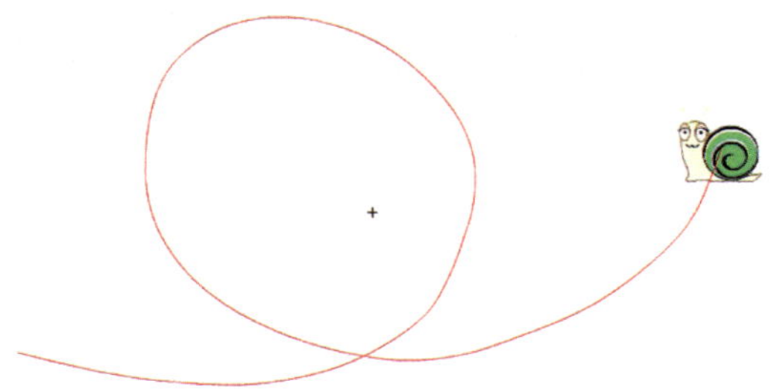

图 8-2-49　蜗牛的运动轨迹

（3）添加音乐过渡效果

1）新建“音乐过渡”影片剪辑元件，将图层 1 重命名为“背景 5”，选择第 1 帧，把“库”面板中“背景组”文件夹下的“背景 5”元件拖动到元件编辑区的中心，如图 8-2-50 所示。在第 20 帧插入关键帧，选中第 1 帧，将“背景 5”元件的 Alpha 值设为 0%。在第 1 帧 ~ 第 20 帧之间创建动画补间动画，在第 170 帧插入帧。

图 8-2-50 “背景 5” 图层

2）新建“葡萄飞”图层，选中第 10 帧，将“库”面板中的“葡萄飞”元件拖动到元件编辑区中，并复制出多个，改变“葡萄飞”元件的大小和 Alpha 值，并将其放在图 8-2-51 所示的位置。

3）新建“蜗牛飞”图层，选中第 10 帧，将“库”面板中的“蜗牛飞”元件拖动到元件编辑区的右侧，并进行适当缩放，如图 8-2-51 所示。

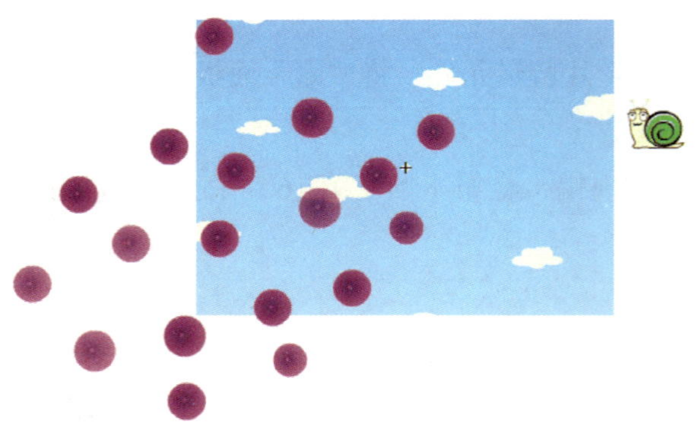

图 8-2-51 葡萄和蜗牛

（4）在场景中布置音乐过渡效果

返回到场景 1 中，在“背景 4”图层的上方新建图层，重命名为“音乐过渡”。在第 610 帧插入关键帧，将“库”面板中的“音乐过渡”元件拖动到舞台中心，在第 749 帧插入空白关键帧，锁定“音乐过渡”图层。

6. 制作第二段动画

因为第二段歌词与第一段歌词重复，所以只需要复制第一段的场景部分，并将其粘贴到相应的位置即可。

（1）复制第一段各图层

1）调整时间轴面板上各图层的顺序，如图 8-2-52 所示。

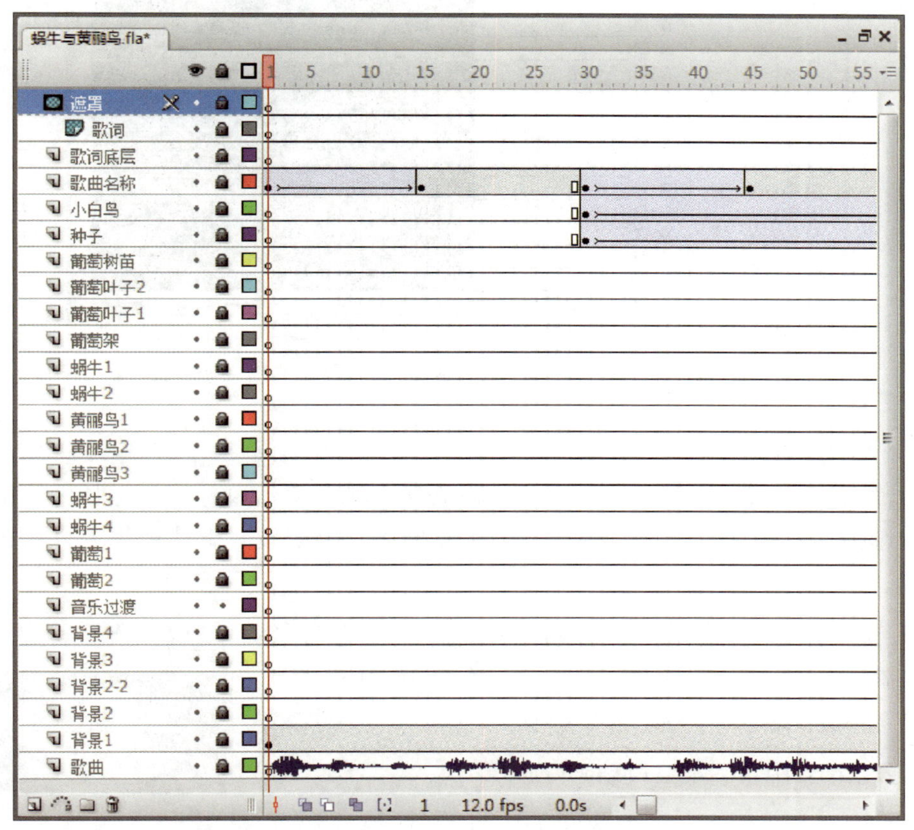

图 8-2-52　时间轴面板上各图层的顺序

2）选中“葡萄叶子 2”图层的第 145 帧，在按住“Shift”键的同时在“背景 1”图层的第 604 帧上单击，以选中“葡萄叶子 2”图层的第 145 帧到“背景 1”图层的第 604 帧，如图 8-2-53 所示。单击鼠标右键，从弹出的快捷菜单中选择“复制帧”选项，复制选中的帧。

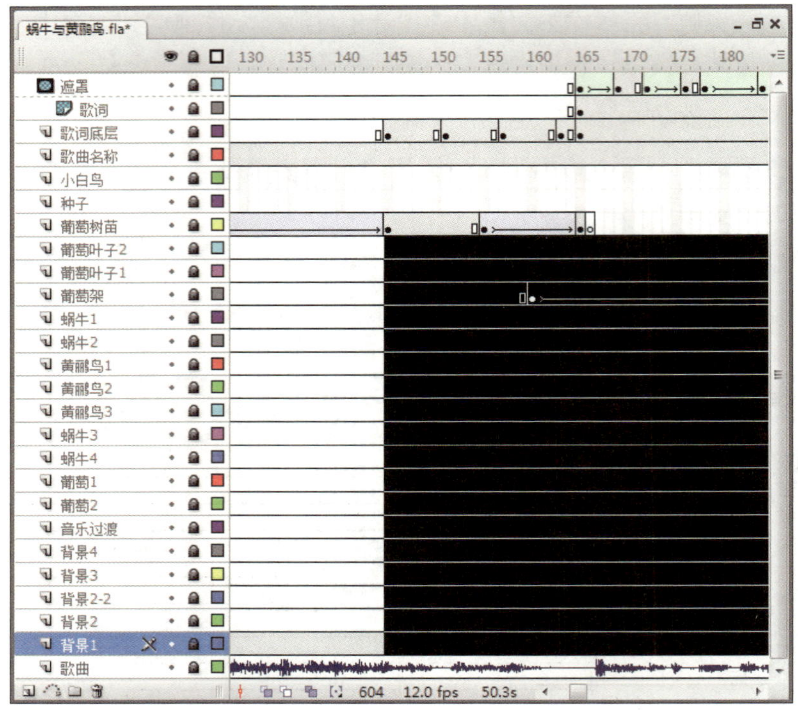

图 8-2-53　被选中的帧

（2）制作“第二段”影片剪辑元件

1）新建“第二段”影片剪辑元件，选择第 1 帧，单击鼠标右键，从弹出的快捷菜单中选择“粘贴帧”选项，将选中的帧复制到“第二段”影片剪辑元件中，总共 460 帧。

2）在“背景 1”图层的上方新建图层，将其重命名为“控制”。在第 460 帧插入关键帧，按“F9”键打开“动作－帧”面板，输入“stop ( );”命令。

（3）在场景中布置第二段动画

返回到场景 1 中，在“葡萄叶子 2”图层的上方新建“第二段”图层，在第 749 帧插入关键帧，将“库”面板中的“第二段”元件拖动到舞台中并摆放好位置，锁定“第二段”图层。

至此，第二段动画部分制作完毕。

7．添加返回按钮，控制播放

（1）执行“窗口”→“公用库”→“按钮”命令，将图 8-2-54 中选中的按钮元件拖动到“库”面板中。

图 8-2-54　按钮元件

（2）将按钮元件重命名为“重播”，修改按钮，将“Enter”改为“Replay”。

（3）在“第二段”图层的上方新建“控制”图层，在第 1 250 帧处插入关键帧，按“F9”键打开“动作 – 帧”面板，输入“stop（ ）;”命令。

（4）将“重播”元件拖动到舞台中，放在图 8-2-55 所示的位置。

图 8-2-55 “重播”元件的位置

（5）选中“重播”元件，按“F9”键打开“动作 – 按钮”面板，输入以下命令：

操作演示

```
on（release） {
  gotoAndPlay（1）;
}
```

至此，MTV 全部制作完毕。

8. 测试与保存

执行“控制”→“测试影片”命令，观察动画效果，如果对效果满意，执行“文件”→“保存”命令，将文件保存为“蜗牛与黄鹂鸟 .fla”。

项目实训

综合利用动画制作方法和声音处理方法制作 MTV（见图 8-2-56）。

效果演示

图 8-2-56 制作《滁州西涧》MTV

项目九
游戏制作

Flash 游戏以简单、操作方便、无须安装和文件体积小等优点被广大网友喜爱。Flash 中使用的 ActionScript 2.0 是一种面向对象编程的脚本语言，可以极大地增强动画的交互性。利用 Flash 可以制作换装游戏、拼图游戏、射击游戏和猜拳游戏等各类游戏。

任务 1　制作猜拳游戏

1. 了解添加脚本语言的方法和脚本的语法规则。
2. 了解交互式动画中的常用事件与动作。
3. 掌握 if 语句和常用时间轴控制函数的用法。
4. 能使用动态文本处理变化的文本。
5. 能制作简单的 Flash 游戏。

本任务是一个猜拳游戏制作实例，在游戏中，通过单击相应按钮来实现玩家出拳

的操作，而计算机出拳是随机的，玩够 10 局将结束游戏并显示游戏结果，玩家可选择重新开始游戏，效果如图 9–1–1 所示。要完成本任务，除了了解交互式动画中的常用事件和动作外，还要掌握动态文本的使用技巧，以及 if 语句和常用时间轴控制函数的用法。

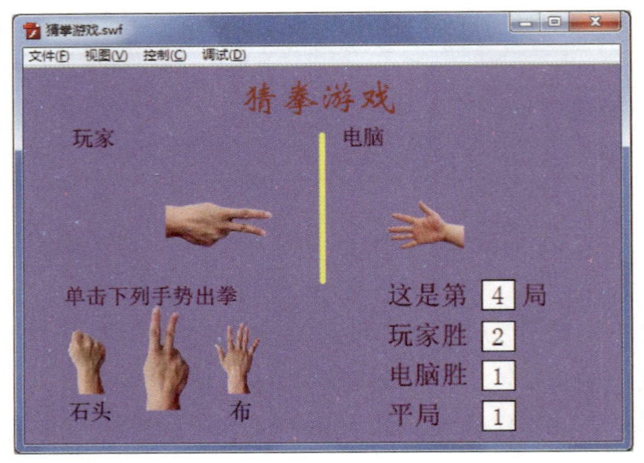

效果演示

图 9–1–1　猜拳游戏效果图

一、动作脚本

动作脚本（ActionScript）是 Flash 内置的编程语言，通过它可以实现各种精彩纷呈的动画特效。此外，它强大的人机交互和网络交互功能，使它在游戏、课件和互动式网站的制作中有着广泛的应用空间。

二、动作面板

用户如果想通过鼠标或键盘控制动画，就要用到动作面板。动作面板用于编写脚本语言。在 Flash 中打开动作面板的方法是：执行“窗口”→“动作”命令或按“F9”键。

1. 动作面板的组成

动作面板由命令列表区、程序编辑区和位置列表区三部分组成，如图 9–1–2 所示。

（1）命令列表区：位于动作面板的左上方，命令列表区中列出了 Flash 的所有命令。命令是程序中运算符号、函数、语句和属性等的统称。

（2）程序编辑区：位于动作面板的右侧，用于编写程序。

（3）位置列表区：也叫脚本导航器，位于动作面板的左下方，用于显示当前选择对象的具体信息，如名称和位置等。

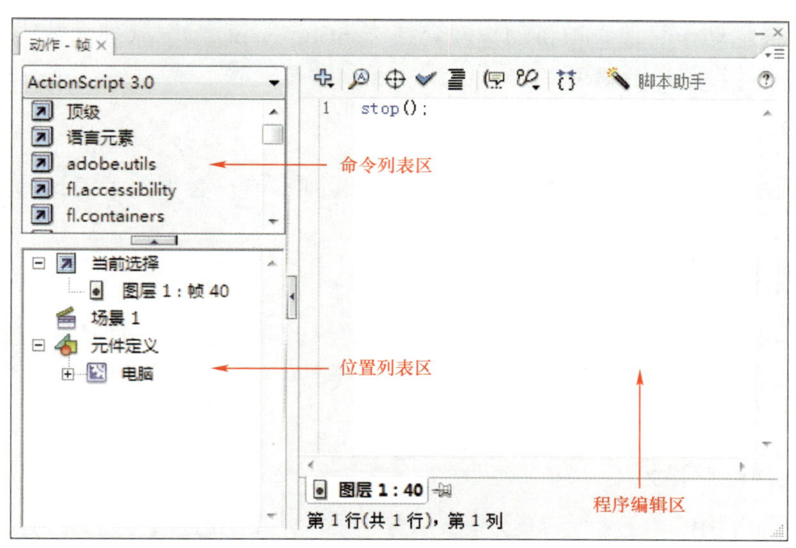

图 9-1-2　动作面板

2. 添加脚本语言的方法

在动作面板中添加脚本语言（也称 ActionScript 语句）的方法有以下三种。

（1）双击命令列表区中的动作命令。

（2）在程序编辑区直接输入 ActionScript 语句。

（3）单击按钮，在弹出的下拉菜单中选择所需命令。

3. 事件与动作

交互式动画包含两个内容：一个是事件，另一个是事件产生时所执行的动作。

事件是触发动作的信号，动作是事件的结果。在 Flash 中，播放指针到达某个指定的关键帧，用户单击按钮或影片剪辑元件，以及用户按下键盘按键都可以引发动作。Flash 中有三种事件，分别是帧事件、按钮和按键事件，以及影片剪辑事件。

（1）帧事件

帧事件的作用是当播放到某一指定帧时执行某项动作。注意，只有在关键帧上才能设置动作。

（2）按钮和按键事件

按钮和按键事件的作用是通过单击按钮或按下按键而引发动作。在为按钮元件指定动作时，必须将动作嵌套在“on（）”处理函数中，并指定触发该动作的事件是鼠标或键盘。例如，“on（press）{ }”是指鼠标指针在按钮上方并按下鼠标左键时发生的动作。

（3）影片剪辑事件

影片剪辑事件的作用是通过鼠标、键盘和帧等的触发而引发一系列动作。在为影片剪辑元件指定动作时，必须将动作嵌套在“onClipEvent（ ）”处理函数中，并指定触发该动作的事件是影片剪辑。

三、脚本的语法规则

ActionScript 有自己的语法规则，用户在编写脚本前，必须先了解这些规则，才能确保代码在 Flash 中正确地编译和运行。

1. 点操作符

点操作符“.”用于指定一个对象或影片剪辑的相关属性、路径和方法。点操作符的左边是名称，右边是属性或方法。例如，代码中的“this.x”用于指定当前对象的“x”属性。

2. 语言标点符号

脚本中最常用的语言标点符号有小括号“( )”、大括号“{ }”、分号“;”和冒号“:”，这些标点符号中的每一种在脚本语言中都有特殊的含义。

（1）大括号用于放置动作代码，小括号用于放置动作的参数。

（2）分号用在语句的结束处，表示该语句结束。

（3）冒号用于为变量指定数据类型。

3. 关键字

在脚本中保留了一些具有特殊含义的单词，这些单词被称为关键字。在 ActionScript 中，关键字用于执行特定的动作，系统不允许使用这些关键字作为变量、函数以及标签的名字，以免发生脚本混乱。脚本中的主要关键字如下：“break”“continue”“delete”“else”“for”“function”“if”“in”“new”“return”“this”“typeof”“var”“void”“while”“with”。

4. 字母大小写

代码是区分大小写的，大小写正确的语言元素在默认情况下为蓝色。

5. 注释

在脚本的编辑过程中，给程序添加注释便于阅读和理解脚本。注释并不参与语句的执行。在脚本中使用单行注释的方法是直接输入“//”，然后输入语句；使用多行注释的方法是在注释语句的前后分别输入“/*”和“*/”。

四、基本概念和语句

1. 常量

常量是在程序运行的过程中不可改变的量。

2. 变量

变量是存储信息的容器，它可以存放包括字符串、数值、逻辑值（值为 true 或

false）和表达式在内的任何信息。

（1）变量的命名规则

变量名通常以字母、下划线或“$”符号开头。变量名中不允许出现空格或特殊符号，但可以出现数字。变量名不能是逻辑变量或关键字。

（2）变量的作用范围

变量的作用范围是指变量能够被识别和应用的区域。在脚本语言中，根据变量作用范围的不同，可将变量分为全局变量和局部变量。全局变量可以在时间轴的所有帧中共享，而局部变量只在一段程序内起作用。

3. 运算符与表达式

运算符是能够对数值、字符串和逻辑值进行运算的关系符号。

表达式是用运算符将常量、变量和函数以一定的运算规则组织在一起的式子。表达式分为三种：算术表达式、字符串表达式和逻辑表达式。在 Flash 的表达式中，同级运算按照从左到右的顺序进行。

4. 条件语句（if 语句）

if 语句根据条件的值控制程序的执行顺序。if 语句的语法格式有以下三种。

（1）格式 1

```
if（条件表达式）  {
                语句体
                }
```

功能：如果条件表达式的值为真，则执行语句体；如果条件表达式的值为假，则不执行语句体。

（2）格式 2

```
if（条件表达式）  {
                语句体 1
                }
else {
                语句体 2
                }
```

功能：如果条件表达式的值为真，则执行语句体 1；否则执行语句体 2。

（3）格式 3

```
if（条件表达式 1）  {
```

```
        语句体 1
        }
else if（条件表达式 2）{
        语句体 2
        }
else if（条件表达式 3）{
        ……
        }
```

功能：多条件判断语句，如果条件表达式 1 的值为真，则执行语句体 1；如果条件表达式 1 的值为假，则判断条件表达式 2 的值，不执行语句体 1。如果条件表达式 2 的值为真，则执行语句体 2；如果条件表达式 2 的值为假，则继续判断条件表达式 3 的值，以此类推。

五、时间轴控制函数

1. gotoAndPlay：从当前帧跳转到目标帧并开始播放动画。

2. gotoAndStop：从当前帧跳转到目标帧并停止播放动画。

3. play：开始播放动画。

4. stop：停止当前正在播放的动画。

六、Flash 文本类型

在 Flash 中，文本共有静态文本、动态文本和输入文本三种类型。

1. 静态文本是指影片中不需要发生变化的文本，如标题或说明。

2. 动态文本是指在影片播放期间能够发生变化的文本，如猜拳游戏中的胜负情况。

3. 输入文本是指在影片播放期间用户可以实时输入各种信息的文本，用于开发表单应用程序，如留言板等。

本任务的猜拳游戏中应用了动态文本，通过“属性”面板可为动态文本设置变量，通过代码可控制动态文本内容的变化，使玩家能够实时地了解胜负情况。动态文本的“属性”面板如图 9–1–3 所示。

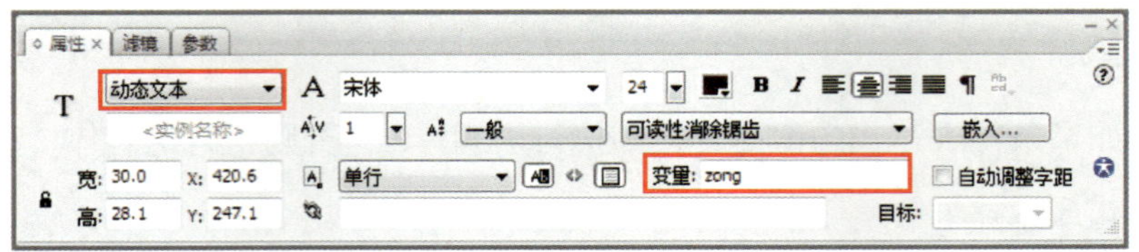

图 9–1–3 动态文本的“属性”面板

1. 创建猜拳游戏文档

新建一个 Flash 文档（ActionScript 2.0），设置舞台尺寸为 550×400 像素，背景颜色为 #9966FF，将文档保存为“猜拳游戏 .fla”。

2. 导入素材图片

执行“文件”→“导入”→“导入到库”命令，将素材库中的六张手势图片导入到“库”面板中，“库”面板中将自动生成图形元件，如图 9–1–4 所示。

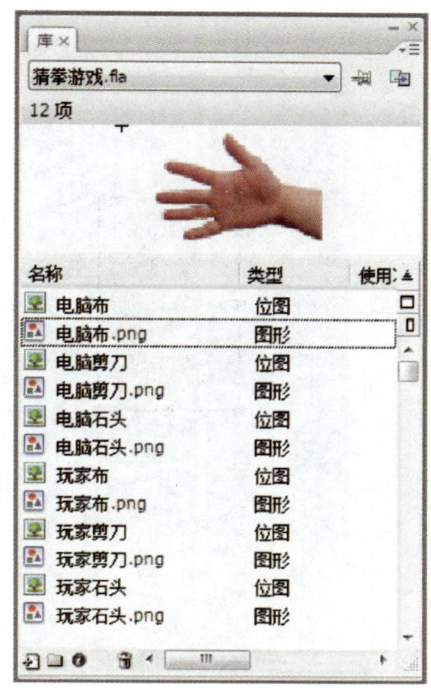

图 9–1–4　“库”面板

3. 制作“玩家”影片剪辑元件

（1）新建“玩家”影片剪辑元件，进入元件编辑区中。选中图层 1 的第 1 帧，执行“窗口”→“动作”命令，打开“动作 – 帧”面板，输入“stop ( );”命令，如图 9–1–5 所示。

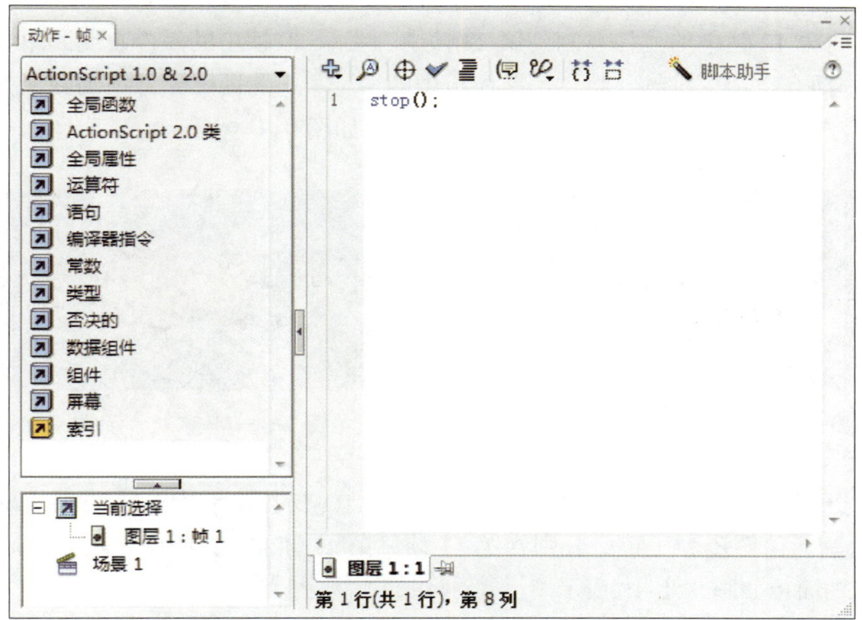

图 9–1–5　“动作 – 帧”面板设置

（2）关闭“动作 – 帧”面板，在第 2 帧插入空白关键帧。将“库”面板中的“玩家石头”图形元件拖动到元件编辑区中，在“变形”面板中设置旋转角度为 –90.0°，按“Enter”键确认进行旋转，使用任意变形工具调整中心点的位置，如图 9–1–6 所示。

（3）分别在第 11 帧和第 12 帧插入关键帧，选中第 11 帧，在“变形”面板中设置旋转角度为 0°，按“Enter”键确认进行旋转，如图 9–1–7 所示。

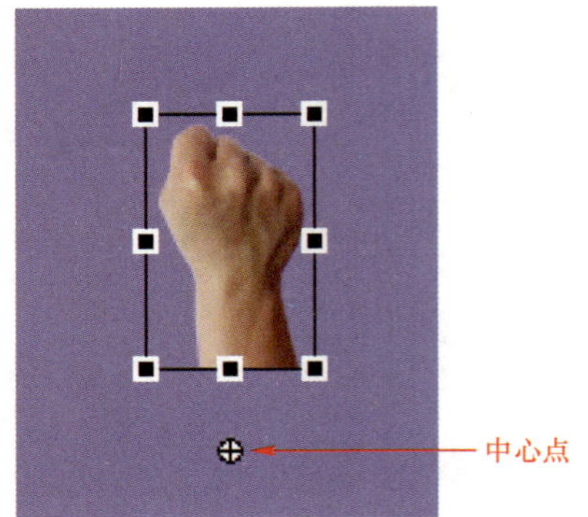

图 9–1–6　第 2 帧的石头手势

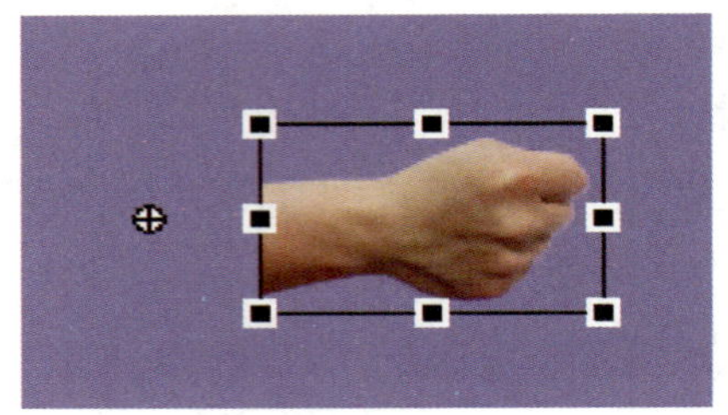
图 9–1–7　第 11 帧的石头手势

（4）将第 11 帧中的元件复制到第 20 帧中。在“变形”面板中设置旋转角度为 –6.0°。在第 21 帧插入空白关键帧，将“库”面板中的“玩家剪刀”图形元件拖动到元件编辑区中，位置与第 11 帧中的“玩家石头”元件一致，如图 9–1–8 所示。

（5）将第 12 帧中的元件复制到第 22 帧中，将第 20 帧中的元件复制到第 30 帧中。在第 31 帧插入空白关键帧，将“库”面板中的“玩家布”图形元件拖动到元件编辑区中，位置与第 11 帧中的“玩家石头”元件一致，如图 9–1–9 所示。

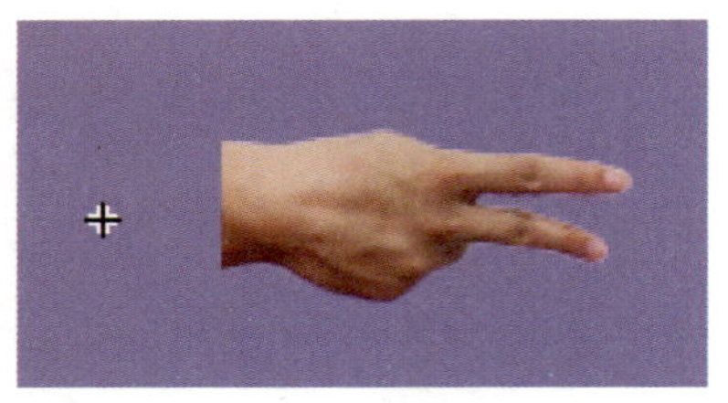
图 9–1–8　第 21 帧的剪刀手势

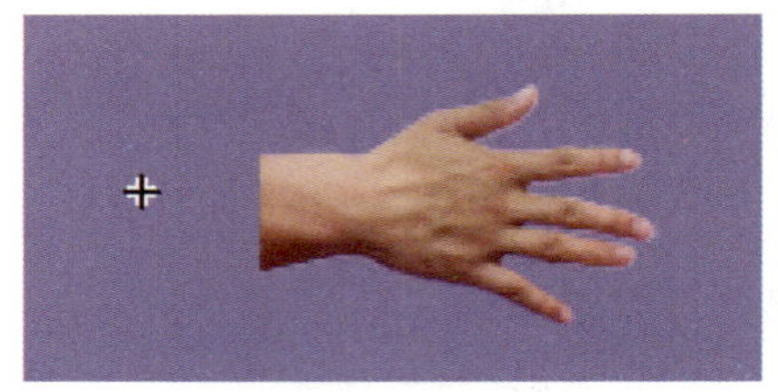
图 9–1–9　第 31 帧的布手势

（6）分别在第 2 帧 ~ 第 11 帧、第 12 帧 ~ 第 20 帧和第 22 帧 ~ 第 30 帧之间创建动画补间动画。仿照步骤（1），分别在第 11 帧、第 21 帧和第 31 帧中输入“stop ( );”，此时时间轴面板如图 9–1–10 所示。

4. 制作“电脑”影片剪辑元件

仿照步骤 3 中的操作，制作“电脑”影片剪辑元件。

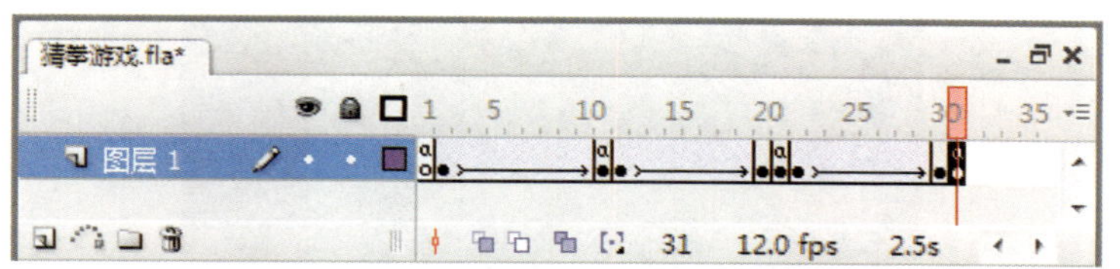

图 9-1-10　时间轴面板

5. 制作石头按钮

（1）新建“石头”按钮元件，选中“弹起”关键帧，将“库”面板中的“玩家石头”图形元件拖动到元件编辑区中，在“变形”面板中设置旋转角度为 -90.0°，按“Enter”键确认进行旋转，调整元件的位置，如图 9-1-11 所示。

（2）在“指针经过”帧插入关键帧。选中“弹起”关键帧，将石头手势缩小为原来的 70%。选择文本工具，输入“石头”，如图 9-1-12 所示。

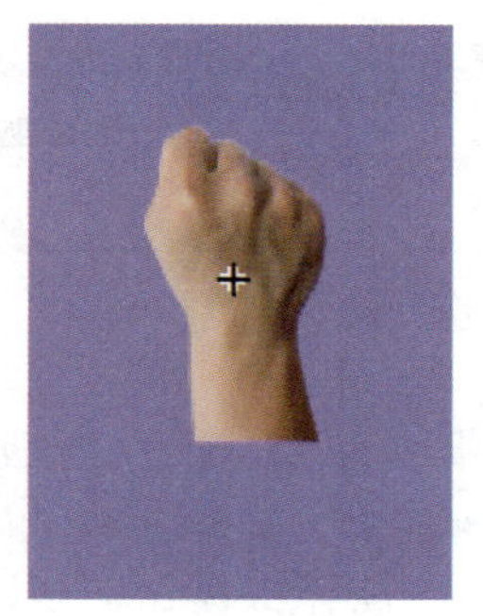
图 9-1-11　“弹起”帧

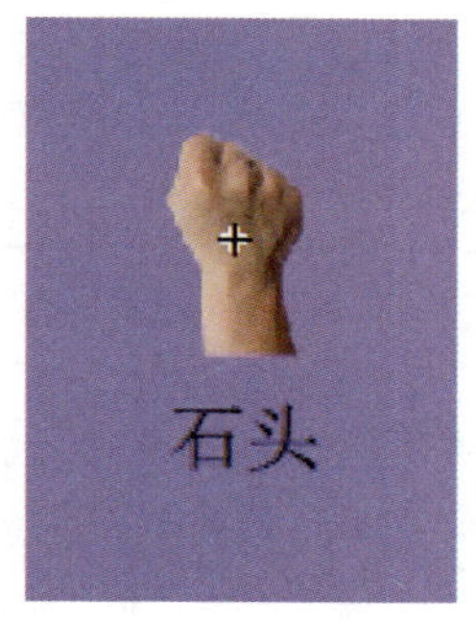

图 9-1-12　“指针经过”帧

6. 制作剪刀和布按钮

仿照步骤 5 中的操作，分别制作“剪刀”和“布”按钮元件。

7. 布置场景

（1）返回场景中，选中第 1 帧，打开“动作 - 帧”面板，输入代码“ws=0; ds=0; ping=0; zong=0;”。代码中的变量“ws”表示玩家胜，“ds”表示计算机胜，“ping”表示平局数，“zong”表示总局数。

（2）在第 2 帧中插入空白关键帧，打开“动作 - 帧”面板，输入“stop( );”命令。

（3）选中第 2 帧，使用文本工具，按照图 9-1-13 所示分别输入静态文本和动态文本。选择线条工具，设置笔触颜色为 #FFFF00，笔触高度为 5，绘制一条直线。

（4）分别选中舞台中的四个动态文本，在“属性”面板中自上而下依次设置动态文本的变量名称为“zong”“ws”“ds”“ping”，如图 9-1-14 所示。

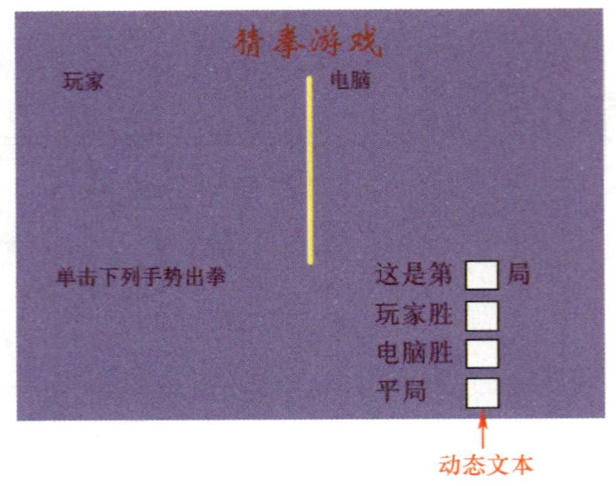

图 9-1-13　输入文本

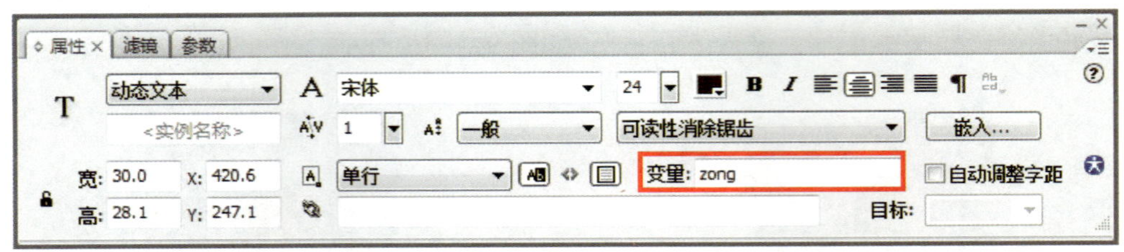

图 9-1-14　设置动态文本属性

（5）将“库”面板中的“玩家”“电脑”“石头”“剪刀”“布”元件拖动至舞台中，并摆放好，如图 9-1-15 所示。在“属性”面板中设置“玩家”影片剪辑元件的实例名称为“wj”，“电脑”影片剪辑元件的实例名称为“dn”，以便在动作代码中控制影片剪辑元件。

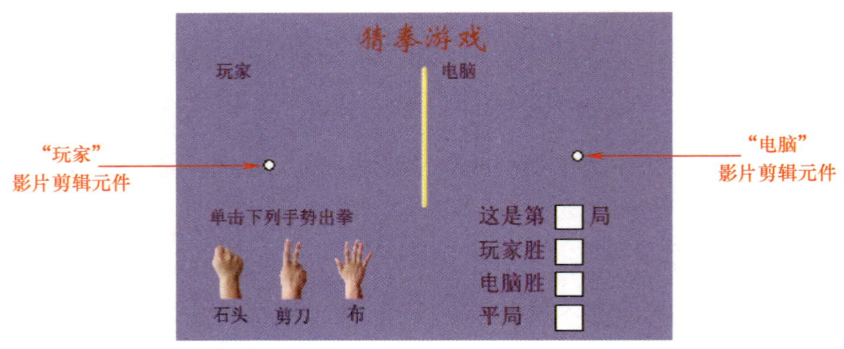

图 9-1-15　第 2 帧的内容

（6）选中舞台中的“石头”按钮元件，打开“动作 – 按钮”面板，输入图 9-1-16 所示的代码。

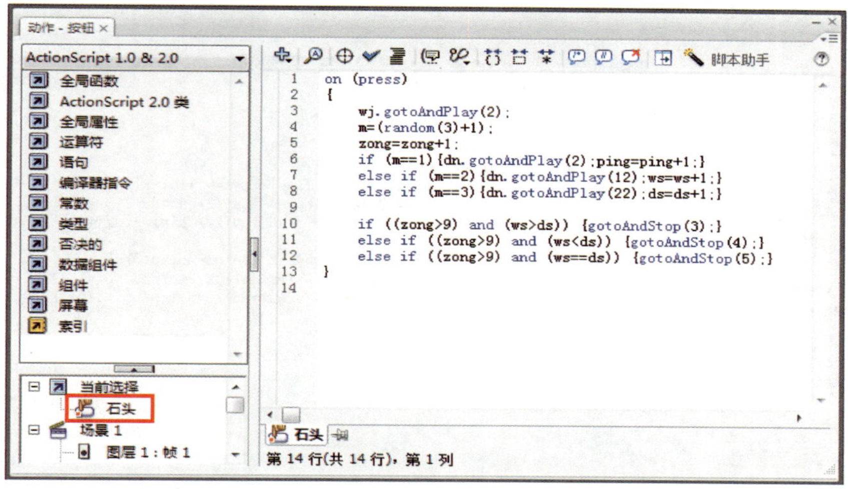

图 9-1-16　“石头”按钮元件代码

（7）同理，分别输入“剪刀”和“布”按钮元件的代码，如图 9-1-17 和图 9-1-18 所示。

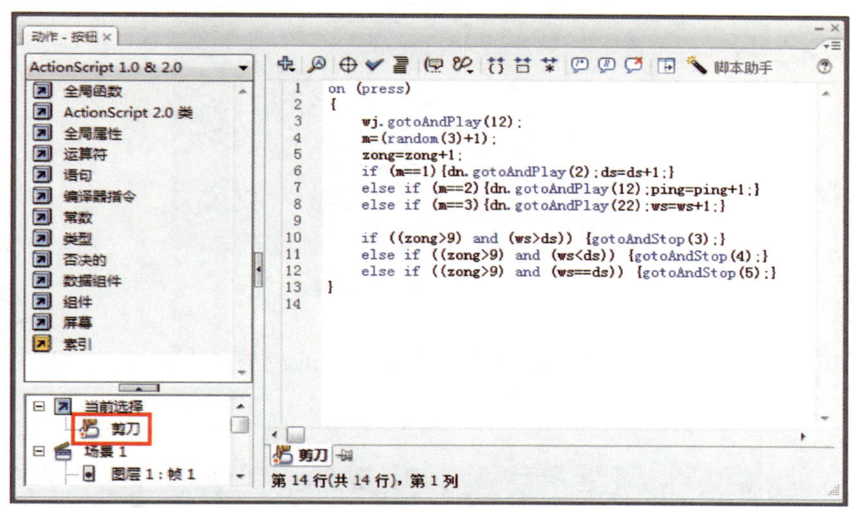

图 9-1-17　“剪刀”按钮元件代码

（8）在第 3 帧插入空白关键帧，使用文本工具输入“恭喜你！胜利啦！”。执行“窗口”→“公用库”→“按钮”命令，打开“库 -Buttons”面板，双击“buttons bubble 2”文件夹，选择“bubble 2 blue”按钮，并将其拖动到舞台上。双击“bubble 2 blue”按钮，将“text”图层中的“Enter”改为“再来”，如图 9-1-19 所示。返回场景中，选中“bubble 2 blue”按钮，打开“动作 - 按钮”面板，输入“on(press){ gotoAndPlay(1); }”语句。

```
on (press)
{
    wj.gotoAndPlay(22);
    m=(random(3)+1);
    zong=zong+1;
    if (m==1){dn.gotoAndPlay(2);ws=ws+1;}
    else if (m==2){dn.gotoAndPlay(12);ds=ds+1;}
    else if (m==3){dn.gotoAndPlay(22);ping=ping+1;}

    if ((zong>9) and (ws>ds)) {gotoAndStop(3);}
    else if ((zong>9) and (ws<ds)) {gotoAndStop(4);}
    else if ((zong>9) and (ws==ds)) {gotoAndStop(5);}
}
```

图 9-1-18 “布”按钮元件代码

图 9-1-19 第 3 帧的内容

（9）仿照步骤（8），分别制作第 4 帧和第 5 帧的内容，如图 9-1-20 和图 9-1-21 所示。

操作演示

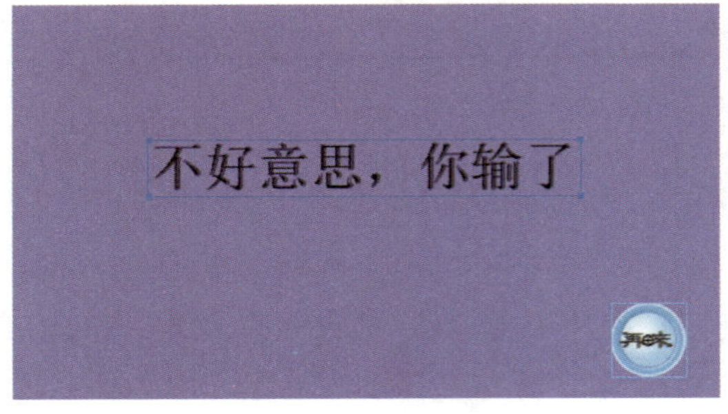

图 9-1-20 第 4 帧的内容

图 9-1-21 第 5 帧的内容

8. 测试与保存

执行“控制”→“测试影片”命令，观察动画效果，如果对效果满意，执行“文件”→“保存”命令，将文件保存为“猜拳游戏 .fla”。

任务 2　制作拼图游戏

1. 掌握 onClipEvent( )、hitTest( )、startDrag( ) 和 stopDrag( ) 等函数的用法。
2. 能熟练地制作简单的 Flash 游戏。

本任务是一个拼图游戏制作实例，在游戏中，玩家拖动小图到参考底图上，若图片对应，则小图留在底图上，否则小图将回到原位置上，效果如图 9-2-1 所示。要完成本任务，除了掌握常用函数的用法外，还要掌握 Flash 游戏的制作方法和技巧。

图 9-2-1　拼图游戏效果图

效果演示

一、影片剪辑事件

如前所述，影片剪辑事件可以通过鼠标、键盘和帧等的触发而引发一系列动作。

在为影片剪辑元件指定动作时，必须将动作嵌套在“onClipEvent（ ）”处理函数中，并指定触发该动作的事件是影片剪辑。例如，“onClipEvent(mouseDown) { }”是一个影片剪辑事件，意思是按下鼠标左键时引发的动作。“onClipEvent(mouseUp) { }”是另一个影片剪辑事件，意思是释放鼠标左键时引发的动作。

二、碰撞检测函数 hitTest ( )

hitTest（ ）函数用于检测两个物体或目标是否重叠或相交，如果其相交或重叠，就执行相应的动作，这对于制作一些互动的动画和游戏非常有用。例如，在制作拼图游戏和射击等动画时，可以使用此方法。

用法 1：mc.hitTest(x，y，true［false］) 是指影片剪辑 mc 和由（x，y）指定的点击区域重叠或交叉，则执行命令。参数 true 是指 mc 的整个形状，false 是指 mc 包括边框。

用法 2：mc.hitTest(target) 是指影片剪辑 mc 与 target 的目标路径指定的实例交叉或重叠，则执行命令。

三、鼠标跟随函数 startDrag ( )

startDrag（ ）函数用于设置拖动影片剪辑实例。在“startDrag(target，［lock］);”中，参数 target 是要拖动的对象，参数 lock 用于决定是否锁定中心拖动。

四、停止鼠标跟随函数 stopDrag ( )

stopDrag（ ）函数是无参函数，用于停止鼠标拖动影片剪辑实例。

1. 创建拼图游戏文档

新建一个 Flash 文档（ActionScript 2.0），设置舞台尺寸为 1 000 × 750 像素，背景颜色为 #FFFFCC，将文档保存为“拼图游戏 .fla”。

2. 创建标题层

（1）将图层 1 重命名为“标题”，选择文本工具，设置字体为“黑体”，字体大小为 88，文本颜色为 #996600，输入“拼图游戏”，如图 9-2-2 所示。

（2）选中输入的文本，添加“投影”滤镜，设置其颜色为 #999966，如图 9-2-3 所示。

3. 制作参考底图

（1）新建“底图”图层，将素材库中名为“拼图游戏 .jpg”的图片导入到舞台中，如图 9–2–4 所示。

（2）选中导入的图片，执行“修改”→“转换为元件”命令，将图片转换为“参考图片”图形元件。在“属性”面板中将元件的 Alpha 值设为 30%，降低参考底图的不透明度，锁定图层，如图 9–2–5 所示。

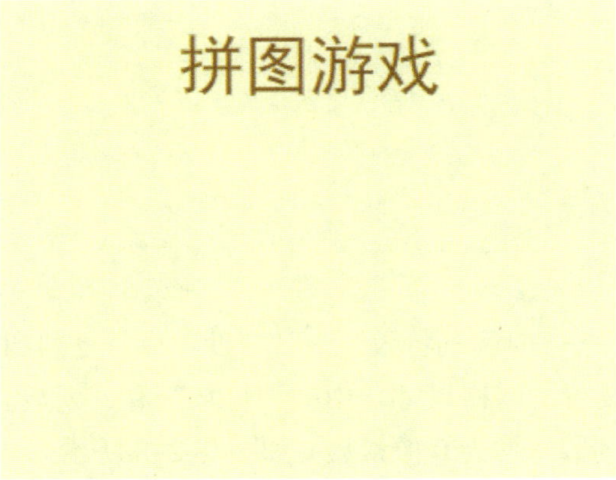

图 9–2–2　输入文字

图 9–2–3　添加“投影”滤镜

图 9–2–4　导入图片

图 9–2–5　降低不透明度

4. 制作按钮组合

（1）新建“按钮”图层。新建按钮元件“bot”，在元件编辑区中选中“弹起”关键帧，选择矩形工具，设置笔触颜色为黑色，填充颜色为无，绘制一个矩形框。在“属性”面板中设置矩形框的尺寸为 185 × 139 像素，如图 9–2–6 所示。

（2）返回场景中，选中“按钮”图层的第 1 帧，将“库”面板中的“bot”按钮元件拖动到舞台中，在“属性”面板中设置按钮元件的坐标 X 和 Y 的值，使其与“底图”图层中的元件相同，如图 9–2–7 所示。

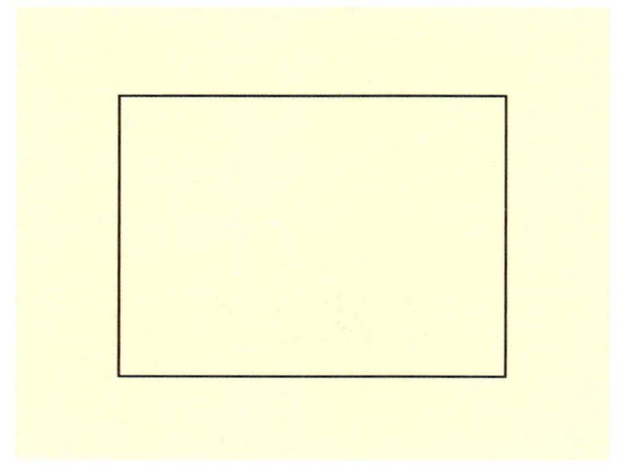

图 9-2-6　绘制矩形按钮

图 9-2-7　第一个按钮元件的位置

（3）选中“bot”按钮元件，执行“插入”→“时间轴特效”→“帮助”→“复制到网格”命令，弹出“复制到网格”对话框，设置“网格尺寸”中的“行数”和“列数”均为 3，设置“网格间距”中的“行数”和“列数”均为 0 像素数，如图 9-2-8 所示。

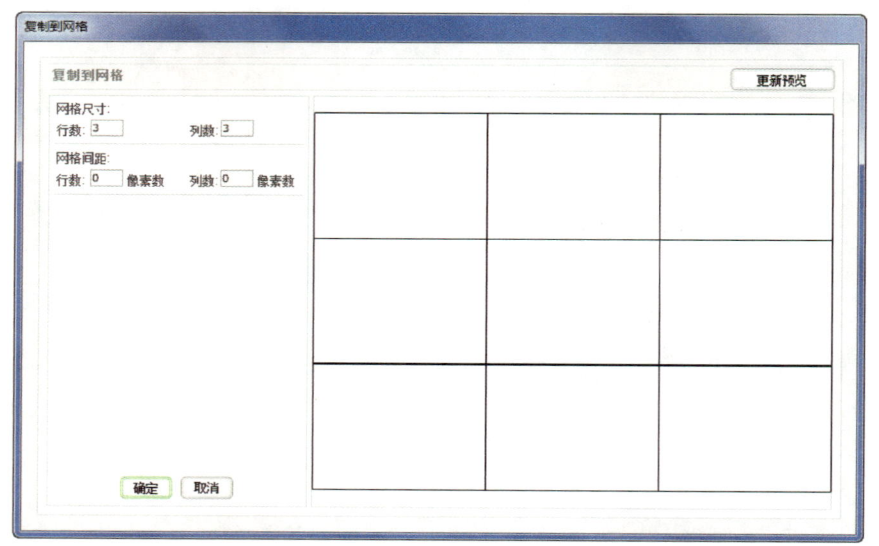

图 9-2-8　“复制到网格”对话框

（4）单击“复制到网格”对话框中的“确定”按钮，返回到场景中，图层名称将自动更改为“复制到网格 1”，舞台中将出现一个“复制到网格 1”影片剪辑元件，如图 9-2-9 所示。

（5）选中舞台中的“复制到网格 1”影片剪辑元件，执行“修改”→“分离”命令，分离后的元件类型默认为“图形”。依次选中分离后的元件，打开“属性”面板，修改元件类型为“按钮”，实例名称分别为“bot1”～“bot9”，如图 9-2-10 所示。

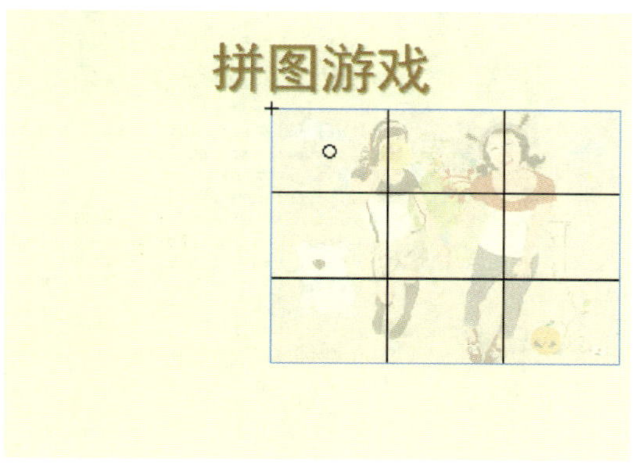

操作演示

图 9-2-9 “复制到网格 1”影片剪辑元件

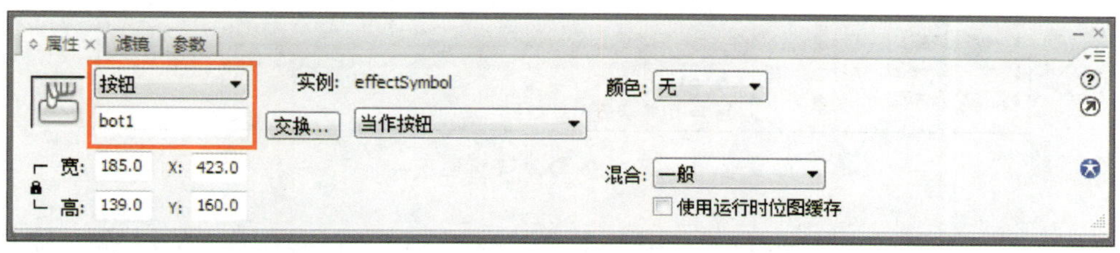

图 9-2-10 “属性”面板

（6）将“复制到网格 1”图层重命名为“按钮”。

5. 制作小图片影片剪辑元件

（1）新建“小图片”图层，将素材库中的“小图片 1.gif”导入到舞台中，将导入的图片转换为影片剪辑元件，并将其重命名为“pic1”。在“属性”面板中设置元件的实例名称为“p1”，如图 9-2-11 所示。

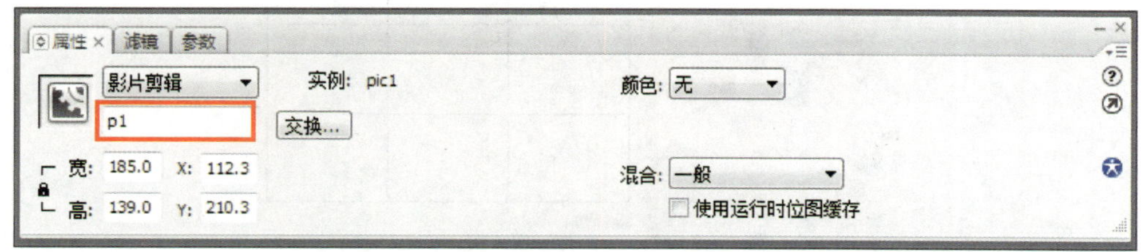

图 9-2-11 设置元件的实例名称

（2）选中“p1”影片剪辑实例，执行“窗口”→“动作”命令，打开“动作 - 影片剪辑”面板，输入图 9-2-12 所示的代码。

（3）仿照步骤（1）和步骤（2），依次将“小图片 2.gif”～“小图片 9.gif”导入舞台中，并转换为影片剪辑元件，将元件重命名，并在“属性”面板中将实例名称依次设置为“p2”～“p9”。

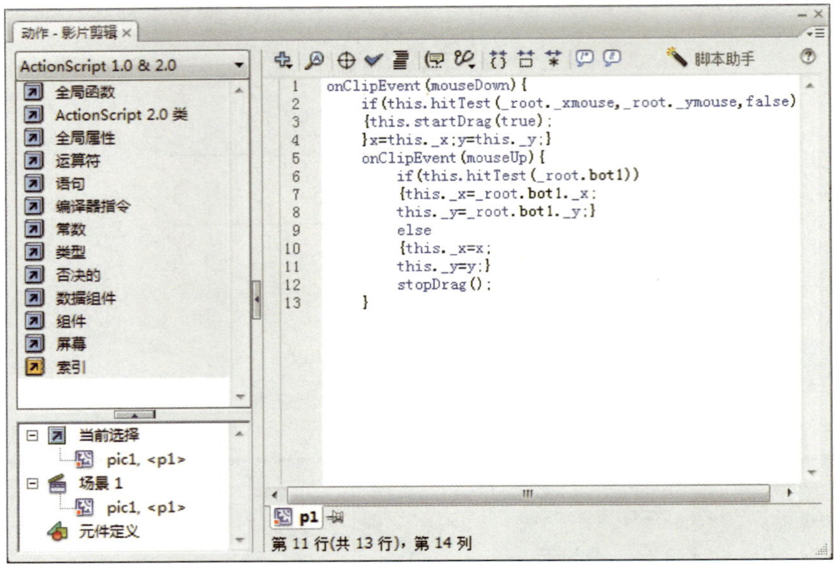

图 9-2-12 “p1”影片剪辑实例的代码

（4）复制步骤（2）中的代码，并将其依次粘贴到实例“p2”～“p9”的“动作 - 影片剪辑”面板中，将代码中的“bot1”依次替换为“bot2”～“bot9”。

（5）重排影片剪辑元件“pic1”～“pic9”在舞台中的顺序，最终效果如图 9-2-13 所示。

图 9-2-13 拼图游戏的最终效果

6. 测试与保存

执行“控制”→“测试影片”命令，观察动画效果，如果对效果满意，执行“文件”→“保存”命令，将文件保存为“拼图游戏 .fla”。

利用 ActionScript 2.0 脚本语言制作螃蟹爬行游戏（见图 9-2-14）。

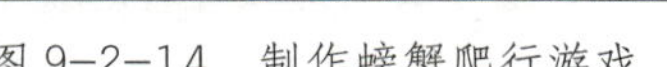

图 9-2-14　制作螃蟹爬行游戏

效果演示

项目十
动画短片制作

任务　制作公益宣传片

能综合应用动画技术制作动画短片。

本任务是一个公益宣传片制作实例，以“保护环境，人人有责”为主题，倡导全社会共同行动、保护环境，效果如图 10–1–1 所示。要完成本任务，应学会综合应用动画技术制作动画短片的方法。

图 10–1–1　公益宣传片效果图

1. 创建公益宣传片文档

效果演示

新建一个 Flash 文档，设置舞台尺寸为 550×400 像素，背景颜色为深绿色（#669900），将文档保存为“公益宣传片 .fla”。

2. 复制公益宣传片库中的元件

打开“公益宣传片库.fla”文件，将“库”面板中的“宣传片素材”文件夹复制到当前文档的“库”面板中备用。

3. 绘制场景1素材

（1）绘制“背景”图形元件

新建“背景”图形元件，绘制图10–1–2所示的背景。

图10–1–2 背景

（2）绘制“树”图形元件

新建“树”图形元件，绘制图10–1–3所示的树。

图10–1–3 树

（3）制作“树一排”图形元件

新建“树一排”图形元件，将“树”图形元件拖动到元件编辑区中，并复制多个、排成一排，如图10–1–4所示。

图10–1–4 树一排

（4）绘制“站牌”图形元件

1）新建“站牌”图形元件，绘制图10–1–5所示的站牌。

2）将“妈妈正面”和“小明正面”图形元件从“库”面板中拖动到元件编辑区中，并摆放到站牌前面，如图10–1–6所示。

（5）整理库元件

在“库”面板中新建“场景1”文件夹，将“背景”“树”“树一排”和“站牌”各元件拖进“场景1”文件夹中。

图 10-1-5　站牌

图 10-1-6　摆放人物

4．制作场景 1 动画

（1）返回场景 1 中，新建“镜头”图层，选择第 1 帧，绘制一个边框为黑色、无填充色的矩形，并将其置于舞台中央，匹配舞台大小，锁定“镜头”图层。

（2）在“镜头”图层的下方新建“背景”图层，选择第 1 帧，将“背景”图形元件拖动到舞台中。

（3）新建“树”图层，选择第 1 帧，将“树一排”图形元件拖动到舞台中。

（4）新建“公交车”图层，选择第 1 帧，将“公交车”影片剪辑元件拖动到舞台中。

（5）调整各图层中对象的位置，如图 10–1–7 所示。

图 10-1-7　第 1 帧的背景、树和公交车

（6）在“背景”和“树”图层的第 80 帧插入关键帧，将“背景”元件和“树一排”元件向右拖动一段距离，如图 10–1–8 所示。分别在两个图层的第 1 帧 ~ 第 80 帧之间创建动画补间动画。

图 10-1-8　第 80 帧的背景和树

（7）在“公交车”图层的第 60 帧插入关键帧，将“公交车”影片剪辑元件拖动到舞台中央，如图 10-1-9 所示。在“公交车”图层的第 1 帧 ~ 第 60 帧之间创建动画补间动画，在第 80 帧插入关键帧。

图 10-1-9　第 60 帧中公交车的位置

（8）为了让公交车停下载客，在第 81 帧插入关键帧，将“库”面板中“公交车 – 组合”文件夹中的“车 – 车身”影片剪辑元件和“车 – 轮胎”图形元件拖动到舞台中，调整其位置和大小，使其与“公交车”影片剪辑元件一致，然后删除“公交车”影片剪辑元件，得到静止的公交车效果。

（9）在“公交车”图层的下方新建“站牌”图层。在“站牌”图层的第 60 帧插入关键帧，将“站牌”图形元件拖动到舞台中，如图 10-1-10 所示。

图 10-1-10　第 60 帧中站牌的位置

（10）在“站牌”图层的第 80 帧插入关键帧，将“站牌”图形元件移到图 10-1-11 所示位置。在“站牌”图层的第 60 帧 ~ 第 80 帧之间创建动画补间动画。

图 10-1-11　第 80 帧站牌的位置

（11）分别在“背景”图层、“树”图层和“站牌”图层的第 95 帧和第 135 帧插入关键帧，将第 135 帧的“背景”图形元件、“树一排”图形元件和“站牌”图形元件向右移动，如图 10-1-12 所示。在三个图层的第 95 帧 ~ 第 135 帧之间创建动画补间动画。

图 10-1-12　第 135 帧的背景、树和站牌

（12）复制“公交车”图层的第 80 帧，将其粘贴到第 95 帧、第 115 帧和第 135 帧上。

（13）选中第 115 帧的“公交车”元件，在“属性”面板中选择“颜色”下拉列表中的“色调”属性，设置颜色为白色，色彩数量为 0%，如图 10-1-13 所示。

（14）选中第 135 帧的“公交车”元件，适当放大，在“属性”面板中选择“颜色”下拉列表中的“色调”属性，设置颜色为白色，色彩数量为 80%，如图 10-1-14 所示。

图 10-1-13　第 115 帧的公交车

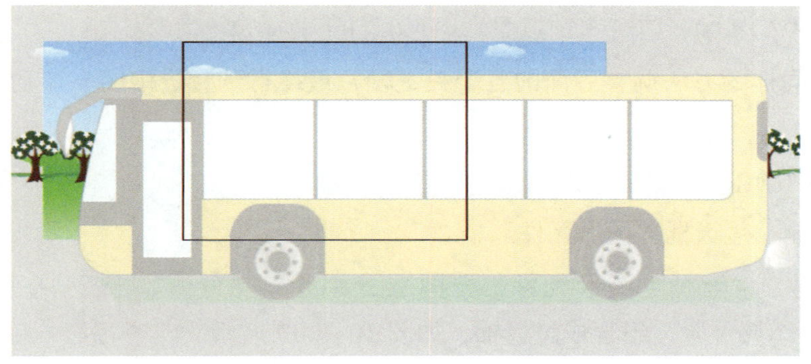

图 10-1-14　第 135 帧的公交车

操作演示

（15）在“公交车”图层的第 115 帧 ~ 第 135 帧之间创建动画补间动画。

（16）场景 1 动画制作完毕，图层顺序如图 10-1-15 所示。

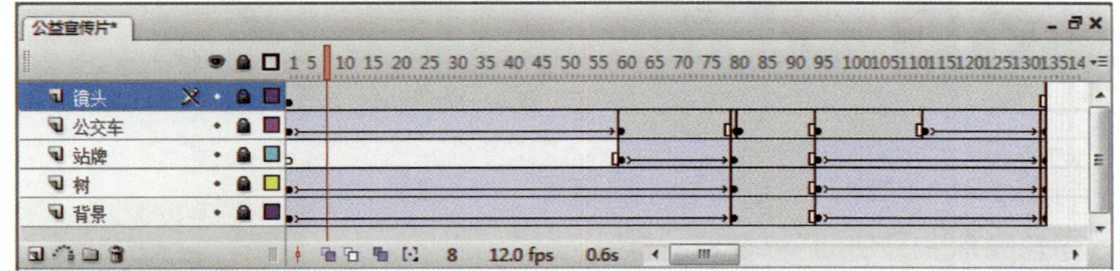

图 10-1-15　场景 1 的图层顺序

5. 制作场景 2 动画

（1）在“库”面板中新建“场景 2”文件夹，将“车内场景”“车厢”“车座”“乘

客”“饮料瓶”“母子递饮料瓶”元件拖进“场景 2”文件夹中。

（2）新建场景 2，将图层 1 重命名为“车窗”，将“库”面板中的“车内场景”元件拖动到“车窗”图层中。

（3）依次插入关键帧共 37 帧，如图 10-1-16 所示。

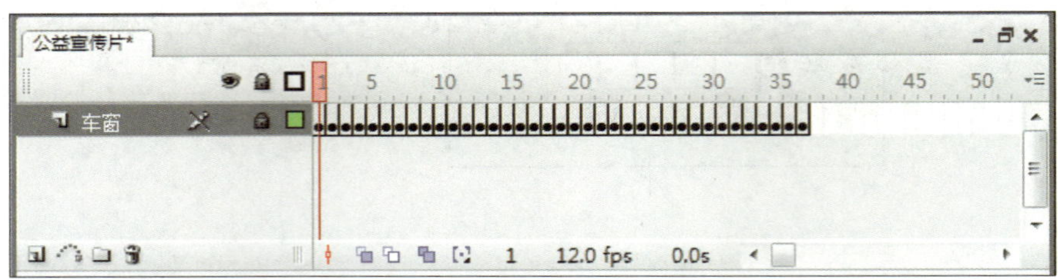

图 10-1-16　场景 2 的时间轴面板

（4）选中第 2 帧，将“车内场景”图形元件上移 10 像素。

（5）选中第 4 帧，将“车内场景”图形元件下移 10 像素。

（6）用同样的方法调整后面的各个关键帧，最终得到行进中的车窗动画效果。

效果演示

6. 绘制场景 3 素材

（1）绘制“垃圾桶”图形元件

1）新建“垃圾桶”图形元件，分图层分别绘制“身体”“嘴”“左胳膊”“右胳膊”，调整各图层位置，组合成垃圾桶，如图 10-1-17 所示。

图 10-1-17　绘制垃圾桶

2）将图 10-1-17 中的“垃圾桶－胳膊上”“垃圾桶－胳膊下”“垃圾桶－身体”“垃圾桶－微笑的嘴”转换为图形元件。

3）新建“垃圾桶－张开的嘴”图形元件，绘制张开的嘴，如图 10-1-18 所示。

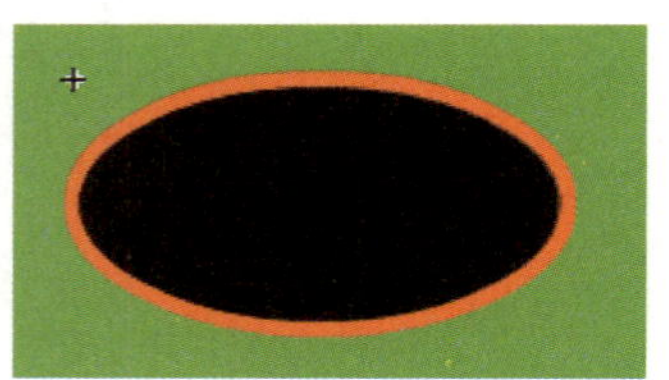

图 10-1-18　绘制张开的嘴

4）在“库”面板中新建“垃圾桶－组合”文件夹，

将垃圾桶各元件拖进“垃圾桶 – 组合”文件夹中。

（2）制作打字机文字效果

1）新建“倡议”图形元件，将图层 1 重命名为“文字”。选择文本工具，设置字体为“Times New Roman”，字体大小为 27，文本颜色为白色，在元件编辑区中输入文字，如图 10–1–19 所示。

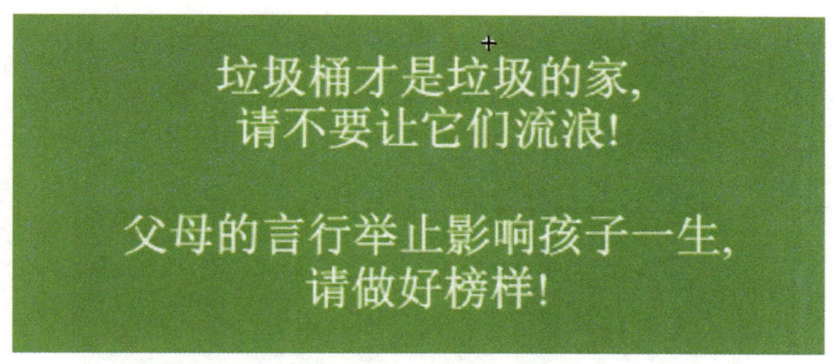

图 10–1–19　输入倡议文字

2）选中“文字”图层的第 1 帧，按“Ctrl+B”组合键打散文字，依次插入关键帧直到第 40 帧，如图 10–1–20 所示。

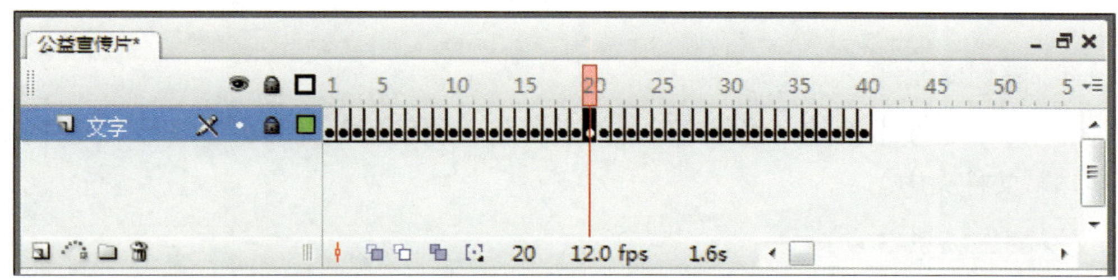

图 10–1–20　在“倡议”图形元件的时间轴面板中插入 40 个关键帧

3）选中第 1 帧，删除所有文字；选中第 2 帧，保留“垃”字，删除其他文字；选中第 3 帧，保留“垃”“圾”二字，删除其他文字，如图 10–1–21 所示。

图 10–1–21　使文字逐个显示

4）用同样的方法制作文字逐个显示的效果。

5）为了使两段话之间能有一个停顿，将第 21 帧以后的帧后移 2 帧，在第 80 帧插入帧，完成打字机的文字动画效果。此时时间轴面板如图 10–1–22 所示。

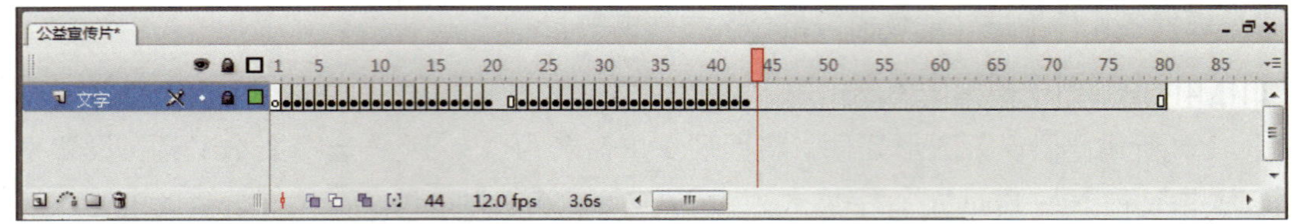

图 10-1-22 “倡议”图形元件的时间轴面板

（3）绘制“口号”图形元件

新建“口号”图形元件，选择文本工具，设置字体为“楷体”，字体大小为 66，文本颜色为白色，在元件编辑区中输入文字，如图 10-1-23 所示。

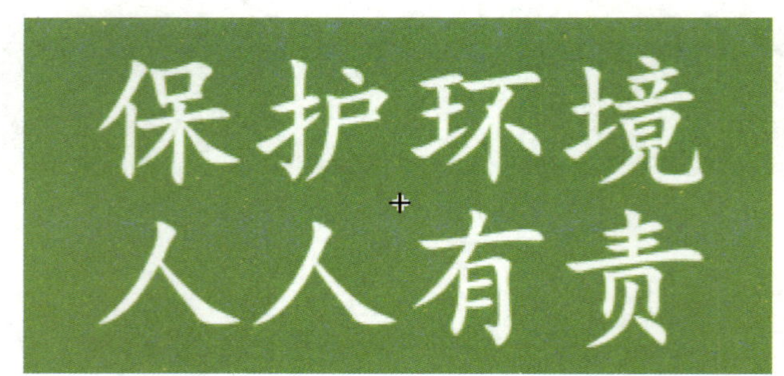

图 10-1-23 输入口号文字

（4）整理库元件

在“库”面板中新建“场景 3”文件夹，将“垃圾桶”“倡议”“口号”元件拖进“场景 3”文件夹中。

7. 制作场景 3 动画

（1）新建场景 3，将图层 1 重命名为“镜头”，绘制一个黑框且无填充色的矩形，将其放置在舞台中央，匹配舞台大小。

（2）在“镜头”图层下方新建“背景”图层，将“库”面板中的“背景”元件拖动到舞台中。

（3）新建“树”图层，将“库”面板中的“树一排”元件拖动到舞台中。

（4）新建“公交车”图层，将“库”面板中的“公交车”元件拖动到舞台中。

（5）调整各图层中对象的位置，如图 10-1-24 所示。

（6）选中“背景”图层和“树”图层的第 25 帧，插入关键帧，向右拖动“背景”图形元件和“树一排”图形元件，如图 10-1-25 所示。分别在两个图层的第 1 帧～第 25 帧之间创建动画补间动画。

图 10-1-24　第 1 帧的背景、树和公交车

图 10-1-25　第 25 帧的背景和树

（7）选中“公交车”图层的第 40 帧，将“公交车”图形元件向左拖出舞台，如图 10-1-26 所示。在第 1 帧 ~ 第 40 帧之间创建动画补间动画。

图 10-1-26　第 40 帧的公交车

（8）创建“引导层”图层，绘制引导线，如图 10-1-27 所示，在“引导层”图层的第 25 帧插入帧。

（9）创建“饮料杯”图层，将“库”面板中的“饮料杯”元件拖动到舞台中。在第 25 帧插入关键帧，调整第 1 帧和第 25 帧中“饮料杯”元件的位置和方向，在第

1 帧 ~ 第 25 帧之间创建动画补间动画，使“饮料杯”元件沿着引导线运动，如图 10-1-28 所示。

图 10-1-27 绘制引导线

图 10-1-28 使饮料杯沿路径运动

（10）创建“垃圾桶”图层，在第 41 帧插入关键帧，将“垃圾桶”元件拖动到舞台左侧，如图 10-1-29 所示。

（11）在“垃圾桶”图层的第 55 帧插入关键帧，将“垃圾桶”元件向右拖动，如图 10-1-30 所示。在“垃圾桶”图层的第 41 帧 ~ 第 55 帧之间创建动画补间动画。

图 10-1-29 第 41 帧的垃圾桶

图 10-1-30 第 55 帧的垃圾桶

（12）在“垃圾桶”图层的第 56 帧插入关键帧，按“Ctrl+B”组合键打散对象，调整垃圾桶的动作，让垃圾桶右侧胳膊有向下运动的趋势。

（13）在第 57 帧 ~ 第 67 帧逐帧插入关键帧，调整垃圾桶右侧胳膊的位置，使其落下后再抬起来，如图 10-1-31 所示。

（14）选中“垃圾桶”图层的第 68 帧，插入关键帧，将“库”面板中的“垃圾桶 - 张开的嘴”图形元件拖动到垃圾桶上，使其对齐嘴的位置，然后将微笑的嘴删除，如图 10-1-32 所示。

（15）在第 69 帧和第 70 帧插入关键帧，调整垃圾桶右侧胳膊的位置，使其能接触到嘴巴，如图 10–1–33 所示。

图 10–1–31　第 56～67 帧的垃圾桶动作

图 10–1–32　第 68 帧垃圾桶嘴巴张开

图 10–1–33　第 68 帧～第 670 帧的垃圾桶动作

（16）选中第 71 帧，插入关键帧，将“库”面板中绘制好的“垃圾桶 – 微笑的嘴”图形元件拖动到垃圾桶上，使其对齐嘴的位置，然后将张开的嘴删除，如图 10–1–34 所示。

图 10–1–34　第 71 帧垃圾桶嘴巴闭合

（17）在第 72 帧～第 75 帧逐帧插入关键帧，调整垃圾桶右侧胳膊的位置，使其回到原位，如图 10–1–35 所示。

（18）在“饮料杯”图层的第 61 帧～第 70 帧逐帧插入关键帧，根据垃圾桶右侧胳膊的运动轨迹调整饮料杯的位置，如图 10–1–36 所示。

（19）分别在“背景”图层和“树”图层的第 76 帧和第 86 帧插入关键帧，选择第 86 帧中的对象，将其 Alpha 值设为 0%。在两图层的第 76 帧～第 86 帧之间创建动画补间动画。

图 10-1-35　第 72 帧～第 75 帧的垃圾桶动作

图 10-1-36　第 61 帧～第 70 帧的饮料杯位置

（20）在“垃圾桶”图层的第 76 帧和第 86 帧插入关键帧，将第 86 帧中的垃圾桶右移一段距离，如图 10-1-37 所示，在第 76 帧～第 86 帧之间创建动画补间动画。

图 10-1-37　第 86 帧的垃圾桶

（21）新建“文字”图层，在第 87 帧插入关键帧，将“倡议”图形元件拖动到舞台中央。

（22）分别在“垃圾桶”图层和“文字”图层的第 145 帧和第 160 帧插入关键帧，然后在第 160 帧将“垃圾桶”和“文字”图层中的图形元件的 Alpha 值设为 0%，并在第 145 帧～第 160 帧之间创建动画补间动画，如图 10-1-38 所示。

（23）在“文字”图层的第 161 帧插入关键帧，将“口号”图形元件拖动到舞台中央，如图 10–1–39 所示。在第 170 帧插入关键帧，将第 161 帧中的“口号”图形元件的 Alpha 值设为 0%，在第 161 帧 ~ 第 170 帧之间创建动画补间动画。

图 10–1–38　图形元件逐渐消失

图 10–1–39　将“口号”元件拖入舞台中央

操作演示

（24）在“文字”图层的第 195 帧插入帧。

（25）场景 3 动画制作完毕，图层顺序如图 10–1–40 所示。

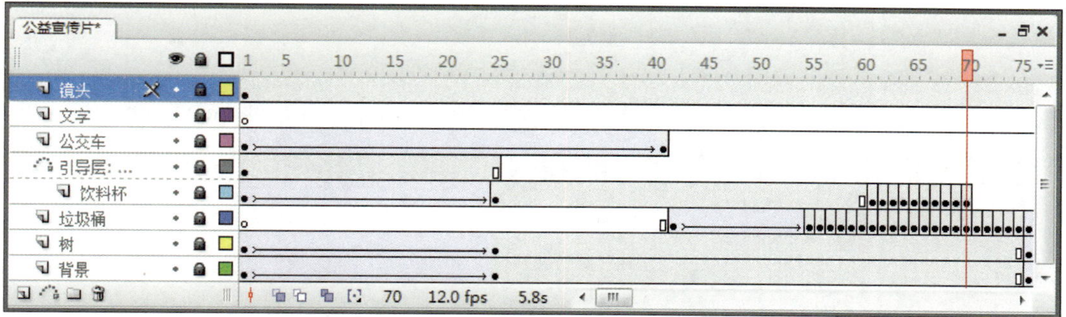

图 10–1–40　场景 3 的图层顺序

8. 测试与保存

执行“控制”→“测试影片”命令，观察动画效果，如果对效果满意，执行“文件”→“保存”命令，将文件保存为“公益宣传片 .fla”。

综合利用动画技术制作垃圾分类动画短片（见图 10–1–41）。

效果演示

图 10-1-41 制作垃圾分类动画短片

附　录

附录 1　Adobe Animate 简介

Adobe Animate 是 Adobe 公司推出的一款专业二维动画设计与制作软件，其前身是二维动画制作软件 Flash，随着新的网页动画制作技术 HTML 5 的兴起，2015 年，Adobe 公司将原来的 Flash Professional 进行了改进，并将其改名为 Animate。因此，Animate 除了延续 Flash 动画简单易学的优点外，在软件兼容、功能增强、界面布局以及运行稳定性上都有了更好的提升。

一、Animate 动画的设计优势

Animate 动画制作软件在众多动画制作软件中脱颖而出，其优势主要体现在以下几个方面：

1. Animate 拥有强大的设计、制作和处理功能，通过使用关键帧和组件技术，其所生成的动画文件非常小，却不影响其给观赏者带来许多令人心动的动画效果，而且动画可以在很短的时间内进行播放，画面一般由矢量图形制作而成，不论如何放大都不会失真，易于传播，可以在计算机、平板电脑或手机等设备上进行播放，是动画设计、游戏制作和电视节目等相关从业人员的常用软件。

2. Animate 推出适用于桌面浏览器的 HTML 5 播放器插件，可以制作出以 JavaScript 为脚本的 HTML 5 Canvas 和 WebGL 格式的动画，为网页开发者提供更适应网页应用的音频、图片、视频和动画等的创作支持，并可将作品发布到多种平台，使其可以在电视、计算机和移动设备上被浏览。

3. Animate 具有强大的交互功能，用户可以通过单击、选择和输入等方式与 Animate 动画进行交互，从而控制动画的运行过程，整个流程易于操作，而且可以实现跨平台动画交互。

4. Adobe 公司旗下的图形图像处理软件 Photoshop、视频编辑软件 Premiere 和 AfterEffects 等软件可以与 Animate 实现对接，是 Animate 强有力的技术支持。

5. Animate 界面友好，有多种工作模式可以选择。

二、Animate 动画的应用领域

随着计算机技术和 Animate 软件的发展，Animate 的应用越来越广泛，其应用领域涵盖动画影片、广告设计、网站设计、游戏设计和教学设计等多个方面。

1. 动画影片

Animate 作为动画影片的主要制作软件，可以制作出精美的矢量动画作品。

2. 广告设计

网络中的各种页面广告都可以使用 Animate 来制作，在 Animate 中有多种广告模板，包括弹出式广告、告示牌广告、全屏广告和横幅广告等。Animate 动画文件格式小，具有覆盖面广、方式灵活和互动性强等特点，在传播方面有非常大的优势。

3. 网站设计

使用 Animate 进行网页设计与制作可以增加网站设计中的动态效果和交互性，增强视觉表现力。相对于其他软件，Animate 在交互、画面表现力及对音效的支持力度方面都要更胜一筹。

4. 游戏设计

使用 Animate 可以开发 HTML 5 游戏，由于其种类丰富、风格新颖、体积较小、互动性强且操作便捷，越来越受到众多用户的喜爱。

5. 教学设计

随着教育信息化的不断普及，Animate 在教学设计中得到了广泛的应用。使用 Animate 制作的交互式教学课件，不仅可以方便地在师生间传播，还可以将知识生动、形象地以动画形式展现给学生，提升学生的学习兴趣。

三、Animate 界面介绍

Animate 软件界面与 Flash 软件界面相似，主要由菜单栏、时间轴、舞台工作区、快捷工具栏、侧边工具栏和属性栏等面板组成，如附图 1–1 所示。在菜单栏中可以找到该软件几乎所有的功能。在使用 Animate 时，应配置好合适的工作区，配合快捷键的使用，快速地提升动画制作效率。

Animate 的前身是 Flash，两款软件都是非常优秀的矢量动画制作软件，并且 Animate 软件在很多方面继承并改良了 Flash 软件，如果有 Flash 软件使用经历就可以很快完成软件之间的转换，有兴趣的读者可以尝试一下。

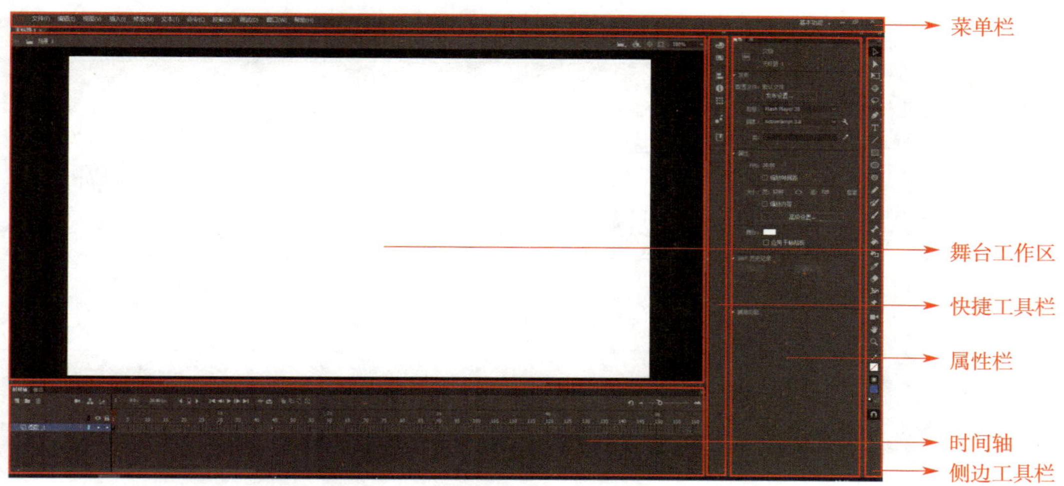

附图 1-1　Animate 软件界面

附录 2　Flash 常用快捷 / 组合键

Flash 常用快捷 / 组合键见附表 2-1 和附表 2-2。

附表 2-1　Flash 常用工具的快捷键

工具	快捷键	工具	快捷键
选择工具	V	画笔工具	B
部分选取工具	A	任意变形工具	Q
线条工具	N	填充变形工具	F
套索工具	L	墨水瓶工具	S
钢笔工具	P	颜料桶工具	K
文本工具	T	滴管工具	I
椭圆工具	O	橡皮擦工具	E
矩形工具	R	手形工具	H
铅笔工具	Y	缩放工具	M/Z

附表 2-2 Flash 常用菜单命令的快捷 / 组合键

菜单命令	快捷 / 组合键	菜单命令	快捷 / 组合键
新建 Flash 文件	Ctrl+N	导入到舞台	Ctrl+R
打开 Flash 文件	Ctrl+O	打开外部库	Ctrl+Shift+O
浏览	Ctrl+Alt+O	导出影片	Ctrl+Shift+Alt+S
关闭	Ctrl+W	发布设置	Ctrl+Shift+F12
全部关闭	Ctrl+Alt+W	发布预览	F12
保存	Ctrl+S	发布	Shift+F12
另存为	Ctrl+Shift+S	打印	Ctrl+P
退出 Flash	Ctrl+Q	高速显示	Ctrl+Shift+Alt+F
撤销命令	Ctrl+Z	消除锯齿	Ctrl+Shift+Alt+A
重复命令	Ctrl+Y	消除文字锯齿	Ctrl+Shift+Alt+T
剪切	Ctrl+X	显示 / 隐藏时间轴	Ctrl+Alt+T
复制	Ctrl+C	显示 / 隐藏粘贴板	Ctrl+Shift+W
粘贴到中心位置	Ctrl+V	显示 / 隐藏标尺	Ctrl+Shift+Alt+R
粘贴到当前位置	Ctrl+Shift+V	显示 / 隐藏网格	Ctrl+’
清除	Backspace	贴紧至网格	Ctrl+Shift+’
直接复制	Ctrl+D	编辑网格	Ctrl+Alt+G
全选	Ctrl+A	显示 / 隐藏辅助线	Ctrl+;
取消全选	Ctrl+Shift+A	锁定辅助线	Ctrl+Alt+;
查找和替换	Ctrl+F	贴紧至辅助线	Ctrl+Shift+;
查找下一个	F3	编辑辅助线	Ctrl+Shift+Alt+G
剪切帧	Ctrl+Alt+X	贴紧至对象	Ctrl+Shift+/
复制帧	Ctrl+Alt+C	显示形状提示	Ctrl+Alt+H
粘贴帧	Ctrl+Alt+V	显示 / 隐藏边缘	Ctrl+H
清除帧	Alt+Backspace	显示 / 隐藏面板	F4
选择所有帧	Ctrl+Alt+A	转换为元件	F8
编辑元件	Ctrl+E	新建元件	Ctrl+F8
首选参数	Ctrl+U	新建帧	F5
转到第一个	Home	新建关键帧	F6
转到前一个	PageUp	删除帧	Shift+F5
转到后一个	PageDn	清除关键帧	Shift+F6

续表

菜单命令	快捷 / 组合键	菜单命令	快捷 / 组合键
转到最后一个	End	修改文档属性	Ctrl+J
放大视图	Ctrl+=	打散分离对象	Ctrl+B
缩小视图	Ctrl+−	优化	Ctrl+Shift+Alt+C
100% 显示	Ctrl+1	添加形状提示	Ctrl+Shift+H
400% 显示	Ctrl+4	分散到图层	Ctrl+Shift+D
800% 显示	Ctrl+8	转换为关键帧	F6
显示帧	Ctrl+2	转换为空白关键帧	F7
显示全部	Ctrl+3	缩放与旋转	Ctrl+Alt+S
按轮廓显示	Ctrl+Shift+Alt+O	顺时针旋转 90°	Ctrl+Shift+9
逆时针旋转 90°	Ctrl+Shift+7	播放 / 停止动画	Enter
取消变形	Ctrl+Shift+Z	后退	Ctrl+Alt+R
移至顶层	Ctrl+Shift+ ↑	前进一帧	.
上移一层	Ctrl+ ↑	后退一帧	,
下移一层	Ctrl+ ↓	测试影片	Ctrl+Enter
移至底层	Ctrl+Shift+ ↓	测试场景	Ctrl+Alt+Enter
锁定	Ctrl+Alt+L	测试项目	Ctrl+Alt+P
解除全部锁定	Ctrl+Shift+Alt+L	启用简单帧动作	Ctrl+Alt+F
左对齐	Ctrl+Alt+1	启用简单按钮	Ctrl+Alt+B
水平居中	Ctrl+Alt+2	静音	Ctrl+Alt+M
右对齐	Ctrl+Alt+3	调试影片	Ctrl+Shift+Enter
顶对齐	Ctrl+Alt+4	继续	Alt+F5
垂直居中	Ctrl+Alt+5	结束调试会话	Alt+F12
底对齐	Ctrl+Alt+6	跳入	Alt+F6
按宽度均匀分布	Ctrl+Alt+7	跳过	Alt+F7
按高度均匀分布	Ctrl+Alt+9	跳出	Alt+F8
设为相同宽度	Ctrl+Shift+Alt+7	删除所有断点	Ctrl+Shift+B
设为相同高度	Ctrl+Shift+Alt+9	新建窗口	Ctrl+Alt+N
相对舞台分布	Ctrl+Alt+8	直接复制窗口	Ctrl+Alt+K
组合	Ctrl+G	显示 / 隐藏“工具”面板	Ctrl+F2
取消组合	Ctrl+Shift+G	显示 / 隐藏“属性”面板	Ctrl+F3

续表

菜单命令	快捷 / 组合键	菜单命令	快捷 / 组合键
字体样式设置为正常	Ctrl+Shift+P	显示 / 隐藏“库”面板	F11/Ctrl+L
字体样式设置为粗体	Ctrl+Shift+B	显示 / 隐藏“动作”面板	F9
字体样式设置为斜体	Ctrl+Shift+I	显示 / 隐藏“行为”面板	Shift+F3
文本左对齐	Ctrl+Shift+L	显示 / 隐藏“编译器错误”面板	Alt+F2
文本居中对齐	Ctrl+Shift+C	显示 / 隐藏“ActionScript 2.0 调试器”面板	Shift+F4
文本右对齐	Ctrl+Shift+R	显示 / 隐藏“影片浏览器”面板	Alt+F3
文本两端对齐	Ctrl+Shift+J	显示 / 隐藏“输出”面板	F2
增加字母间距	Ctrl+Alt+ →	显示 / 隐藏“项目”面板	Shift+F8
减小字母间距	Ctrl+Alt+ ←	显示 / 隐藏“对齐”面板	Ctrl+K
重置字母间距	Ctrl+Alt+ ↑	显示 / 隐藏“颜色”面板	Shift+F9
显示 / 隐藏“信息”面板	Ctrl+I	显示 / 隐藏“历史记录”面板	Ctrl+F10
显示 / 隐藏“样本”面板	Ctrl+F9	显示 / 隐藏“场景”面板	Shift+F2
显示 / 隐藏“变形”面板	Ctrl+T	显示 / 隐藏“字符串”面板	Ctrl+F11
显示 / 隐藏“组件”面板	Ctrl+F7	显示 / 隐藏“Web 服务”面板	Ctrl+Shift+F10
显示 / 隐藏“组件检查器”面板	Shift+F7	显示 / 隐藏“Flash 帮助”面板	F1
显示 / 隐藏“辅助功能”面板	Shift+F11		